Grundzüge des Eisenhüttenwesens.

Von

Dr.-Ing. Th. Geilenkirchen.

I. Band.

Allgemeine Eisenhüttenkunde.

Mit 66 Textabbildungen und 5 Tafeln.

Springer-Verlag Berlin Heidelberg GmbH
1911.

ISBN 978-3-642-89738-2   ISBN 978-3-642-91595-6 (eBok)
DOI 10.1007/978-3-642-91595-6

Vorwort.

Mit den „Grundzügen des Eisenhüttenwesens", deren Bearbeitung ich auf Anregung maßgebender Persönlichkeiten der Eisenindustrie übernommen habe, beabsichtige ich nicht, die Anzahl der sogenannten gemeinverständlichen Werke, deren in den letzten Jahren eine ganze Anzahl auf dem Büchermarkt erschienen sind, um ein weiteres zu vermehren; vielmehr sollte ein auf streng wissenschaftlicher Grundlage beruhendes vollständiges Lehrbuch geschaffen werden, welches nur dadurch gegenüber andern Lehrbüchern verhältnismäßig knapp gehalten werden konnte, daß lediglich tatsächliche Feststellungen über den modernen Eisenhüttenbetrieb und die gegenwärtigen Anschauungen über die metallurgischen Vorgänge gemacht werden. Demgemäß wurde von allen Darlegungen abgesehen, die nur geschichtliches Interesse haben; vielmehr wurde Wert darauf gelegt, daß nur solche Betriebseinrichtungen beschrieben werden, die sich in durchaus modernen Hüttenwerken finden. Ebenso wurde in bezug auf die theoretischen Unterlagen darauf verzichtet, die vielfach widerstreitenden Ansichten der Forscher wiederzugeben, auf welche sich unsere modernen Anschauungen erst gründen. Auch Literaturnachweise paßten nicht in den Rahmen der gestellten Aufgabe, und die Namen von Forschern und Erfindern wurden nur insoweit angegeben, als sie mit irgendwelchen Vorgängen oder Apparaten fest verknüpft sind.

Bei dem Aufbau des Werkes habe ich sowohl in der ganzen Anlage wie im einzelnen das Prinzip verfolgt, zuerst das Erzeugnis mit allen daran gestellten Anforderungen möglichst eingehend zu beschreiben und dann erst klarzulegen, inwieweit die in der Praxis gebräuchlichen Verfahren diesen Anforderungen gerecht zu werden vermögen. So enthält der erste Band in seinen drei Abschnitten zuerst eine Beschreibung des technischen Eisens vom Gesichtspunkt des Verbrauchers aus, dann eine Zusammenstellung des Vorkommens des Eisens in der Natur mit einem kurzen Überblick über die theoretische Möglichkeit der Herstellung des technischen Eisens aus den Rohmaterialien und schließlich die Art und Weise der Erzeugung und Verwendung der Wärme als des Mittels zur Durchführung aller metallurgischen Verfahren. — Der zweite und dritte Band des Werkes, die dem vorliegenden ersten mit möglichster Beschleunigung folgen sollen, werden die Metallurgie des Eisens bzw. seine mechanische Weiterverarbeitung behandeln.

Indem ich nun den ersten Teil meines Werkes der Öffentlichkeit übergebe, verfehle ich nicht, allen denjenigen Firmen. die mich in meinen Bestrebungen durch Überlassung von Zeichnungen usw. unterstützt haben, hierfür bestens zu danken.

Remscheid-Hasten, im November 1910.

Geilenkirchen.

Inhalts-Übersicht.

Erster Abschnitt.

Das technische Eisen und seine Eigenschaften.

Verzeichnis der Abbildungen.

Das technische Eisen und seine Eigenschaften.

———

Erstes Kapitel.

Die technische Verwendung des Eisens und seine Eigenschaften mit Rücksicht auf den Verwendungszweck.

Die hervorragende Rolle, welche das Eisen von jeher in der kulturgeschichtlichen Entwickelung aller Völker gespielt hat, verdankt es in erster Linie nicht sowohl seinem allgemein verbreiteten Vorkommen in der Natur und der verhältnismäßig leichten Erzeugungsmöglichkeit, als seiner Anpassungsfähigkeit an alle Ansprüche, welche die verschiedenartigsten Verwendungszwecke ihm stellen können.

Zur Würdigung dieser Tatsache vergegenwärtige man sich beispielsweise die Bedeutung des Eisens bei einem unserer wichtigsten Kulturmittel, dem Eisenbahnwesen, und die verschiedenartigen Ansprüche, welche hier an seine Eigenschaften gestellt werden. Da ist zunächst die Bildsamkeit, welche es gestattet, das gleiche Metall in die verschiedenen Formen des Bau- und des rollenden Materials zu bringen. Dann die Widerstandsfähigkeit gegen jede denkbare äußere und innere Beanspruchung. Der Oberbau hat die rollende Last auf die Bettung zu übertragen und wird dabei der beweglichen Belastung — Biegungsfestigkeit — und fortwährenden Stößen ausgesetzt. Die Schienen sollen sich außerdem möglichst wenig abnutzen, beanspruchen also eine bestimmte Härte (Verschleißfestigkeit.) Der Lokomotiv- und Wagen-Unterbau ist stetig wechselnden Biegungsspannungen ausgesetzt; starke Federn übertragen die Last auf den Unterbau—Elastizität. Die maschinentechnische Ausgestaltung der Lokomotive setzt die Erfüllung all der Anforderungen voraus, welche im Maschinen- und Dampfkesselbau an das Material gestellt werden, während die gußeiserne Armatur der Feuerungen (Roststäbe usw.) wieder eine gewisse Feuerbeständigkeit beansprucht.

Die Zug-Organe verlangen eine große Zerreißfestigkeit nicht nur im ursprünglichen Material, sondern auch in den Schweißstellen der Ketten, also vorzügliche Schweißbarkeit.

Man könnte dieses Bild beliebig weit ausdehnen; insbesondere würde die Herstellung aller dieser einzelnen Konstruktionsteile, zu der Werkzeuge und Maschinen dienen, deren Grundbestandteil wieder das Eisen ist, einen sehr weiten Ausblick auf die erforderlichen Eigenschaften und die Verwendungsmöglichkeiten des Eisens gewähren.

Die Aufgabe der Eisenhüttenkunde besteht also nicht allein darin, aus den Erzen, welche sich in der Natur vorfinden, Metall zu erzeugen; sondern ein wichtiger Teil des Eisenhüttenwesens befaßt sich auch mit der Lösung der Frage, wie dem Eisen die für seinen Verwendungszweck erforderlichen Eigenschaften zu verleihen sind.

Von diesem Gesichtspunkt aus, d. h. aus den Bedürfnissen der praktischen Verwendbarkeit heraus, sollen nun die einzelnen Eigenschaften des technischen Eisens gewürdigt werden.

a) Allgemeine Eigenschaften.

Die erste Grundbedingung, welche man von dem Eisen verlangt, ist seine Bildsamkeit, d. h. die Möglichkeit, es in jede gewünschte Form zu bringen. Die Formgebung kann geschehen dadurch, daß man das flüssige Metall in vorher angefertigte Formen gießt, oder dadurch, daß man das feste Metall in kaltem oder erhitztem Zustande durch äußere mechanische Bearbeitung, Schlag, Druck oder Behandlung mit Schneidwerkzeugen, verändert.

Im erstgenannten Fall, der die Grundlage des Gießereiwesens bildet, kommt es darauf an, das Eisen in der für den jeweiligen Verwendungszweck als günstig erkannten Zusammensetzung schmelzflüssig zu erhalten, d. h. so dünnflüssig, daß es trotz der unvermeidlichen Abkühlung beim Gießen auch die dünnsten und vom Einguß entferntesten Stellen der Formen ausfüllt. Diese Eigenschaft ist natürlich in erster Linie abhängig von dem Schmelzpunkt des Metalls, der je nach seiner Zusammensetzung zwischen 1100 und 1500° schwankt.

Für die mechanische Bearbeitung sind die Dehnbarkeit, Schmiedbarkeit und Schweißbarkeit maßgebend, welche dem Eisen nicht immer in gleichem Maße eigentümlich sind. Dehnbarkeit ist die Möglichkeit der Formveränderung in kaltem, Schmiedbarkeit die Möglichkeit der Verarbeitung in warmem Zustande. Während die Dehnbarkeit des Eisens bei seiner Formgebung eine geringe Rolle spielt und sich ihr Einfluß hauptsächlich bei Beanspruchungen während des Gebrauchs geltend macht — siehe weiter unten unter „mechanische Eigenschaften" — ist die Schmiedbarkeit eine der wichtigsten Eigenschaften des Eisens; ihr Vorhandensein oder Nichtvorhandensein bedingt die Einteilung des technischen

Eisens in zwei Hauptgruppen: Schmiedbares und nicht schmiedbares Eisen. Die Schmiedbarkeit sowohl wie die weiter unten zu besprechende Schweißbarkeit beruhen auf der Eigentümlichkeit des schmiedbaren Eisens, vor dem Übergang aus dem festen in den flüssigen Zustand weich und knetbar zu werden, eine Eigenschaft, welche dem nicht schmiedbaren Eisen fehlt. — Die richtige Schmiedetemperatur liegt bei heller Rotglut, etwa 950—1000° C, bis zur Dunkelrotglut; einzelne durch besondere chemische Zusammensetzung ausgezeichnete Stahlsorten erfordern zur Schmiedbarkeit völlige Weißglut.

Gegner der Bearbeitungsfähigkeit des Eisens in Kälte und Wärme ist die Brüchigkeit, und zwar unterscheidet man Kaltbruch, Rotbruch und Blaubruch. Der Kaltbruch, der im letzten Grunde immer auf eine grobkristallinische Gefügebildung in dem davon betroffenen Eisen zurückzuführen ist, kennzeichnet sich durch die Neigung, bei der Bearbeitung in gewöhnlicher Temperatur zu zerspringen. Rotbruch macht sich zuweilen bei Eisen als ein Auseinanderfallen in der mechanischen Bearbeitung bei Rotglühhitze bemerkbar und ist auf die Anwesenheit von gewissen schädlichen Nebenbestandteilen des Eisens zurückzuführen. Blaubruch ist die mehr oder weniger allem Flußeisen und Stahl anhaftende Eigenschaft, in der Bearbeitung in blauwarmem Zustande, d. h. bei etwa 250—350°, brüchig zu werden. Die Ursache dieser Erscheinung ist noch nicht genügend aufgeklärt, und der Blaubruch läßt sich nur vermeiden durch unbedingte Befolgung der Regel, bei Blauwärme das Eisen nicht zu bearbeiten. Die Blaubrüchigkeit macht sich in der Praxis z. B. unangenehm bemerkbar in dem Brüchigwerden von Eisenbahnwagenradreifen, welche infolge scharfen Bremsens zuweilen bis auf Blauwärme erhitzt und gleichzeitig durch das Bremsen mechanisch beansprucht werden.

Die Schweißbarkeit des Eisens besteht in der Möglichkeit, in dem oben erwähnten teigigen Zustande zwei getrennte Eisenstücke unter Schlag oder Druck so zu vereinigen, daß sie vollkommen einen Körper bilden und die Verbindungsstelle weder äußerlich, noch durch etwa verminderte Kohäsion erkennbar ist. Sie ist in ganz besonderem Maße eigen dem Schweißeisen, einem auf besonderem Wege in dem knetbaren Zustand erzeugten Eisen; bei dem in flüssigem Zustand erzeugten Eisen, dem Flußeisen, ist die Schweißbarkeit um so größer, je weniger fremde Körper im Eisen zugegen sind. Die Schweißbarkeit ist also wohl eine spezifische Eigenschaft des reinen Eisens.

Die Schweißbarkeit ist abhängig von der Temperaturdifferenz zwischen dem Schmelzpunkt des Metalls und dem Punkt, bei dem die Knetbarkeit beginnt. Die Einwirkung der die Schweißbarkeit beeinträchtigenden Verunreinigungen liegt darin, daß sie einerseits an sich die Knetbarkeit vermindern und andererseits den Schmelzpunkt erniedrigen, also die genannte Temperaturdifferenz verringern.

Das Gefüge des technischen Eisens ist im allgemeinen körnig-kristallinisch. Die Korngröße schwankt je nach der chemischen Zusammensetzung und der mechanischen oder thermischen Behandlung zwischen weiten Grenzen und zwar von einer Korngröße von mehr als 1 mm Durchmesser bis zu einem matten sammetartigen Aussehen, dessen Körnung mit bloßem Auge überhaupt nicht mehr erkennbar ist. Die Verschiedenheit des Bruchgefüges erlaubt dem erfahrenen Hüttenmann in sehr weitem Masse eine Qualitäts-Beurteilung.

b) Mechanische Eigenschaften.

Die Eigenschaften, welche das Eisen in den Stand setzen, mechanischen Beanspruchungen zu widerstehen, sind Festigkeit, Elastizität, Zähigkeit und Härte.

Mechanische Beanspruchungen irgend welcher Art suchen die Eisenmoleküle gegeneinander zu verschieben; dem wirkt entgegen die Kohäsion, welche der intermolekularen Verschiebung einen gewissen Widerstand entgegensetzt. Der innere Widerstand, den das Material der direkten Zerstörung, dem Bruch entgegenzusetzen vermag, ist seine Festigkeit, während die Elastizität derjenige Widerstand ist, welchen es einer bleibenden Formveränderung entgegensetzt. Beide Widerstände sind für dasselbe Material konstant. Als Elastizitätskonstante dient in der Festigkeitslehre der Elastizitätsmodulus; für den Hüttenmann kann dagegen die zulässige Spannung an der Elastizitätsgrenze, welche einen mehr oder weniger großen Bruchteil der Bruchfestigkeit bildet, als Maß für die Elastizität dienen.

Die in der Praxis auftretenden Spannungen machen sich geltend als Zug-, Druck-, Biegungs-, Knick-, Scher- und andere Beanspruchungen, und der entsprechende Widerstand gegen derartige Spannungen wird als Zug-, Druck- usw. Festigkeit bezeichnet. Alle diese Festigkeiten sind aber nur durch genaue Formeln bestimmbare Funktionen der Zugfestigkeit, welche daher auch absolute Festigkeit heißt, und welche als Gradmesser für die physikalische Güte des Eisens bezeichnet werden kann.

Bei der Zugbeanspruchung erfolgt eine Ausdehnung bzw. Verlängerung des gezogenen Stabes, welche zunächst bis zur Proportionalitätsgrenze proportional zu der Last wächst; bei weiterer Belastung kommt die Spannung zur Fließ- oder Streck-Grenze, bei der ohne weitere Zunahme der Belastung eine bleibende Verlängerung des gespannten Stabes eintritt; von da ab wächst dann wieder die Belastung bis zum Bruch des gespannten Stabes. Die Belastungen an den genannten Spannungsgrenzen geben, in kg/qmm absolut gemessen, einen ausreichenden Anhaltspunkt für die Beurteilung des Materials in bezug auf Elastizität und Festigkeit. Die Differenz zwischen dem Eintreten des Fließens und dem Bruch des

Materials zeigt gleichzeitig dessen Zähigkeit oder Geschmeidigkeit an, welche am besten definiert wird als die Fähigkeit des Materials, Änderungen, welche durch äußere Einflüsse hervorgerufen werden, zu folgen, ohne dabei zu reißen. Als Maß für die Zähigkeit dient daher bei dem gebräuchlichen physikalischen Prüfungsverfahren der Zerreißprobe die Längenänderung (Dehnung), welche der Probestab beim Fließen erleidet, gemessen in Prozenten der ursprünglichen Länge, sowie seine Querschnittsverminderung (Kontraktion) an der Zerreißstelle, ebenfalls gemessen in Prozenten des ursprünglichen Querschnitts.

Das Gegenteil der Zähigkeit ist die Sprödigkeit, welche sich bei der Belastung als ein plötzliches Zerreißen nach Überschreitung der Elastizitätsgrenze bemerkbar macht, und welche im Grunde mit der oben erwähnten Kaltbrüchigkeit bei der Bearbeitung identisch ist.

Die Härte wird für gewöhnlich definiert als derjenige Widerstand, den das Material dem Eindringen eines härteren Körpers entgegensetzt; indessen ist es nicht leicht, diesen genau zu bestimmen, da auch z. B. die Elastizität dem Eindringen des Körpers einen gewissen Widerstand entgegensetzt.

In der Praxis müssen alle mechanischen Eigenschaften des Eisens bei irgendwelchen Beanspruchungen zusammenwirken, um einer Zerstörung des beanspruchten Körpers entgegenzuarbeiten. Dies tritt z. B. klar zu Tage bei dem Widerstand eines Körpers gegen den Stoß eines anderen, z. B. dem Widerstand eines Schutzbleches gegen die Wirkung eines anprallenden Geschosses. Zunächst wirkt die Härte dem Eindringen des Geschosses entgegen; die Elastizität zehrt infolge der auftretenden rückwirkenden Spannung einen Teil der Stoßkraft auf; die Zähigkeit ermöglicht es dem Metall, der durch den Anprall entstehenden Einbeulung zu folgen, und die Bruchfestigkeit verhindert schließlich das Abreißen der stark angespannten Fasern.

Der innere Zusammenhang zwischen den einzelnen mechanischen Eigenschaften äußert sich daher auch in dem Verhältnis der Maßziffern zueinander. Elastizitätsgrenze wie Proportionalitäts- und Streckgrenze lassen sich ausdrücken in einem Bruchteil der absoluten Festigkeit, dessen Größe einen Maßstab für die Güte des Materials bietet. Auch die Härte steigt im allgemeinen mit der Festigkeit. Die Zähigkeit nimmt dagegen durchweg mit zunehmender Festigkeit und Härte ab; das Material ist umso besser, je höher bei gleicher Festigkeit die Zähigkeit ist oder umgekehrt. Für einen bestimmten Verwendungszweck läßt sich daher eine Qualitätsziffer durch einfache Addition der Zahlen für die Festigkeit (in kg) und für die Zähigkeit (Dehnung in Prozenten) festsetzen. Zu einer allgemeinen Beurteilung der Güte in bezug auf die mechanischen Eigenschaften ist dagegen das Produkt beider Zahlen, welches dem sogen. Arbeitsvermögen des Materials annähernd gleichkommt, vorzuziehen. Bei gewöhnlichen Belastungen irgendwelcher Konstruktionen muß natürlich dafür gesorgt werden, daß die Elastizitätsgrenze nicht überschritten wird, d. h. die Konstruktion muß derart bemessen sein, daß durch die normalen Belastungen keine bleibende Deformation herbeigeführt wird. Die über die Elastizitätsgrenze hinausgehende Möglichkeit der Materialbeanspruchung vor dem Eintreten des Bruchs kann für die Praxis nur die Bedeutung einer Sicherheitsreserve für außergewöhnliche Beanspruchungen haben. Die Eisenkonstruktion eines Schiffskörpers z. B. darf durch normale Belastungen nicht soweit beansprucht werden, daß dadurch eine Deformation des Schiffskörpers eintreten könnte. Wird aber das Schiff einem plötzlichen Stoß, z. B. durch Zusammenstoß mit einem andern Schiff ausgesetzt, so wird man gerne eine Deformation, also eine Einbeulung mit in Kauf nehmen, wenn nur das Zerreißen des Schiffsblechs, also ein Leck vermieden wird, welches den Untergang des Schiffes zur Folge haben würde. In einem solchen Falle wird das innere Arbeitsvermögen des Materials in Anspruch genommen, um die äußere Arbeit des plötzlichen Stoßes zu vernichten.

Die Festigkeitseigenschaften einer Eisensorte stehen in enger Beziehung zu ihrer oben erwähnten Korngröße, und zwar entspricht der geringeren Korngröße immer die höhere Festigkeit und entsprechend geringere Zähigkeit, ganz unabhängig davon, wodurch die geringere Korngröße hervorgerufen ist. Überschreitet die Korngröße eine gewisse Grenze, so daß ein grobkristallinisches Gefüge entsteht, so verschwinden sowohl Festigkeit wie Zähigkeit und das Material wird ausgesprochen kaltbrüchig.

Dieser enge Zusammenhang zwischen Bruchaussehen bzw. Korngröße und den mechanischen Eigenschaften wird leicht erklärlich, wenn man sich vergegenwärtigt, daß die Berührungsflächen der einzelnen Kristalle im Verhältnis zu ihrem Inhalt um so größer sind, je geringer die Korngröße ist, und daß daher die Kohäsion der Gefügeelemente, von der die Festigkeit abhängt, größer sein muß bei geringerer Korngröße.

Die Festigkeit der technischen Eisensorten schwankt zwischen außerordentlich weiten Grenzen, etwa zwischen 10 kg/qmm (bei weichem Gußeisen) und 200 kg/qmm (bei harten Spezialstählen); entsprechend bewegen sich auch die andern mechanischen Eigenschaften innerhalb ziemlich weiter Grenzen.

Von Bedeutung ist noch die mit der Härte eng verbundene Härtbarkeit, d. h. die Fähigkeit gewisser Stahlsorten, durch plötzliches Abschrecken von bestimmten Temperaturen auf gewöhnliche Temperatur eine wesentlich höhere Härte anzunehmen. Diese Eigenschaft, deren Vorhandensein oder Nichtvorhandensein die ursprüngliche Unterscheidung zwischen Eisen und Stahl begründete, ist abhängig von gewissen Änderungen des mikroskopischen Gefügeaufbaues, deren Kenntnis dementsprechend von größter Bedeutung ist.

c) Widerstandsfähigkeit gegen die Einflüsse der umgebenden Materie.

Eisen und Stahl sind im Gebrauch vielfach angreifenden (korrodierenden) Einflüssen der umgebenden Materie ausgesetzt, z. B. der Luft, insbesondere feuchter Luft, des Wassers, und zwar des Süßwassers und Seewassers (Baumaterialien der Seeschiffe), ferner von Gasen verschiedener Zusammensetzung. Alle diese Substanzen üben einen zerstörenden Einfluß aus, der allerdings vielfach sich erst nach Jahren bemerkbar macht. Am bekanntesten ist die Erscheinung des Rostens an der Luft, besonders an feuchter Luft und im Wasser. Zuweilen findet sich in der Literatur der Hinweis darauf, daß das Eisen umsomehr den zerstörenden Angriffen seiner Umgebung ausgesetzt sei, je reiner es ist, und ferner, daß Schweißeisen viel widerstandsfähiger sei als das reinere Flußeisen. Ein einwandfreier Beweis für diese Ansicht ist indessen bis heute noch nicht geführt worden, und die angeblich diese Tatsache stützenden Untersuchungsergebnisse dürften zumeist auf Beobachtungsfehler bzw. Zufälligkeiten zurückzuführen sein.

Abgesehen von der Anwendung verschiedener teurer Legierungen, z. B. mit Nickel, dürfte im allgemeinen das einzig wirksame Mittel zur Vermeidung der durch die Korrosion herbeigeführten Schäden das Überziehen des Eisens mit Schutzanstrichen sein, welche der betr. Materie gegenüber besseren Widerstand leisten.

In dieses Kapitel gehört auch die Frage der Feuerbeständigkeit gewisser Eisenkonstruktionsteile, d. h. die Widerstandsfähigkeit gegen hoch erhitzte Verbrennungsgase oder glühende Körper, sowie die Säurebeständigkeit von Eisenteilen, welche zum Aufbewahren etc. von Säuren dienen.

d) Magnetische und elektrische Eigenschaften.

Die Elektrotechnik fordert von dem in ihren Konstruktionen zur Verwendung gelangenden Material außer seinen mechanischen Eigenschaften noch besondere Eigenschaften rücksichtlich seines Verhaltens gegenüber magnetisch-elektrischen Einflüssen.

Für elektrische Leitungen kommt nur die Leitfähigkeit, welche dem elektrischen Widerstand umgekehrt proportional ist, in Betracht. Weit wichtiger ist dagegen das Verhalten des Eisens gegenüber der magneto-elektrischen Induktion. Je nach dem Verwendungszweck werden hierin direkt entgegengesetzte Eigenschaften verlangt. In den meisten Fällen soll das Material eine möglichst hohe Permeabilität oder magnetische Durchlässigkeit. d. h. Fähigkeit, bei gleichem Aufwand an Magneterregerstrom einen möglichst hohen Grad von Magnetisierung anzunehmen, besitzen, da von ihr der Energieverbrauch beim Erteilen der magnetischen Eigenschaften, sei es nun, daß es sich um die Herstellung von permanenten Magneten oder um die (vorübergehende und zwar wechselnde)

Magnetisierung von Induktionsspulen zur Erzeugung elektrischer Energie handelt. Die übrigen magnetischen Eigenschaften sind charakterisiert durch die Intensität des remanenten Magnetismus und die Stärke des Koerzitivfeldes (Koerzitivkraft). Für permanente Magnete ist ein möglichst hoher Grad der durch diese beiden Eigenschaften begründeten Ummagnetisierungsarbeit erforderlich. Für Dynamobleche, welche die Elemente der Dynamoanker oder Wechselstromtransformatoren bilden, sind dagegen mit Rücksicht auf die dadurch entstehenden Energieverluste bei der Ummagnetisierungsarbeit möglichst geringe Werte dieser Eigenschaften erwünscht. Man kann in Hinsicht hierauf zwischen „magnetisch weichem" und „magnetisch hartem" Material unterscheiden, wobei man unter magnetischer Weichheit die möglichste Verlustlosigkeit versteht.

Die Verluste bei der Ummagnetisierung setzen sich zusammen aus dem Hysterese- und dem Wirbelstromverlust. Die Hysterese ist eine intermolekulare Reibungserscheinung auf magnetischem Gebiet; der Verlust beruht auf der Umwandlung der elektrischen Energie in Reibungswärme. Die (Foucaultschen, auch Faradayschen) Wirbelströme entstehen überall da, wo Metallteile von meßbarer Ausdehnung von senkrecht zu ihnen verlaufenden magnetischen Kraftlinien geschnitten werden; sie verursachen einen Energieverlust durch Gegeninduktion, die sie in der Wickelung erzeugen. Der Hystereseverlust ist lediglich abhängig von dem Material und ist um so geringer, je weicher das Eisen ist; in diesem Falle decken sich also die Begriffe der mechanischen und der magnetischen Weichheit. Dem Wirbelstromverlust kann man dagegen begegnen durch möglichst weitgehende Unterteilung der Aufbauelemente, der Anker, Spulen usw.; sie werden daher aus möglichst dünnen (0,3—0,5 mm) voneinander durch Isolierschichten getrennten Eisenblechen konstruiert.

Günstig wirkt auch die Vergrößerung des elektrischen Widerstandes auf die Verringerung der Wirbelstromverluste. Für eine ganz besondere Herabminderung der Verlustziffer ist also ein Material von Bedeutung, welches mit großer magnetischer Weichheit auch eine geringe elektrische Leitfähigkeit verbindet; das ist bei Legierungen des Eisens mit Silizium und Aluminium bei möglichster Vermeidung anderer Nebenbestandteile des Eisens der Fall.

Endlich kommt im Gegensatz zu den vorstehend geschilderten Verwendungszwecken noch für besondere Spezialzwecke ein Material in Betracht, welches durchaus keine Permeabilität aufweist, d. h. völlig unmagnetisch ist; es wird überall da verwendet, wo es darauf ankommt, jede, auch die geringste magnetische Beeinflussung der Umgebung zu vermeiden; z. B. bei den Kompaßgehäusen der Seeschiffe, wo die geringste magnetische Induktion der Metallmassen Störungen an der Magnetnadel hervorrufen würde.

Zweites Kapitel.

Die Eigenschaften des reinen Eisens.

Chemisch reines Eisen hat für die Praxis keine Bedeutung; unter reinem Eisen kann also nur praktisch reines Eisen verstanden werden, d. h. Eisen mit möglichst geringen Mengen an Nebenbestandteilen. In der Praxis ist Eisen mit 99,8 Proz. reiner Eisensubstanz mit Bezug auf seine technischen Eigenschaften untersucht worden.

Das reine Eisen ist ein Metall von außerordentlicher Zähigkeit und Geschmeidigkeit; sein spezifisches Gewicht ist 7,86; seine absolute Festigkeit und Härte sind verhältnismäßig gering; die Festigkeit beträgt etwa 32 kg/qmm; seine Härte ist 3,5—3,7 in der Mohsschen Härteskala[1]); sie ist nur um weniges höher als diejenige des Kupfers.

Die Bearbeitungsfähigkeit ist sehr groß, sowohl in kaltem wie in warmem Zustande; insbesondere ist seine vorzügliche Schweißbarkeit zu erwähnen. Der Schmelzpunkt des reinen Eisens ist noch nicht genau bestimmt worden; Angaben darüber schwanken zwischen 1500 und 1600°; nach neuesten Untersuchungen wird er als nahe bei 1500° liegend angegeben.

Das Eisen kristallisiert im regulären System in Würfeln und Oktaedern.

Allotropie des Eisens.

Erhitzt man reines Eisen und schreckt es dann von verschiedenen Temperaturen zur Zimmertemperatur plötzlich ab, so zeigt sich ein eigentümliches Verhalten. Bei Abschreckungstemperaturen bis 400° zeigt sich kein Festigkeitszuwachs von Bedeutung; zwischen 400 und 600° wächst die Zugfestigkeit allmählich bis auf etwa 36 kg/qmm. Bei etwa 640° ergibt sich eine plötzliche Steigerung der Festigkeit auf ca. 40 kg.; ferner zeigen sich plötzliche Vergrößerungen der Festigkeit bei Abschrecktemperaturen von 765° und 900° und zwar auf etwa 46 bzw. 50 kg/qmm. Abb. 1 zeigt diese Festigkeitszunahme in graphischer Darstellung entsprechend Versuchen von Prof. Arnold in Sheffield. Gleichzeitig mit der Erhöhung der Festigkeit erfolgt auch eine entsprechende Verringerung der Korngröße.

Die auffallenden Veränderungen der Festigkeit beim Abschrecken von den oben erwähnten Temperaturen haben nun Veranlassung gegeben, die Eigenschaften des Eisens bei verschieden hohen Tem-

---

[1]) Die Mohssche Härteskala ist eine nicht auf Grund einer absoluten Härtebestimmung aufgebaute und daher immerhin etwas willkürliche Einteilung von Härtegraden im Anschluß an verschieden harte Mineralien: 1 = Talk, 2 = Steinsalz oder Gips, 3 = Kalkspat, 4 = Flußspat, 5 = Apatit, 6 = Feldspat (Orthoklas), 7 = Quarz, 8 = Topas, 9 = Korund, 10 = Diamant.

peraturen genauer zu untersuchen, und dabei stellte sich noch ein
weiteres eigentümliches Verhalten heraus. Läßt man Eisen von
höheren Temperaturen langsam abkühlen, so geht die Abkühlung nicht
mit gleichmäßiger Geschwindigkeit vor sich, sondern eben bei den
Punkten, welche durch die plötzliche Zunahme der Festigkeit
charakterisiert sind, tritt eine Verzögerung in der Abkühlung ein;
umgekehrt wird beim Erwärmen die Temperaturzunahme in der Nähe
dieser Punkte eine Weile aufgehalten. Aus diesem Verhalten ließ
sich der Schluß ziehen, daß bei diesen Temperaturen in dem Eisen
innere Umwandlungen erfolgen, welche mit einem Wärmeverbrauch

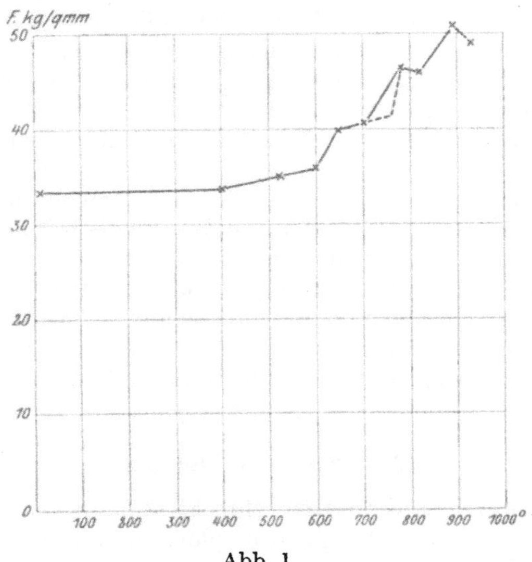

Abb. 1.

beim Erhitzen bzw. einem Freiwerden von Wärme beim Abkühlen
verbunden sind. Die drei Punkte sind als Umwandlungs- oder Haltepunkte, auch wohl Rekaleszenzpunkte bezeichnet worden; die genauen Temperaturen wurden ermittelt zu 680, 765 und 895°; die
Haltepunkte erhielten die allgemein gebräuchliche Bezeichnung Ar_1,
Ar_2, Ar_3.

Die den Veränderungen zugrunde liegenden Vorgänge selbst
wurden dahin erkannt, daß das Eisen in verschiedenen Allotropien,
d. h. Zuständen mit verschiedenen Wirkungen besteht. Die verschiedenen Zustände wurden als Alpha-, Beta- und Gamma-Eisen
(α-, β- und γ-Eisen) bezeichnet, und zwar existiert das α-Eisen unterhalb 765° (Punkt Ar_2), β-Eisen zwischen Ar_2 und Ar_3 und γ-Eisen
bei Temperaturen oberhalb Ar_3; β- und γ-Eisen haben die höhere
Festigkeit, die sich nach dem Abschrecken bemerkbar macht. Im
α-Zustand ist das Eisen weich, im β-Zustand hart, im γ-Zustand
mittelhart. Außerdem besteht ein Unterschied in den magnetischen

Eigenschaften insofern, als α-Eisen magnetisch (ferromagnetisch) ist, d. h. die Eigenschaft besitzt, vom Magneten angezogen zu werden, während β- und γ-Eisen unmagnetisch sind. Die drei Modifikationen unterscheiden sich endlich durch ihre Lösungsfähigkeit für Kohlenstoff, indem γ-Eisen bis zu $2^0/_0$ C, β-Eisen erheblich weniger und α-Eisen überhaupt keinen Kohlenstoff in Lösung zu halten vermag.

Oberhalb Ar_3 existiert das Eisen nur in der γ-Form, bei langsamer Abkühlung verwandelt es sich bei den Umwandlungspunkten zuerst in β-, dann in α-Eisen. Wird aber das Eisen aus den höheren Temperaturen plötzlich abgeschreckt, so werden die Umwandlungen verhindert, und man erhält eben auch bei den niederen Temperaturen das γ- bzw. β-Eisen mit ihren besonderen Eigenschaften. Die erläuterten Vorgänge sind von hervorragender Bedeutung für die Erkenntnis des inneren Aufbaues von Eisen und Stahl, insbesondere für die Vorgänge bei der Härtung von Stahl.

Drittes Kapitel.

Eisen und Kohlenstoff.

Wie bereits oben angedeutet wurde, ist das, was wir technisch als Eisen bezeichnen, nichts weniger als reines Eisen; sondern es ist in allen Fällen mit erheblichen Mengen von Fremdkörpern durchsetzt, u. zw. einerseits solchen, deren Aufnahme infolge der Fabrikationsverfahren bis zu einem gewissen Grade unvermeidlich ist, wobei wieder unterschieden werden muß zwischen schädlichen und wohltätigen Elementen, und anderseits solchen, welche zwecks Erreichung gewisser Eigenschaften absichtlich zugesetzt werden.

Allgemein ist über die Vereinigungen des Eisens mit fremden Körpern zu erwähnen, daß sie durchweg seine Festigkeit unter gleichzeitiger Beeinträchtigung seiner Zähigkeit und Geschmeidigkeit erhöhen, seine Schweißbarkeit vermindern, den Schmelzpunkt erniedrigen und die magnetisch-elektrischen Eigenschaften verschlechtern. Das Eisen legiert sich fast mit allen übrigen Elementen; es sollen jedoch nur diejenigen besprochen werden, welche technisch wirklich Bedeutung haben.

Die wichtigste Vereinigung, die das Eisen mit anderen Körpern eingeht, ist diejenige mit Kohlenstoff. Der Kohlenstoff, der bei dem Vorgang der Reduktion des Eisens aus seinen Erzen als Reduktionsmittel dient, dadurch in innigste Berührung mit dem Eisen kommt und von ihm aufgenommen wird, begleitet es auch ferner auf seinem ganzen Werdegang durch alle Hüttenprozesse; er tritt zu ihm in allen seinen Daseinsformen in Beziehung, und sein Vorhandensein, sowohl in bezug auf die Menge, wie auf die Art seiner Vereinigung mit dem Eisen charakterisiert dessen Eigenschaften in solchem

Maße, daß alle übrigen Nebenbestandteile dagegen zurücktreten und zumeist nur einwirken als dritte Glieder in dem festgeschlossenen System Eisen-Kohlenstoff.

Der Kohlenstoff findet sich nun im technischen Eisen in verschiedenen Formen und zwar einerseits mechanisch zwischen die Eisenmoleküle eingelagert und anderseits im Eisen gelöst (gebunden). Für beide Modifikationen haben sich zwei verschiedene Arten ergeben, so daß insgesamt folgende vier Kohlenstofformen im Eisen zu unterscheiden sind:

a) Graphit,
b) amorphe Kohle oder Temperkohle,
c) Karbidkohle
d) Härtungskohle } gebundene Kohle.

a) Graphit.

Graphit ist im flüssigen Eisen nicht vorhanden; er findet sich nur in erstarrten kohlenstoffreichen Legierungen (Roheisen) und verdankt sein Entstehen dem Zerfall von Eisenkohlenstoffverbindungen im Augenblick des Erstarrens. Die Ausscheidung des Graphits erfolgt nur bei langsamem Erstarren; sie kann verringert und sogar gänzlich hintertrieben werden, wenn man das zur Graphitbildung neigende Eisen schnell über den Erstarrungspunkt hinwegführt, d. h. beim Erstarren plötzlich abschreckt. Der Graphit lagert sich in Gestalt von kristallinischen Blättern zwischen die Eisenmoleküle und lockert deren Zusammenhang, so daß sowohl die Festigkeit als auch die Härte des Eisens gegenüber dem nicht graphithaltigen erheblich vermindert wird. Der Graphit verleiht dem Eisen selbst ein tiefgraues, fast schwarzes Aussehen, so daß es als graues Roheisen bezeichnet wird im Gegensatz zu dem weißen, nicht graphithaltigen.

b) Temperkohle.

Die Temperkohle entsteht beim anhaltenden Glühen (Tempern) von hoch-kohlenstoffhaltigem Eisen bei Temperaturen, welche zwischen den Bildungstemperaturen von Karbid und Graphit liegen. Die Temperkohle bildet sich aus dem gebundenen Kohlenstoff des weißen Roheisens; sie lagert sich ähnlich wie der Graphit zwischen die Eisenmoleküle und verleiht dem Eisen einen ausgesprochen schwarz gefärbten Bruch. Auch sie macht das Eisen weich und verringert seine Festigkeit; sie unterscheidet sich aber von dem kristallinischen Graphit durch ihre amorphe Struktur; chemisch unterscheiden sich beide Kohlenstofformen im wesentlichen dadurch, daß die Temperkohle durch oxydierende Reagenzien verbrannt werden kann, was beim Graphit nicht der Fall ist.

c) Gebundener Kohlenstoff.

Wichtiger als die beschriebenen mechanischen Kohlenstoffeinschlüsse sind die chemischen Verbindungen des Eisens mit Kohlenstoff, welche den Charakter von Legierungen, d. h. gegenseitigen Lösungen der beiden Elemente ineinander haben.

Reines Eisen vermag bis zu 4,3 Proz. Kohlenstoff in fester Lösung zu halten. Dieser Kohlenstoff tritt nun aber auch in zwei verschiedenen Formen auf, deren jeweiliges Vorhandensein lediglich durch die verschiedene Wärmebehandlung des Eisens bzw. Stahls bedingt wird, und welche die Eigenschaften der Eisenkohlenstofflegierungen nach ganz verschiedenen Richtungen hin beeinflussen.

Ein Teil des gebundenen Kohlenstoffs, die Karbidkohle, ist in Form einer zwischen die Eisenmoleküle geschalteten chemischen Verbindung, eines Karbids von der Formel Fe_3C mit 6,6 Proz. C vorhanden. Dieses Karbid hat selbst eine außerordentlich große Härte (6,7 der Mohsschen Skala); es ist aber im allgemeinen wegen der verhältnismäßig geringen Mengen, in denen es in den Eisenverbindungen vorhanden ist, nicht sonderlich in der Lage, die Härte der Gesamtmasse erheblich zu erhöhen; nur bei Eisenkohlenstofflegierungen, welche einen sich dem Sättigungspunkt für Kohlenstoff nähernden Kohlenstoffgehalt in der Form der Karbidkohle haben, (weißes Roheisen) ist die dadurch erzeugte Härte sehr groß.

Die Härte des Metalls wird dagegen ganz besonders erhöht durch die Gegenwart der anderen in fester Lösung mit dem Eisen vorhandenen Kohlenstofform, welche daher auch den Namen Härtungskohle erhalten hat.

Beide Kohlenstofformen können nebeneinander auftreten. Oberhalb des Umwandlungspunktes Ar_2 ist nur Härtungskohle im Eisen vorhanden; bei dieser Temperatur findet die Umwandlung der Härtungskohle in Karbidkohle statt, so daß in der langsam erkalteten Legierung die Hauptmenge des Kohlenstoffs als Karbid vorhanden ist. — Die Umwandlung kann man jedoch auch hier unterdrücken, indem man den Stahl die Umwandlungstemperatur schnell durchlaufen läßt d. h. ihn von Temperaturen oberhalb Ar_2 abschreckt. Dieser Vorgang ist also in gewisser Beziehung analog mit dem der Umwandlung von γ- bzw. β-Eisen in α-Eisen; während hierdurch die Festigkeit des Eisens erheblich beeinflußt wird, bietet der Übergang von Härtungskohle in Karbidkohle eine einfache Erklärung für die Erscheinung der Härtung von Stahl durch Abschrecken.

Mikrostruktur der Eisenkohlenstofflegierungen.

Volle Aufklärung über die Vorgänge in den Eisenkohlenstofflegierungen hat erst die Mikroskopie gebracht.

Zur mikroskopischen Untersuchung müssen die Stahlproben glatt geschliffen und poliert werden; durch Ätzen mit einer schwachen Säure werden dann die einzelnen Gefügebestandteile offengelegt, indem die härteren Teile weniger angegriffen werden als die weicheren. Die wichtigsten Gefügebestandteile, welche in den Eisenkohlenstofflegierungen auftreten, sind neben dem Graphit und der Temperkohle Ferrit, Zementit, Perlit, Martensit und Austenit.

1. **Ferrit** ist kohlenstoffreies reines Eisen. Er zeigt sich unter dem Mikroskop in Form von unregelmäßigen, hexagonalen Kristallen. Er ist der vorwiegende Bestandteil weicher reiner Eisensorten. Abb. 1 auf Tafel I zeigt in 200 facher Vergrößerung Ferritkörner in seltener Reinheit aus einem Eisen mit 99,8 Proz. Fe.

2. **Zementit** tritt in langen Nadeln von außerordentlicher Härte nur in kohlenstoffreichen Legierungen mit mehr als 0,89 Proz. C auf. Chemisch entspricht er dem obengenannten Eisenkarbid Fe_3C. Ferrit und Zementit können niemals nebeneinander in derselben Legierung auftreten. Abb. 2 auf Tafel I zeigt die Mikrostruktur eines weißen Roheisens, in dem die harten Zementitnadeln deutlich erkennbar sind. Als weiterer Gefügebestandteil ist in der Mikrophotographie Perlit vorhanden.

3. **Perlit** findet sich nur in langsam erkalteten oder ausgeglühten Eisenlegierungen. Seinen Namen hat er von seinem eigentümlichen perlmutterartigen Glanz. Er ist ein eutektisches Gemisch von Ferrit und Zementit mit 0,89 Proz. C und besteht aus ca. 13 Teilen Zementit und 87 Teilen Ferrit.

Ausgeglühter Stahl mit 0,89 Proz. C besteht nur aus Perlit, während Stahl mit weniger als 0,89 Proz. C neben Perlit freien Ferrit, Stahl mit mehr als 0,89 Proz. C neben Perlit freien Zementit aufweist. Abb.3—5 auf Tafel II/III zeigen perlitisches Gefüge bei gleichzeitigem Vorhandensein von Ferrit, also von Eisenlegierungen mit weniger als 0,89 Proz. C. Abb. 3 ist der Schliff eines Schienenstahls mit ungefähr 0,4 Proz. C, der ein gleichmäßiges Gefüge von Perlit und Ferrit hat. Abb. 4 (Schweißeisen) zeigt neben den beiden Gefügebestandteilen noch Schlackeneinschlüsse; der Schliff ist parallel zur Walzrichtung gemacht. In Abb. 5 auf Tafel III sind innerhalb der ferritisch-perlitischen Struktur schwarze, runde Einsprengungen von Temperkohle zu erkennen, welche über die Art des Vorhandenseins der Temperkohle in Temperguß Aufschluß geben. Abb. 6 auf Tafel III zeigt perlitisches Gefüge in Zementit-Grundmasse (weißes Roheisen); interessant ist der tannenbaumförmige Aufbau der Perlit-Kristalle.

4. **Martensit** ist der charakteristische Bestandteil gehärteten Stahls. Er ist das Ergebnis schneller Abkühlung von einer Temperatur oberhalb Ar_2. Mikroskopisch stellt er sich dar in Form von außerordentlich feinen harten Nadeln (Abb. 7 auf Tafel IV). Martensit entspricht dem Perlit oberhalb der Temperatur Ar_2; jedoch schwankt sein Kohlenstoffgehalt zwischen 0,12 und 1,8 Proz.; der Gefügebestandteil mit genau 0,89 Proz. C wurde als Hardenit bezeichnet.

Martensit ist diejenige Form, in der alles kohlenstoffhaltige Eisen im flüssigen Zustande war; er wurde früher als einfache Lösung von freiem Kohlenstoff in Eisen angesehen; neuere Forschungen haben jedoch ergeben, daß auch er nichts weiter ist als eine feste Lösung des Eisenkarbids Fe_3C im Eisen.

5. Austenit tritt zuweilen neben dem Martensit in hochkohlenstoffhaltigen Legierungen auf, die von sehr hoher Temperatur in Eiswasser abgekühlt worden sind; er ist gleichfalls eine feste Lösung des Eisenkarbids in Eisen, jedoch ausgesprochen in γ-Eisen, während im Martensit neben geringen Mengen von γ-Eisen β- und α-Eisen überwiegen.

Neben diesen wichtigsten Bestandteilen der Eisenkohlenstofflegierungen werden noch zuweilen Troostit, Osmondit und Sorbit genannt, welche verschiedenen Übergangsstufen zwischen den anderen Gefügebestandteilen entsprechen.

Eine der wichtigsten Tatsachen, welche sich nach vorstehenden Ausführungen aus der mikroskopischen Untersuchung der Eisenkohlenstofflegierungen ergeben hat, ist die, daß der Kohlenstoff, sofern er nicht als Graphit oder Temperkohle nur mechanisch mit dem Eisen gemengt ist, nicht als freier Kohlenstoff, sondern nur als Eisenkarbid vorhanden sein kann, und daß die Eigenschaften von Eisen und Stahl außer von der Menge des Karbids in erster Linie davon abhängig sind, ob es in der Eisengrundmasse gelöst ist oder nicht.

Zustandsdiagramm.

Die Eigenschaften der Eisenkohlenstofflegierungen und die Veränderungen, welche sie durch die verschiedene Wärmebehandlung erfahren, zeigen sich am besten in graphischer Darstellung in dem sog. Zustandsdiagramm. Abb. 2 zeigt das nach neueren Forschungen etwas abgeänderte Zustandsdiagramm nach Backhuis Roozeboom.

Als Abszissen sind in dem Diagramm die Kohlenstoffgehalte, als Ordinaten die Temperaturen eingetragen, so daß der Zustand, in dem sich eine Eisenkohlenstoffverbindung bestimmter Zusammensetzung bei einer bestimmten Temperatur befindet, ohne weiteres abgelesen werden kann.

Es wurde bereits darauf hingewiesen, daß Eisen 4,3 Proz. Kohlenstoff in fester Lösung zu halten vermag; der Schmelzpunkt dieser Legierung liegt bei 1130⁰ (Punkt B); A entspricht dem Schmelzpunkt des reinen Eisens (ca. 1500⁰); D dem Schmelzpunkte des reinen Karbids Fe_3C mit 6,6 Proz. C (ca. 1300⁰). Oberhalb der durch diese drei Punkte bestimmten Linie A B D ist nur flüssige Schmelze vorhanden, und zwar vermag das Eisen um so mehr Kohlenstoff (als Karbid) in Lösung zu halten, je höher seine Temperatur ist. Beträgt nun der Kohlenstoffgehalt genau 4,3 Proz., so wird sich beim Abkühlen die Lösung in keiner Weise verändern, bis im Punkte B bei 1130⁰ die ganze Masse als (eutektische) Legierung von Eisen-Kohlenstoff erstarrt; im Augenblick der Erstarrung zersetzt sich das in der flüssigen Lösung vorhandene Karbid nach der Formel

$$\mathrm{Fe_3C} = 3\mathrm{Fe} + \mathrm{C},$$

wobei sich der Kohlenstoff ausscheidet, so daß in der erstarrten Masse der ganze Kohlenstoff als Graphit vorhanden ist.

Ist in der flüssigen Schmelze mehr als 4,3 Proz. Kohlenstoff aufgelöst, so wird sich beim Abkühlen in dem Punkt, wo die zu dem betr. Kohlenstoffgehalt gehörige Ordinate die Linie B D schneidet, der überschüssige Kohlenstoff als freier Graphit (Garschaum) abscheiden; der Kohlenstoffgehalt der zurückbleibenden Hauptmasse verringert sich entsprechend; der Vorgang wiederholt sich solange,

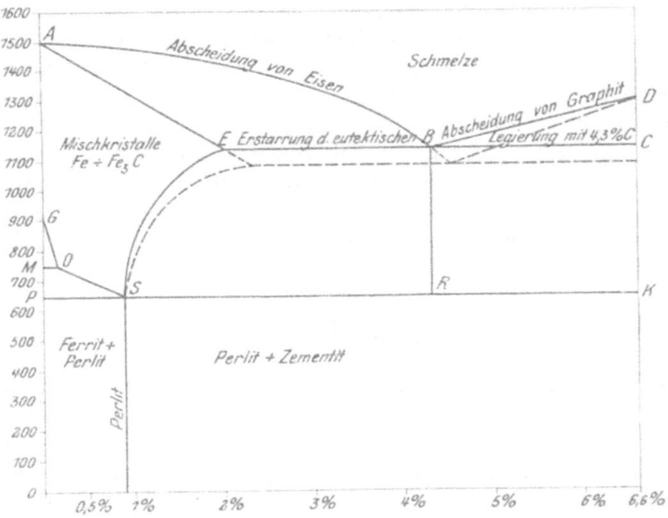

Abb. 2. Zustandsdiagramm nach Backhuis Roozeboom.

bis die Hauptmasse nur noch 4,3 Proz. C hat, und dann ebenfalls bei 1130° in dem entsprechendenden Punkte der Linie B C erstarrt.

Ist umgekehrt der Kohlenstoffgehalt der flüssigen Schmelze geringer als 4,3 Proz., so erfolgt bei der Abkühlung längs der Linie A B Ausscheidung von reinem Ferrit, wodurch allmählich die zurückbleibende Hauptmasse sich an Kohlenstoff anreichert und schließlich in einem Punkt von E B als eutektische Legierung von Eisenkohlenstoff erstarrt. Demnach entsprechen in dem Zustandsdiagramm die Linie A B der Abscheidung von reinem Ferrit, B D der Abscheidung von Kohlenstoff als Garschaum, die Linie E B C der Erstarrung der eutektischen Legierung mit 4,3 Proz. Kohlenstoff. Ist der Kohlenstoffgehalt der flüssigen Schmelze geringer als 2 Proz., so ist das Eisen befähigt, den gesamten Kohlenstoff in fester Lösung zu behalten; es erfolgt also keine Ausscheidung von Graphit mehr, und die ganze

Masse erstarrt als feste Lösung von Eisenkarbid in Eisen (Martensit) in dem dem Kohlenstoffgehalt entsprechenden Punkt der Linie A E. Eine Eisenkohlenstofflegierung mit weniger als 2 Proz. C kann demnach keinen Graphitgehalt mehr aufweisen.

Der ganze Raum B C D ist also charakterisiert durch das Vorhandensein von freiem Graphit und Schmelze, der Raum A E B durch das Vorhandensein von Ferrit und Schmelze.

Die eben beschriebenen Vorgänge würden nun unter allen Umständen bei Eisen mit mehr als 2 Proz. Kohlenstoff zu einer Bildung von graphithaltigem Eisen führen, wenn nicht das System zu einer Unterkühlung neigte, in deren Folge die Bildung von Graphit hintertrieben wird. Die Ausscheidung von Graphit kann künstlich verhindert werden, indem man das erkaltende Eisen schnell über den Temperaturintervall hinwegführt, in dem der Zerfall des Karbids stattfindet. Dieser Fall ist in dem Zustandsdiagramm durch die punktierten Linien angedeutet. Die Erstarrung der Grundmasse, der eutektischen Legierung von Eisen und Karbid, erfolgt dann etwas später und zwar bei einer Temperatur von ungefähr 1080^0.

Während nun bei der weiteren Abkühlung des Eisens mit mehr als 2 Proz. Kohlenstoff, sei es nun graphit- oder zementithaltig, bis zu der bei dem Umwandlungspunkt Ar$_3$ (680^0), der im Diagramm durch die Linie S K bezeichnet wird, stattfindenden Umwandlung von Martensit in Perlit keine weiteren Veränderungen mehr stattfinden, liegen die Verhältnisse bei den kohlenstoffärmeren Legierungen nicht so einfach.

Zunächst finden sich in der Null-Linie des reinen Eisens bei 895^0, 765^0 und 680^0 die drei Haltepunkte Ar$_3$, Ar$_2$ und Ar$_1$, in der Abb. G, M, P. Oberhalb Ar$_3$ existiert nur γ-Eisen; mit steigendem Kohlenstoffgehalt wird der Punkt Ar$_3$ jedoch erniedrigt; bei 0,29 Proz. Kohle fallen Ar$_3$ und Ar$_2$ schon bei 765^0 zusammen, O, und bei einem Kohlenstoffgehalt von 0,89 Proz. fallen in S alle drei Umwandlungspunkte zusammen. Bei den Punkten rechts von O wird also schon die Bildung von β-Eisen unterdrückt, indem sich das γ-Eisen direkt in α-Eisen verwandeln kann. Bei dem Kohlenstoffgehalt von 0,89 Proz. ergibt sich nun ähnlich wie bei 4,3 Proz. C ein eutektisches Gemenge; oberhalb des Punktes S, also über 680^0, besteht der Stahl mit 0,89 Proz. C nur aus Martensit, der festen Lösung des Karbids in Eisen. Bei dieser Temperatur erfolgt nun die Umwandlung von β-Eisen in α-Eisen, welches keine Lösungsfähigkeit mehr für das Karbid besitzt, so daß dieses ausgeschieden wird und, als Zementit gleichmäßig durch den kohlenstoffreien Ferrit verteilt, mit diesem das eutektische Gemenge von Ferrit und Zementit, den Perlit bildet.

Bei Kohlenstoffgehalten von weniger als 0,89 Proz. beginnt bei der Abkühlung zunächst längs der Linie G O S die Abscheidung von reinem Ferrit, gleichzeitig verbunden mit der Umwandlung des oberhalb der Linie vorhandenen γ-Eisens in β-Eisen nach G O und in

α-Eisen nach O S. Entsprechend der Ausscheidung von Ferrit wird der Kohlenstoffgehalt des Restes angereichert, bis das Maximum von 0,89 Proz. erreicht ist, worauf bei 680° wieder die Bildung von Perlit erfolgt. In den Legierungen mit weniger als 0,29 Proz. C, bei denen erst die Bildung von β-Eisen vor sich geht, verwandelt sich dieses nach der Linie M O in α-Eisen.

Der Raum G M P S O ist hiernach gekennzeichnet durch die gleichzeitige Anwesenheit von Ferrit und Martensit, während unterhalb P S infolge der hier vor sich gehenden Umwandlung von Martensit in Perlit nur Ferrit und Perlit vorhanden ist.

Bei Kohlenstoffgehalten von 0,89 bis 2 Proz. erfolgt zuerst nach der Linie S E die Abscheidung von freiem Zementit, bei weiterer Abkühlung bei 680° (S K) die Umwandlung von Martensit in Perlit; unterhalb S E bis S R existiert also Zementit + Martensit, unterhalb S R freier Zementit + Perlit.

Im langsam erkalteten System haben wir also:

bei Stahl mit weniger als 0,89 Proz. C α-Ferrit + Perlit
bei Stahl mit 0,89 Proz. C   Perlit
und bei Stahl mit mehr 0,89 Proz. C   Perlit + Zementit;

m schnell abgeschreckten System bleibt der Martensit dem Gefüge erhalten.

Die Temperkohle bildet sich durch Zersetzung von freiem Zementit nach der Formel $Fe_3 C = 3 Fe + C$ durch langanhaltendes Glühen von zementithaltigem Eisen bei Temperaturen um etwa 1000°; da freier Zementit nur in den Legierungen mit mehr als 0,89 Proz. C enthalten ist, ergibt sich, daß sich Temperkohle nur dann bilden kann, wenn der Kohlenstoffgehalt des betr. Eisens wenigstens 0.89 Proz. beträgt.

Einfluß des Kohlenstoffs auf die Eigenschaften des Eisens.

Aus dem Zustandsdiagramm ergibt sich unmittelbar die mit der Zunahme des Kohlenstoffs fast proportionale Herabsetzung des Schmelzpunkts von ungefähr 1500° bis auf 1130° und noch darunter bis auf etwa 1080° bei Unterkühlung des Systems.

Mit Bezug auf die übrigen Eigenschaften kann man nicht mehr von einer Beeinflussung durch Kohlenstoff schlechtweg sprechen; sondern man muß dabei die Form seines jeweiligen Vorhandenseins berücksichtigen, ob er also als Graphit oder Temperkohle mechanisch eingeschlossen oder ob er als Karbid, und zwar in fester Lösung (Härtungskohle) oder in einfacher Beimengung (Karbidkohle) vorhanden ist.

Die Schweißbarkeit verringert sich mit wachsendem Kohlenstoffgehalt; das erklärt sich nach den obigen Ausführungen über das Wesen der Schweißbarkeit ohne weiteres durch die bei der Erniedrigung des Schmelzpunkts entstehende Verkürzung des Temperaturzwischenraums zwischen dem Schmelzpunkt und dem Beginn des

Weichwerdens; eine besondere direkte Beeinträchtigung der Schweißbarkeit durch den gebundenen Kohlenstoff findet nicht statt. Zwischengeschaltete Kohlenausscheidungen heben natürlich die Schweißbarkeit vollständig auf; praktische Bedeutung hat das für temperkohlehaltiges Eisen; bei den Kohlenstoffgehalten, bei denen Graphitausscheidungen möglich sind, also oberhalb 2 Proz., ist ohnehin mangels des teigigen Übergangszustandes keine Schweißbarkeit mehr vorhanden.

Schmiedbarkeit und Dehnbarkeit sind Eigenschaften des reinen Eisens; es ist klar, daß sie durch Zwischenschaltung von Fremdkörpern zwischen die einzelnen Eisenmoleküle verringert werden. Von den Gefügebestandteilen des Eisens ist der Ferrit, das reine Eisen, sehr gut, Perlit weniger gut, der Zementit (das Karbid) überhaupt nicht schmiedbar. Bei einem Kohlenstoffgehalt von mehr als 2 Proz., bei dem entweder der Zementit überwiegt oder Graphitausscheidungen beginnen, hört die Schmiedbarkeit überhaupt auf.

Auch bezüglich der Festigkeitseigenschaften ist zu unterscheiden zwischen den Eisensorten mit nur gebundenem und denen mit mechanisch beigemengtem Kohlenstoff. Bei den letzteren wirkt der in größerer oder geringerer Menge vorhandene gebundene Kohlenstoff genau so wie in denjenigen Eisensorten, welche nur gebundenen Kohlenstoff enthalten; die Festigkeit wird aber durch die zwischen die einzelnen Eisenmoleküle geschobenen Kohlenstoffteile erheblich beeinträchtigt und zwar durch den grobkristallinischen Graphit in erheblich höherem Maße als durch die feinverteilte Temperkohle; die Verminderung der Festigkeit durch den Graphit geht soweit, daß sie bei gewöhnlichem grauem Roheisen nur noch ungefähr 10 kg/qmm beträgt; bei Temperguß, d. h. temperkohlehaltigem Eisen, schwankt sie zwischen 20 und 30 kg/qmm.

Der gebundene Kohlenstoff erhöht die Festigkeit des Eisens in hohem Maße; unter übrigens gleichen Verhältnissen steigt sie mit jedem Zehntel Prozent Kohlenstoff um etwa 5,6 kg. Das gilt jedoch nur für Stahl mit bis zu 0,89 Proz. C; bei dieser Grenze ist ein deutliches Maximum in der Festigkeit erkennbar; die Ursache hierfür liegt darin, daß, obwohl die einzelnen Gefügeelemente Ferrit, Perlit und Zementit eine erhebliche Festigkeit aufweisen, ihre Adhäsion untereinander verschieden ist; während Ferrit und Perlit hohe Adhäsion haben, ist sie zwischen Perlit und Zementit, den Gefügebestandteilen des Stahls mit mehr als 0,89 Proz. C gering.

Bei dem weißen Roheisen, welches vorwiegend aus Zementit mit eingebettetem Perlit besteht, ist aus diesem Grunde die Festigkeit bis zu derjenigen des grauen Roheisens gesunken. Durch die durch Abschrecken erfolgende Umwandlung der Karbidkohle in Härtungskohle, d. h. den Übergang des perlitischen in das martensitische Gefüge, wird die Zerreißfestigkeit erheblich erhöht; ein gut Teil dieser Festigkeitserhöhung ist indessen auf die gleichzeitige allotrope Umwandlung von α-Eisen in das festere β-Eisen zurückzuführen.

2*

Die Zähigkeit nimmt im allgemeinen mit zunehmender Festigkeit ab und umgekehrt; das gilt natürlich nicht für das hochkohlenstoffhaltige Eisen, bei dem die Festigkeit durch äußere Ursachen verringert ist; diese Eisensorten (graues und weißes Roheisen) haben trotz ihrer geringen Festigkeit fast gar keine Zähigkeit. Für die Eisensorten, welche lediglich gebundenen Kohlenstoff enthalten, gibt die Zahlentafel 1 am Schluß dieses Abschnitts einige Aufklärungen über Festigkeit und Dehnung.

Die Härte des Eisens wächst mit dem Kohlenstoffgehalt; Träger der Härte im langsam abgekühlten Eisen ist der Zementit, dessen Gehalt der Höhe des gebundenen Kohlenstoffs proportional ist; die Ausscheidungen von Kohlenstoff als Graphit und Temperkohle verringern auch wieder die Härte. — Die Härtbarkeit des Kohlenstoffstahls hat dagegen ein Maximum bei 0,89 Proz. C, dem Gehalt der eutektischen Legierung.

Das Gefüge des schmiedbaren Eisens wird mit wachsendem Kohlenstoffgehalt mehr und mehr feinkörnig; auch das Abschrecken erzeugt in jeder Stahlsorte ein feinkörnigeres Gefüge; bei hochkohlenstoffhaltigen, gehärteten Stählen ist die Korngröße so gering, daß man die einzelnen Körner mit bloßem Auge nicht mehr unterscheiden kann. Das Gefügeaussehen des hochkohlenstoffhaltigen Roheisens wird durch die größere oder geringere Ausscheidung von Graphit bestimmt; graphitfreies Roheisen hat einen strahligen Bruch. Auch in dem temperkohlehaltigen Eisen beherrscht der ausgeschiedene feinverteilte Kohlenstoff vollständig das Bruchaussehen.

Bezüglich der magnetisch-elektrischen Eigenschaften ist noch zu erwähnen, daß der Kohlenstoffgehalt, wie fast alle andern Nebenbestandteile das Eisen magnetisch härter macht, d. h. die magnetische Durchlässigkeit verringert, die Koerzitivkraft und die Hystereseverluste erhöht; auch die magnetische Remanenz wird vergrößert; für die Herstellung permanenter Magnete eignet sich also hochgekohlter Stahl besser als niedrig gekohlter; die Magnetisierbarkeit ist größer aus dem unmagnetischen Zustand, also nach dem Abschrecken.

Die elektrische Leitfähigkeit nimmt gleichfalls mit wachsendem Kohlenstoff-Gehalt ab.

Viertes Kapitel.

Klassifikation des Eisens.

Die Einteilung der technischen Eisensorten in verschiedene Klassen, wie sie sich aus der Praxis im Laufe der Zeit ergeben hat, beruht in erster Linie auf den ihm durch den Gehalt an Kohlenstoff bzw. die verschiedenen Kohlenstofformen erteilten Eigenschaften. Es wird also nunmehr, nachdem die verschiedenen Kohlenstofformen und ihr Verhalten besprochen sind, möglich sein, die technischen Eisensorten zu klassifizieren. Es darf allerdings dabei nicht außer acht gelassen werden, daß auch die übrigen Nebenbestandteile des Eisens einen, wenn auch gegenüber dem Kohlenstoff untergeordneten Einfluß auf die Eigenschaften und somit auf die Klassifikation ausüben.

Man pflegt das Eisen technisch einzuteilen in R o h e i s e n und s c h m i e d b a r e s   E i s e n, wobei das Roheisen den Charakter eines infolge starker Verunreinigung mit Kohle nicht schmiedbaren Rohprodukts hat. Die Grenze zwischen Roheisen und schmiedbarem Eisen wird in den meisten älteren Lehrbüchern bei 2,3 Proz. Kohlenstoff angegeben; diese Grenze ist jedoch willkürlich angenommen; die Erörterungen über das Verhalten des Kohlenstoffs belehren uns vielmehr, daß die Grenze bei 2 Proz. C, dem Punkt des Zustandsdiagramms, liegen muß, oberhalb dessen der vorhandene Kohlenstoff elementar als Graphit ausgeschieden werden kann, während bei einem geringeren Kohlenstoffgehalt die Graphitbildung unmöglich ist.

Beim Roheisen ergibt sich nun ohne weiteres die Unterteilung in das stabile, graphithaltige und das unterkühlte, zementithaltige System, technisch gesprochen g r a u e s und w e i ß e s   R o h e i s e n nach der Färbung des Bruchaussehens.

Naturgemäß ist praktisch im allgemeinen der Unterschied zwischen grauem und weißem Roheisen nicht so scharf; vielmehr gibt es Übergangsstufen, von denen z. B. eine Mittelstufe in der Praxis als halbiertes Roheisen bezeichnet wird.

Beim schmiedbaren Eisen unterscheidet man weiterhin S c h m i e d e eisen und S t a h l. Das ursprüngliche Unterscheidungsmerkmal zwischen diesen beiden Formen des Eisens besteht darin, daß der Stahl härtbar ist, Schmiedeeisen dagegen nicht. Diese Unterscheidung ist jedoch keinesfalls scharf; denn sowohl die Theorie der Härtung wie auch die praktische Erfahrung lehren, daß die Härtungsfähigkeit dem Kohlenstoffgehalt fast proportional ist.

Das Fehlen einer scharfen Scheidungsgrenze zwischen härtbarem und nicht härtbarem Eisen hat die Grenze vielfach willkürlich gezogen (manchmal wird ein C-Gehalt von 0,3 Proz. als Grenze angegeben). Anderseits ist aber auch der Unterschied ziemlich verwischt und hat für die Praxis um so weniger Bedeutung, als heute die Qualitätsvorschriften sich nach zu verschiedenen Richtungen bewegen, als daß die eine Eigenschaft der Härtbarkeit allein für die Klassifikation ausschlaggebend sein könnte.

Der einzige scharfe Scheidungspunkt zeigt sich im Diagramm des schmiedbaren Eisens bei einem Kohlenstoffgehalt von 0,89 Proz.; in der Praxis ergibt sich auch neben einer Anzahl Unterscheidungsmerkmale, die nur für die rein wissenschaftliche Beurteilung Wert haben, bei diesem Kohlenstoffgehalt ein Maximum in der Festigkeit und in der Härtbarkeit des Stahls; dagegen ergeben sich keinerlei Unterscheidungsmerkmale, die gestatten würden, diesen Punkt als Grenze zwischen Eisen und Stahl zu bezeichnen, ohne von den landläufigen Definitionen dieser Bezeichnungen erheblich abzuweichen.

Will man eine Einteilung schaffen, die gleichzeitig auf der natürlichen Scheidung des Zustandsdiagramms beruht und den gebräuchlichen Begriffsbestimmungen entspricht, so empfiehlt es sich wohl, Eisen mit weniger als 0,29 Proz. (entsprechend dem Punkt O des Diagramms, bis zu dem die Umwandlung des β-Eisens in das α-Eisen bei 770^0 vor sich geht) als weiches oder Schmiedeeisen zu bezeichnen, Eisen mit höherem Gehalt an Kohlenstoff dagegen als Stahl, und zwar Stahl mit bis zu 0,89 Proz. C entsprechend dem Charakter der Grundmasse als weichen, mit mehr Kohlenstoff als harten Stahl.

Eine andere Unterscheidung des schmiedbaren Eisens ergibt sich aus der Art und Weise der Herstellung. Eine Art wird in dem bei der Besprechung der Eigenschaften erwähnten teigigen Zustand durch Zusammenschweißen einzelner Partikel gewonnen — Schweißeisen; ein anderer Teil des Eisens dagegen in flüssigem Zustande — Flußeisen. Der hervorstechendste Unterschied zwischen beiden Arten besteht darin, daß das Schweißeisen eine erheblich höhere Schweißbarkeit besitzt als das Flußeisen.

Durch Kombination beider Einteilungen ergibt sich nun für das schmiedbare Eisen folgende Klassifikation:

Schmiedbares Eisen

Schweißeisen   Flußeisen

Schweiß(schmiede)-   Schweißstahl   Fluß(schmiede)-   Flußstahl.
eisen   eisen

Schweißschmiedeeisen und Flußschmiedeeisen pflegt man in der Praxis im allgemeinen als Schweißeisen bezw. Flußeisen schlechtweg zu bezeichnen.

Bisher war nun immer von den reinen Eisenkohlenstofflegierungen die Rede; in der Praxis kommen diese natürlich nicht vor; sondern es sind immer neben Eisen und Kohlenstoff noch andere Elemente, wie Silizium, Mangan, zuweilen auch Nickel, Chrom, Wolfram u. a. vorhanden, deren Einflüsse auf die Eigenschaften des Eisens weiter unten besprochen werden. Sind diese Nebenbestandteile in mäßigen Mengen vorhanden, so pflegt dadurch die Benennung nicht beeinflußt zu werden; übersteigen sie dagegen eine gewisse Grenze, so daß ihr Einfluß auf die Eigenschaften sich in hervorragendem Maße geltend macht, so werden sie als Legierungen bezeichnet, und zwar kann man hier je nach ihren Eigenschaften unterscheiden zwischen Legierungen mit Roheisen- und solche mit Stahlcharakter. Da die letztgenannten ausschließlich auf flüssigem Wege erzeugt werden, so können sie als Unterabteilung des Flußeisens eingereiht werden.

Es ergibt sich also für die Einteilung des Eisens der nachstehende Stammbaum:

Eisen

Roheisen — Schmiedbares Eisen

Weißes Roheisen — Graues Roheisen — Eisenlegierungen mit Roheisen-Charakter — Schweißeisen — Flußeisen

Schweißeisen — Schweißstahl — Flußeisen — Flußstahl — Eisenlegierungen mit Stahlcharakter

Fünftes Kapitel.

Einfluss weiterer chemischer Beimengungen auf die Eigenschaften des Eisens.

I.

1. Silizium, 2. Aluminium.

Nächst dem Kohlenstoff ist der wichtigste Nebenbestandteil der Eisenlegierungen das Silizium. Seine Existenz verdankt es der gleichzeitigen Reduktion der fast immer in größeren oder geringeren Mengen in den Eisenerzen vorhandenen Kieselsäure. Die Art seines Vorkommens im Eisen ist noch nicht mit Bestimmtheit festgestellt; wahrscheinlich ist die Bildung eines Silizids $Fe\,Si_2$. Vielfach, besonders im Schweißeisen ist das Silizium auch in Form von Kieselsäure vorhanden; in diesem Falle bildet es Schlackeneinschlüsse, welche weiter unten besprochen werden sollen.

Das Silizium übt in jeder metallischen Vereinigung mit technischem Eisen dadurch einen veredelnden Einfluß auf das Eisen aus, daß es infolge seiner großen Affinität zum Sauerstoff bei jeder Art der Wärmebehandlung das metallische Eisen selbst vor der Verbrennung schützt und eventuell darin enthaltene Sauerstoffverbindungen, welche die Güte des Metalls erheblich beeinträchtigen, zerstört. Das Silizium ist daher stets eine unentbehrliche Zugabe zu allem in flüssigem Zustand erzeugtem Eisen, dem es in metallischer Form oder mit Eisen legiert als Ferrosilizium zur sog. Desoxydation zugeschlagen wird.

Ferner wirkt ein Siliziumgehalt insofern günstig, als es im Flußeisen aufgelöste Gase, vornehmlich Wasserstoff, in Lösung zu halten vermag, so daß sie nicht während des Erstarrens ausscheiden und dadurch zur Bildung von Blasen Anlaß geben können.

Im übrigen zeigt sich sein Einfluß einerseits direkt, anderseits indirekt durch Veränderung des Einflusses von Kohlenstoff. Der indirekte Einfluß ist von besonderer Bedeutung in den hochkohlenstoffhaltigen Legierungen. Das Silizium beeinträchtigt die Lösungsfähigkeit des Eisens für Kohlenstoff; diese beträgt z. B. bei einem

Si-Gehalt von 2 Proz. etwa 3,8 Proz., bei 5 Proz. Si nur noch etwa 2,9 Proz. C gegenüber 4,3 Proz. in der siliziumfreien Legierung; anderseits ist das Silizium wieder sehr geneigt, den bereits gelösten Kohlenstoff aus dem Eisen auszuscheiden; es befördert demnach die Graphitbildung, und zwar in einem solchen Maße, daß man lange Zeit die Ausscheidung von Graphit nur der Anwesenheit von Silizium im Roheisen zugeschrieben hat. Wenn diese Ansicht auch nicht richtig ist, so ist doch immerhin ein hoher Siliziumgehalt ein gutes Mittel, um unter normalen Verhältnissen ein graues Roheisen zu erzielen, eine Tatsache, die für das Eisengießereiwesen von der größten Bedeutung ist.

Der direkte Einfluß des Siliziums auf die Festigkeitseigenschaften des Eisens äußert sich in einer mässigen Erhöhung der Festigkeit und der Elastizität, die hinter der Erhöhung der Festigkeit durch Kohlenstoff zurückbleibt, während gleichzeitig die Beeinträchtigung der Zähigkeit in viel höherem Maße erfolgt als bei der entsprechenden Erhöhung der Festigkeit durch Kohlenstoff. Die Sprödigkeit und die geringe Schmiedbarkeit des siliziumhaltigen Eisens würden die Verwendung von Siliziumzusätzen einschränken, wenn nicht eben durch die dadurch hervorgerufene Befreiung von die Güte beeinträchtigenden Oxydeinschlüssen die Qualität verbessert würde. Nur bei ganz weichem Flußeisen, an dessen Dehnbarkeit, namentlich in kaltem Zustande, große Anforderungen gestellt werden, verbietet sich wegen der Verringerung der Zähigkeit auch der geringste Siliziumgehalt. Die Schweißbarkeit des Eisens wird durch Silizium ganz erheblich beeinträchtigt. Die Härte wird etwas erhöht, die Härtbarkeit dagegen verringert.

In besonderem Maße werden durch den Siliziumgehalt auch die magnetischen und elektrischen Eigenschaften beeinflußt. Während ein direkter Einfluß auf die Hystereseverluste durch das Silizium nicht ausgeübt wird, verringert es in hohem Maße die elektrische Leitfähigkeit; ein hoher Siliziumgehalt (bis zu 4 Proz.) bei sonstiger Freiheit von Nebenbestandteilen ist daher ein vorzügliches Mittel, die Wattverluste für Dynamobleche noch mehr zu verringern, als dies mit möglichst reinem Eisen möglich ist. Silizium ist (neben Aluminium) das einzige Metall, welches gestattet, die Wirbelstromverluste zu verringern, ohne gleichzeitig die Hystereseverluste zu erhöhen. Zudem hat der Siliziumstahl die Eigentümlichkeit, nicht zu altern, d. h. seine magnetischen Eigenschaften werden nicht wie diejenigen der meisten Eisensorten im Laufe der Zeit verschlechtert.

Das Aluminium wirkt nach jeder Richtung hin ähnlich wie das Silizium, nur in weit stärkerem Maße; es hat jedoch nicht die gleiche technische Bedeutung, weil es nicht wie das Silizium im Hochofen aus Nebenbestandteilen der Eisenerze reduziert wird und sich daher meist im Eisen nicht findet.

Technisch wird das Aluminium ebenfalls als Desoxydationsmittel für flüssige Eisenbäder verwendet, wobei seine Wirkung noch viel energischer ist als diejenige des Siliziums; wegen seines verhältnismäßig hohen Preises kommt es jedoch fast nur zur Zerstörung der letzten Oxydreste in Betracht. — Weiter dient Aluminium auch zur Herstellung von Dynamoblechlegierungen, in denen ein Aluminiumgehalt von 1,3 Proz. ungefähr die gleiche Wirkung ausübt wie ein Gehalt von 4 Proz. Silizium.

3. Mangan.

Das Mangan ist dem Eisen chemisch am meisten verwandt und ist ein unzertrennlicher Begleiter des Eisens, sowohl in seinem natürlichen wie in seinem technischen Vorkommen. Aus den Erzen im Hochofenprozeß gleich dem Eisen reduziert, vertritt es dieses in seinen Verbindungen mit dem Kohlenstoff als Metall und als Karbid. Es übt im allgemeinen gleich dem Silizium, wenn auch in geringerem Maße und teilweise nach anderen Richtungen hin, einen wohltätigen Einfluß auf die Eisenlegierungen aus. Es besitzt ebenfalls eine größere Affinität zum Sauerstoff als das Eisen und dient deshalb auch zum Schutze des Eisens selbst gegen Oxydation bei der Behandlung in der Wärme oder im flüssigen Zustande bzw. zur Reduktion bereits vorhandener Sauerstoffverbindungen.

Mangan erhöht die Lösungsfähigkeit des Eisens für Kohlenstoff und verringert die Abscheidung des Graphits aus der Eisenkohlenstofflösung, wirkt also nach dieser Richtung gerade umgekehrt wie Silizium.

Die Festigkeit wird bei Mangangehalten bis zu etwa 2,5 Proz. durch das Mangan erhöht, die Zähigkeit verringert; die Wirkungen des Mangans auf die Festigkeitseigenschaften sind etwa gleich einem Fünftel derjenigen des Kohlenstoffs und etwa der Hälfte derjenigen des Siliziums. Mangangehalt über 2,5 Proz. verringert die Festigkeit und Zähigkeit, während die Härte wächst. Schmiedbarkeit und Schweißbarkeit werden durch einen mäßigen Mangangehalt erhöht, insbesondere insofern als der Mangangehalt die Wirkung etwa vorhandener, diese Eigenschaften beeinträchtigender Schädlinge (Schwefel, Sauerstoff) ausgleicht. Die magnetische Weichheit des Eisens wird durch den Mangangehalt verringert.

Ein eigentümliches Verhalten zeigen Stahllegierungen mit hohem Mangangehalt (12—14 Proz.), insofern, als sie beim Abschrecken nicht nur ihre Festigkeit, sondern auch ihre Zähigkeit in ganz besonders hohem Maße vermehren. So zeigte z. B.

	Festigkeit	Dehnung
Stahl mit 0,85 Proz. C und 13,75 Proz. Mn bei langsamer Abkühlung	71,7 kg	6,2 Proz.
nach dem Abschrecken in Wasser	102,1 -	50,7 -
Stahl mit 1,36 Proz. C, 13,9 Proz. Mn, langsam abgekühlt	81,3 -	1,25 -
von Rotglut in Öl gehärtet	80,9 -	18,9 -
von Gelbhitze im Wasser gehärtet	91,2 -	35 -
von Gelbglut in Kältemischung abgeschreckt .	106,2 -	51,8 -

Das Maximum dieser Qualitätsverbesserung liegt bei einem Mangangehalt von etwa 14 Proz. Durch sie wird der Stahl besonders geeignet für alle Materialien, welche eine große Festigkeit oder Härte und dabei gleichzeitig eine hervorragende Zähigkeit beanspruchen, z. B. die Herzstücke der Eisenbahnkreuzungen, Baggerbolzen usw.; der weiteren Verwendung des Manganstahls steht allerdings seine außerordentlich schwierige Bearbeitbarkeit hindernd im Wege.

4. Phosphor.

Da die wenigsten Eisenerze frei von phosphorsäurehaltigen Beimengungen sind, ist auch der aus der Phosphorsäure reduzierte Phosphor ein steter, meist unerwünschter Begleiter des Eisens.

Phosphor verringert die Aufnahmefähigkeit des Eisens für Kohlenstoff; auf die Graphitbildung ist er ohne Einfluß. Seine Anwesenheit macht hochkohlenstoffhaltiges Eisen sehr dünnflüssig, so daß ein hoher Phosphorgehalt (bis zu etwa 1 Proz.) in zur Erzeugung dünnwandiger Gußstücke (Poterieguß) bestimmtem Roheisen Verwendung findet.

Im Flußeisen erhöht der Phosphor die Festigkeit mäßig, die Härte erheblich; er vermindert dagegen die Zähigkeit in solchem Maße, daß Gehalte von etwa 0,1 Proz. schon die Grenze bilden, oberhalb deren das Material kaltbrüchig wird und daher selbst für Handelsware nicht mehr brauchbar ist. Die Grenze, bei der die Brüchigkeit eintritt, hängt ab von dem Kohlenstoffgehalt; bei höherem Kohlenstoffgehalt tritt die Brüchigkeit schon bei viel geringerem Phosphorgehalt ein. — Eigentümlich ist dagegen, daß in dem in teigigem Zustand erzeugten Schweißeisen erheblich höhere Gehalte an Phosphor (bis zu 0,5 Proz.) vorhanden sein können, ohne die Weichheit und Zähigkeit des Eisens zu beeinträchtigen. Diese Tatsache ist darin begründet, daß auch der Phosphor ähnlich wie der Kohlenstoff in zwei verschiedenen Formen im Eisen zugegen ist, einmal als Eisenphosphid Fe_3P mit 15,6 Proz. P, das andere Mal im Eisen gelöst. Dieser gelöste Phosphor ist der Träger der Härte und Sprödigkeit und ist daher gegenüber dem Phosphidphosphor als Härtungsphosphor bezeichnet worden (analog der Härtungskohle). Es liegt die Annahme nahe, daß auch der Härtungsphosphor nicht elementarer im Eisen gelöster Phosphor ist, sondern gelöstes Eisenphosphid. — In dem in teigigem Zustande erhaltenen Schweißeisen kann natürlich kein Phosphor gelöst sein; dagegen ist dies wohl beim Flußeisen der Fall, und daher rührt die abweichende Wirkung des Phosphors im Schweißeisen und im Flußeisen.

5. Schwefel.

Schwefel ist neben dem Phosphor der schlimmste Schädling des Eisens, der in fast allen Eisensorten infolge Beimengungen von

Sulfiden oder Sulfaten in den Eisenerzen, noch mehr aber infolge des Schwefelgehalts des zur Reduktion im Hochofen benutzten Kokses vorhanden ist, und dessen Entfernung in der Eisenhüttenindustrie bisher mit viel weniger Erfolg gelungen ist als diejenige des Phosphors.

Schwefel verbindet sich mit dem Eisen selbst sowie mit anderen vorhandenen Metallen zu Sulfiden, welche die Eigenschaften des Eisens verschlechtern. Am wohltätigsten wirkt, wie schon erwähnt, ein gewisser Mangangehalt, um die Wirkungen des Schwefels abzuschwächen. Der an Mangan gebundene Schwefel ist am wenigsten schädlich; gefährlich sind dagegen unter allen Umständen Schwefelkupfer und Schwefelarsen.

Die ungünstige Wirkung des Schwefels zeigt sich weniger in bezug auf die Festigkeitseigenschaften; dagegen beeinträchtigt er in ganz besonderem Maße die Schmiedbarkeit und noch mehr die Schweißbarkeit (Rotbruch). Schwefelgehalte von mehr als 0,1 Proz. sind auch in den geringstwertigen Eisensorten schädlich; beträgt der Mangangehalt nur etwa 0,20 Proz., so tritt die schädliche Wirkung schon bei 0,05 Proz. S ein.

6. Kupfer.]

Kupfer, aus kupferhaltigen Beimengungen in das Eisen aufgenommen, wurde früher ebenfalls als ein Schädling in Eisenverbindungen im Sinne des Schwefels angesehen. Tatsächlich sind auch schädliche Beeinflussungen der Schmiedbarkeit und Schweißbarkeit durch Kupfer allgemein bekannt geworden. Neuere Untersuchungen haben indessen ergeben, daß das Kupfer an sich durchaus keinen schädlichen Einfluß auf das Eisen ausübt, sondern nur bei gleichzeitiger Anwesenheit von Schwefel, mit dem es sich zu Schwefelkupfer vereinigt.

Einen schädlichen Einfluß übt das Kupfer eigentlich nur aus in bezug auf die magnetische Remanenz, die es auch in geringen Beimengungen verringert; zu Magnetstahl darf daher nur kupferfreier Stahl verwendet werden.

7. Arsen.

Arsen kommt auch zuweilen in Eisenerzen als Arsenkies beigemengt vor; unter den Verhältnissen des Hochofenprozesses, einem Reduktionsprozeß bei Gegenwart von Kalk wird der Arsenkies zu metallischem Arsen reduziert, und dieses kann dann nicht wieder aus dem Metall entfernt werden.

Arsen wirkt ähnlich wie Schwefel auf Rotbruch hin; schädlicher noch als das metallische Arsen ist aber die Schwefelverbindung, die bei gleichzeitiger Anwesenheit von Schwefel entsteht. Gehalte von 0,1 Proz. As wirken schädlich; bei gleichzeitiger Anwesenheit von

Schwefel genügen schon Mengen von 0,05 Proz. As, um den Stahl unbrauchbar zu machen.

Ähnlich wie Arsen wirken auch Zinn und Antimon, welche jedoch verhältnismäßig selten im Eisen vorkommen; bezüglich des Zinns ist indessen Vorsicht geboten bei der Verwendung von entzinnten Weißblechabfällen in der Stahlfabrikation.

II.

Mit den vorstehend besprochenen ist die Reihe derjenigen Elemente abgeschlossen, welche im Eisen in mehr oder weniger großen Mengen immer zugegen sind, und welche teilweise günstig, teilweise auch sehr ungünstig wirken. Es bleiben nun noch diejenigen Metalle zu besprechen, welche dem Eisen in den Hüttenprozessen zuweilen zur Erreichung bestimmter Eigenschaften zugesetzt werden.

Die Verwendung derartiger Zusätze zum Eisen hat sich namentlich im letzten Jahrzehnt mehr und mehr entwickelt und zu einem Spezialzweig der Qualitätsstahlfabrikation ausgebildet; sie macht sich zunächst geltend in der heute meist auf elektrischem Wege erfolgenden Herstellung der Ferro-Legierungen, d. h. Eisenlegierungen mit Roheisencharakter, welche als Zuschläge bezw. Ausgangsmaterialien bei der Herstellung der Legierungsstähle dienen. Diese werden in der Praxis zusammenfassend als Spezialstähle bezeichnet; wissenschaftlich nennt man die Stähle, welche aus Eisen, Kohlenstoff und noch einem dritten Element bestehen, Ternärstähle, diejenigen, bei welchen außer Eisen und Kohlenstoff noch zwei weitere Elemente vorhanden sind, Quaternärstähle. Die wissenschaftliche Untersuchung dieser hochwertigen und für die Praxis äußerst wichtigen Legierungen ist entsprechend der großen Anzahl von Möglichkeiten bei der Herstellung von Legierungen aus drei oder vier Elementen äußerst vielseitig und ist daher zum Gegenstand eines Spezialstudiums geworden.

Alle Spezialstähle zeichnen sich dadurch aus, daß die darin enthaltenen legierenden Elemente die Umwandlungspunkte soweit erniedrigen, daß auch bei normalen Temperaturen β- und γ-Eisen auftreten und zwar ist dies je nach dem Charakter des betreffenden Elements in größerem oder geringerem Maße der Fall. Die Stähle haben also nur bei verhältnismäßig geringen Gehalten an Nebenbestandteilen die perlitische α-Eisen-Struktur der reinen Kohlenstoffstähle. Steigen die Gehalte über eine bestimmte Grenze, so wird das Gefüge auch der langsam abgekühlten Stähle martensitisch, also β-eisenhaltig, bei noch höheren Gehalten an Nebenbestandteilen zeigt sich eine ausgesprochene austenitische oder γ-Eisen-Struktur (polyedrisches Gefüge). Endlich bilden noch eine Anzahl Elemente, wenn sie in großen Mengen vorhanden sind, mit dem

Kohlenstoff und dem Eisen D o p p e l k a r b i d e bezw. bei Quaternärstählen D r e i f a c h - K a r b i d e.

In ihrer Einwirkung auf die Veränderung des Gefüges addieren
sich nicht nur die Einflüsse der beigemengten Metalle in den
Quaternärstählen, sondern auch diejenigen der Metalle und des
Kohlenstoffs; es tritt also z. B. das martensitische Gefüge in hochkohlenstoffhaltigen Stählen schon bei einem geringeren Gehalt an
dem dritten Element auf als bei niedriggekohlten Stählen.

Die Eigenschaften der Spezialstähle sind durchaus von ihrer
Struktur abhängig. Es ist klar, daß bei Stählen mit perlitischem
Gefüge, welches demjenigen der Kohlenstoffstähle entspricht, die
Eigenschaften nur durch diejenigen des dritten bezw. vierten Elements
beeinflußt werden. Die anderen Strukturen haben dagegen bestimmte
Eigenschaften im Gefolge. Martensitische Stähle haben hohe Zerreißfestigkeit und hohe Elastizität bezw. Streckgrenze, dagegen geringe
Dehnung; sie sind sehr hart und spröde und schwer bearbeitbar.
γ-Eisen-Stähle haben bei geringer Elastizitätsgrenze hohe Zerreißfestigkeit und hohe Dehnung, insbesondere eine gute Widerstandsfähigkeit gegen Stoßbeanspruchungen. Die Eigenschaften der karbid-
haltigen Stähle hängen wiederum vollständig von dem Charakter des
gebildeten Karbids ab.

Naturgemäß finden sich auch Übergangsformen zwischen den
vorbeschriebenen Strukturen.

Durch Abschrecken oder umgekehrt durch Ausglühen können
auch die perlitische, die martensitische und die γ-Eisen-Struktur ineinander übergeführt werden; die Tendenz dieser Umwandlungen ergibt
sich ohne weiteres aus der Stellung von α-, β- und γ-Eisen im Zustandsdiagramm. Durch Legieren des Stahls mit einem oder
mehreren anderen Elementen und durch entsprechende thermische
Behandlung ist so dem Stahlerzeuger ein außerordentlich weites Feld
zur Beeinflussung der mechanischen Eigenschaften des Stahls nach
jeder gewünschten Richtung hin gegeben.

Zu den Spezialstählen sind auch die Legierungen mit Mangan
und zum Teil diejenigen mit Silizium zu rechnen; das oben beschriebene Verhalten von hochprozentigem Manganstahl wird z. B.
seine Erklärung in ähnlichen Gefügeveränderungen finden, die allerdings im einzelnen noch der Aufklärung harren.

Weiterhin werden im folgenden die wichtigsten anderen Metalle
besprochen, welche in der Praxis für Stahllegierungen verwendet
werden.

8. Nickel.

Nickel wird dem Stahl vornehmlich zur Erreichung einer höheren
Zähigkeit zugesetzt; gleichzeitig wird die Festigkeit nicht unerheblich
gesteigert. Die Erhöhung der Festigkeit macht sich bis zu einem
Nickelgehalt von etwa 16 Proz. geltend, bis zu einem Gehalt von
ungefähr 8 Proz. auch eine Steigerung der elastischen Eigenschaften.

Auch die Härte sowie die Härtbarkeit des Eisens werden durch Nickelgehalt erhöht.

In der Zahlentafel 1 sind einige Angaben der Festigkeit und Dehnung von Nickelstählen zusammengestellt, und ihnen gegenüber die Eigenschaften von Kohlenstoffstählen ähnlicher Zusammensetzung, aber ohne Nickel; diese Angaben geben hinreichende Aufklärung über die Erhöhung der Festigkeit und Zähigkeit durch den Nickelzusatz.

Der Nickelstahl findet vermöge dieser Eigenschaft viele Verwendung im Maschinenbau, z. B. für Achsen; neuerdings ist sogar die Konstruktion von Brücken aus nickelhaltigem Material vielfach vorgeschlagen worden.

Bei hohem Nickelgehalt (etwa 26 Proz.) setzt der Stahl auch dem Rostangriff einen sehr großen Widerstand entgegen; das Nickel dürfte damit das einzige Metall sein, welches die Widerstandsfähigkeit gegen Korrosion vermehrt; aus diesem Grunde finden die Legierungen Verwendung im Schiff- und Kesselbau; jedoch sind hier wegen der hohen Kosten der Nickellegierungen verhältnismäßig enge Grenzen gezogen.

Die magnetische Hysterese wird durch einen Nickelgehalt erheblich vergrößert; Verbindungen mit hohem Nickelgehalt zeichnen sich dadurch aus, daß sie proportional dem Nickelgehalt den Magnetismus verlieren. Diese Eigenschaft ist darauf zurückzuführen, daß die allotropen Umwandlungen sich beim Erkalten bei viel niedrigeren Temperaturen vollziehen als beim Erwärmen. Durch das Erwärmen auf Rotglut geht in diesem Stahl das magnetische α-Eisen in die unmagnetische β- und γ-Eisen-Form über; bei der Abkühlung erfolgt jedoch die Rückverwandlung bei um so tiefer liegenden Temperaturen, je mehr Nickel in der Legierung vorhanden ist. Steigt der Nickelgehalt bis auf 24—25 Proz., so wird die Rückverwandlungstemperatur auf unter 0° erniedrigt; d. h. der Stahl ist bei gewöhnlichen Temperaturen praktisch vollständig unmagnetisch. Ein Mangangehalt von etwa 6 Proz. vergrößert diese Wirkung noch mehr, so daß sie bereits bei 14 Proz. Ni eintritt, und daß bei höheren Nickelgehalten bis zu 24 Proz. keine Spur von Magnetismus mehr vorhanden ist.

9. Chrom.

Chrom steht in bezug auf die Beeinflussung der Eigenschaften des Stahls zwischen Nickel und Mangan, und diesem am nächsten. Es erhöht wie dieses die Lösungsfähigkeit des Eisens für Kohlenstoff und verhindert daher auch bei höchsten Kohlenstoffgehalten die Ausscheidung von Graphit. Es erhöht ferner die Härte des Stahls und auch seine Härtefähigkeit.

Der Einfluß des Chroms auf die Festigkeitseigenschaften zeigt sich ähnlich demjenigen des Nickels in einer mäßigen Erhöhung der Festigkeit und einer Erhöhung der Zähigkeit, die allerdings hinter der durch Nickel verursachten zurückbleibt.

Den höchsten Grad der technisch möglichen Beeinflussung der mechanischen Eigenschaften in bezug auf die Erhöhung der Festigkeit ohne gleichzeitige Verringerung der Zähigkeit erreicht man indessen erst durch Kombination der beiden Elemente, so daß in der Praxis die Verwendung von Chromnickelstählen viel ausgiebiger ist, als diejenige von Stählen mit Chrom oder Nickel allein. Sie finden vor allen Dingen Verwendung im Automobilbau zur Herstellung stark beanspruchter Maschinenteile, im Kleinmotorbau, für Kugellager usw.

Das Chrom ist ferner, mit einem weiteren Element, insbesondere Wolfram oder Molybdän legiert, ein steter Bestandteil aller naturharten oder Schnelldrehstähle.

10. Wolfram, 11. Molybdän.

Wolfram erhöht die Festigkeit in geringem Maße, ganz besonders aber die Härte, während gleichzeitig die Zähigkeit nicht vermindert wird.

Wie schon erwähnt, ist das Wolfram, in gleichzeitiger Legierung mit Chrom (auch wohl Mangan, Silizium, Nickel) der Hauptbestandteil der Schnelldrehstähle, der sog. Selbsthärter, in denen es in Gehalten bis zu 25 Proz. verwendet wird. Bei diesen Gehalten bildet es mit Kohlenstoff und Eisen Doppelkarbide, welche jedoch beim Erhitzen über 1200^0 zerstört werden und in ihre Bestandteile zerfallen, welche sich nunmehr gleichmäßig im Eisen auflösen, so daß sich beim Abkühlen die für die Wirkung als Werkzeugstahl erwünschte außerordentlich feine austenitische Struktur bildet. Die Doppelkarbide von Wolfram und Eisen sind verhältnismäßig leicht schmiedbar, und ihre Einwirkung zeigt sich also in erster Linie darin, daß der Stahl trotz der erwünschten härtenden austenitischen Struktur eine gute Bearbeitungsfähigkeit aufweist. Die Wirkung des Chroms geht vor allem dahin, daß es die Zerstörung der Doppelkarbide beim Ausglühen oberhalb 1200^0 befördert.

Diese Theorie der Schnelldrehstähle erklärt es auch ohne weiteres, daß sie nicht wie andere rein kohlenstoffhaltige Werkzeugstähle gleich von der Bearbeitungs-Temperatur aus abgeschreckt, sondern erst einer nochmaligen Erhitzung über 1200^0 unterworfen werden sollen, von der die Abkühlung vorteilhaft durch einen entgegengeblasenen Luftstrom beschleunigt wird.

Bemerkenswert für die technische Verwendung des Wolframstahls sind ferner seine magnetischen Eigenschaften; die magnetische Durchlässigkeit wird zwar durch Wolfram um ein geringes geschwächt; dafür wachsen aber die magnetische Remanenz und die Koerzitivkraft, die Eigenschaften der permanenten Magnete, besonders in Gegenwart von Kohlenstoff, ganz erheblich; infolgedessen bilden Eisenwolframlegierungen (mit etwa 4—6 Proz. W) das geeignetste Material zur Herstellung von permanenten Magneten.

Molybdän hat in jeder Beziehung die gleichen Eigenschaften, wie das Wolfram, nur entsprechend dem geringeren Molekulargewicht (192 gegenüber 367) in verhältnismäßig höherem Maße.

12. Vanadium.

Das Vanadium hat sich erst in den letzten Jahren einen Platz unter denjenigen Metallen erobert, welche zur Herstellung von Stahllegierungen verwendet werden; es ist vielfach als „Metall der Zukunft" für diesen Zweck bezeichnet worden. Seine Einwirkung scheint sich nach zwei Richtungen hin geltend zu machen, einerseits durch die Zerstörung auch der letzten Spuren von Oxyden, anderseits durch direkte Einwirkung auf das Eisen im Sinne des Wolframs; es ist daher auch als Ersatz für dieses in Schnelldrehstählen vorgeschlagen worden; seine Einwirkung soll schon bei ganz erheblich geringeren Gehalten eintreten, als denjenigen des Wolframs. Die Struktur-Untersuchungen haben bisher nur das Vorhandensein von perlitischer Struktur und von Vanadinkarbiden ergeben, und die letzteren scheinen die günstige Wirkung hervorzurufen, welche sich hauptsächlich in einer Erhöhung der Zerreißfestigkeit ohne Verringerung der Zähigkeit, insbesondere einer größeren Widerstandsfähigkeit gegen Stoßbeanspruchungen geltend machen.

III.

Es bleiben nun noch die Verbindungen des Eisens mit gasförmigen Körpern zu besprechen, welche in zweierlei Form zu dem Eisen in Beziehung treten können, und zwar als Legierung (d. h. also aufgelöst in Eisen) oder mechanisch beigemengt als eingeschlossene Gase.

13. Wasserstoff.

Wasserstoff geht eine Legierung mit dem Eisen ein, und zwar löst sowohl flüssiges Eisen den Wasserstoff, der durch Zersetzung von Wasserdämpfen der Gase entsteht, als auch festes Eisen den bei etwaiger Behandlung mit Säuren entstandenen; in beiden Fällen kann man indes den Wasserstoff durch Ausglühen bei Rotglut wieder entfernen.

Spuren von aufgelöstem Wasserstoff (0,03 Proz.) machen das Eisen glashart und außerordentlich spröde; die Brüchigkeit soll sogar schon bei 0,002 Proz. H eintreten. Das ist von Bedeutung für Eisensorten, welche in irgend einem Stadium der Weiterbehandlung mit Säuren gebeizt werden müssen (Flußeisenbleche, Drähte). Diese „Beizbrüchigkeit" kann aber durch vorsichtiges Ausglühen wieder entfernt werden, indem dadurch der Wasserstoff wieder abgestoßen wird.

Im flüssigen Eisen steigt die Auflösungsfähigkeit für Wasserstoff mit der Temperatur; infolgedessen scheidet sich beim Abkühlen flüssigen Eisens diejenige Wasserstoffmenge, welche den der jeweiligen Temperatur entsprechenden Gehalt übersteigt, aus. Diese Eigenschaft kann für das im flüssigen Zustand erzeugte Metall gefährlich werden, wenn die Abscheidung im Augenblick des Erstarrens erfolgt, weil dann der gasförmige Wasserstoff nicht mehr durch die erstarrenden Wände entweichen kann und blasige Hohlräume bildet.

Wenn es daher schon aus irgend einem Grunde nicht möglich ist, die Wasserstoffaufnahme in das flüssige Metall zu vermeiden, so ist es wenigstens notwendig, darauf hinzuwirken, daß der überschüssige Wasserstoff in Lösung bleibt. Dieses wird erreicht durch einen gewissen Silizium- oder auch Aluminium-Gehalt, welcher, wie schon erwähnt, den Wasserstoff in Lösung zu halten vermag.

Bei schwacher Rotglut entläßt das Eisen wiederum allen noch darin enthaltenen Wasserstoff; der Wasserstoffgehalt, welcher durch Silizium an der Ausscheidung beim Erstarren gehindert wurde, kann also keinesfalls schädlich wirken.

14. Sauerstoff.

Das Verhältnis des Eisens zum Sauerstoff ist außerordentlich wichtig für seine Herstellung und seine Eigenschaften. In der Natur kommt das Eisen fast ausschließlich in Verbindung mit Sauerstoff vor; in den metallurgischen Reduktionsprozessen wird es von ihm befreit, nimmt aber dafür eine Anzahl anderer Elemente auf, die für die endgiltige Beschaffenheit des Eisens nicht erwünscht sind und entfernt werden müssen, und zwar wieder durch Einwirkung von Sauerstoff.

Bei der außerordentlich hohen chemischen Verwandtschaft von Eisen und Sauerstoff liegen Verbindungen der beiden Elemente jederzeit sehr nahe. Bekannt sind die beiden chemischen Verbindungen Eisenoxydul, $Fe\,O$ und Eisenoxyd, $Fe_2\,O_3$, sowie ihre Vereinigung, Eisenoxydoxydul, $Fe_3\,O_4$.

Schon bei gewöhnlicher Temperatur vereinigt sich das Eisen beim Lagern an der Luft mit dem Sauerstoff, der es mit einer dünnen Oxydschicht, dem sogen. Rost, überzieht. Der gleiche Vorgang tritt ein, wenn das Eisen von einem anderen flüssigen oder gasförmigen sauerstoffhaltigen Medium umgeben ist, und ist dann bekannt unter dem Namen Korrosion. Ob die Vereinigung des Eisens mit dem Sauerstoff hierbei direkt oder nur unter Mitwirkung eines anderen Übertragungsmittels, sei es Wasserdampf oder eine Säure, erfolgt, ist noch nicht einwandfrei aufgeklärt; sicher ist aber, daß der Sauerstoff die Ursache der Korrosion ist.

Bei Behandlung von Eisen in Schweiß- oder Schmiedehitze bedeckt sich das Eisen ebenfalls mit einer Oxydoxydulschicht, Hammerschlag oder Walzensinter, welcher jedoch nicht weiter schädlich ist.

Gefährlich werden kann indes bei dieser Behandlung der Sauerstoff, indem bei unvorsichtiger Behandlung das Eisen verbrennt, d. h. der Sauerstoff in sein Gefüge eindringt, wobei die Güte des Eisens sehr stark beeinträchtigt wird.

Flüssiges Eisen vermag Sauerstoff zu lösen, wahrscheinlich elementar. Diese Auflösungsfähigkeit ist eine Funktion der Temperatur; sie nimmt zu mit steigender Temperatur und hört vollständig auf im Augenblick des Erstarrens. In dem sich bis zum Erstarrungspunkt abkühlenden Eisen scheidet sich daher der gelöste elementare Sauerstoff ab und verbindet sich nunmehr mit dem Eisen zu Oxydul, welches, soweit es nicht noch Gelegenheit hat, infolge seines geringeren spezifischen Gewichts an die Oberfläche zu steigen und vom Eisen abgestoßen zu werden, sich zwischen die Eisenmoleküle setzt und die Eigenschaften des Eisens herabmindert.

Insbesondere bewirkt das Eisenoxydul, also der Sauerstoff, Rotbruch und zwar in noch viel höherem Maße als Schwefel. Man hat daher allen Anlaß, auf Entfernung des Sauerstoffs aus dem flüssigen Eisen, die sogen. Desoxydation, hinzuwirken.

Enthält das Eisen Nebenbestandteile wie Silizium, Mangan und Kohlenstoff in erheblichem Maße, so sind diese Elemente vermöge ihrer größeren Affinität zum Sauerstoff in der Lage, sich mit dem Sauerstoff zu verbinden und seine ungünstige Wirkung abzuschwächen. Insbesondere üben Silizium und Mangan diese wohltätige Wirkung aus, weil sie den Sauerstoff aus seiner Lösung im Eisen verdrängen und sich daher bereits im flüssigen Stadium mit dem Sauerstoff verbinden können, während der Kohlenstoff auf aufgelösten Sauerstoff nicht einwirken kann, sondern erst auf den infolge der Abkühlung sich ausscheidenden. Die Einwirkung des Kohlenstoffs erfolgt daher im allgemeinen so spät, daß das Produkt seiner Verbindung mit dem Sauerstoff, das Kohlenoxyd, nicht mehr Gelegenheit hat, rechtzeitig zu entweichen und infolgedessen Gasblasen bildet, welche weiter unten besprochen werden. Auch die Verbrennungsprodukte von Silizium und Mangan, die als feste Körper nicht leicht entweichen können, werden zumeist wenigstens teilweise noch vom erstarrenden Eisen umschlossen und bilden dann Schlackeneinschlüsse. In jedem Falle sind also die Folgen einer Auflösung von Sauerstoff im Eisen äußerst unangenehm; am schädlichsten erscheint allerdings die Bildung von Eisenoxydul.

Im Gegensatz zu Flußeisen kann Schweißeisen den Sauerstoff niemals aufgelöst enthalten, sondern nur in Gestalt von Schlackeneinschlüssen; das Fehlen dieser unangenehmen Begleiterscheinung der Flußeisenerzeugung ist der Hauptgrund für die sich für manchen Verwendungszweck immerhin geltend machende Überlegenheit des Schweißeisens über das gewöhnliche Handels-Flußeisen.

15. Stickstoff.

Stickstoff kommt als steter Begleiter des Sauerstoffs in der atmosphärischen Luft wie in den Heizgasen ebenso wie der Sauerstoff in innigste Berührung mit dem Eisen. Es ist vielfach versucht worden, gewisse schlechte Eigenschaften des Eisens auf einen Gehalt an Stickstoff zurückzuführen; indessen sind weder chemische Verbindungen des Eisens mit Stickstoff, noch die Lösungsfähigkeit von Stickstoff in festem Eisen nachgewiesen worden. Eine etwaige Einwirkung des Stickstoffs auf die Eigenschaften des Eisens kann also nur dadurch erfolgen, daß der Stickstoff als Gas eingeschlossen ist; dagegen scheint Stickstoff ähnlich wie Wasserstoff vom flüssigen Eisen aufgenommen und beim Erkalten wieder abgestoßen zu werden.

16. Gasblasen.

Die Gasblasen entstehen nach den vorstehenden Ausführungen dadurch, daß im Stahl aufgelöste Gase sich im Augenblick der Erstarrung ausscheiden und infolge der bereits weiter vorgeschrittenen Erstarrung der Wände nicht mehr aus dem Metall austreten können. Aus dieser Entstehungsursache der Blasen ergibt sich ohne weiteres, daß sie nur in dem auf flüssigem Wege erzeugten Eisen, sei es nun Flußeisen oder Roheisen vorhanden sein können, und daß das Schweißeisen immer frei davon ist. Vielfache Untersuchungen haben ergeben, daß die Hauptmenge der eingeschlossenen Gase aus Wasserstoff besteht; nächstdem tritt Stickstoff auf, dann in verhältnismäßig geringen Mengen Kohlenoxyd, zuweilen auch Kohlensäure und nur äußerst selten freier Sauerstoff. Diese Zusammensetzung der Gase ist nach den obigen Ausführungen über das Verhältnis der einzelnen Gase zum Eisen leicht erklärlich.

Die sich ausscheidenden Gase nehmen ihren Weg nach oben und nach außen, und da die äußersten Schichten eines Gußstücks schon sehr bald erstarren, während das Innere noch flüssig ist, so bildet sich gerade unter der Oberfläche der Gußstücke besonders im oberen Teil ein Kranz von sog. Randblasen. Das Innere weist dagegen verhältnismäßig weniger Blasenräume auf. — Die Ausscheidung der Gasblasen erfolgt bei Temperaturen, welche je nach der Schmelztemperatur des Eisens zwischen 1100° und 1500° C liegen. Da nun das Volumen jedes gasförmigen Körpers proportional der Temperatur wächst und zwar in dem Verhältnis, daß für eine Temperatursteigerung von je 273° das Volumen um ein Vielfaches des Gasvolumens bei 0° vergrößert wird, so ergibt sich, daß die Blasenhohlräume eine vier- bis fünfmal größere Ausdehnung haben, als dem Gasvolumen bei 0° entspricht. Infolgedessen fällt innerhalb der Hohlräume der Gasdruck unter denjenigen der umgebenden Atmosphäre bis auf etwa $^1/_4$ bis $^1/_5$ Atmosphäre bei gewöhnlicher Temperatur. Durch den äußeren Überdruck kann Luft in die direkt unter der Oberfläche liegenden Randblasen durch die Wände hindurch diffundieren. Bei einer späteren mechanischen Behandlung in Schweißhitze werden derartige mit Luft gefüllte Blasenräume zwar zusammengedrückt; die aufeinander gepreßten inneren Metallflächen schweißen aber nicht zusammen, und es bleibt immer ein Hohlraum; demgegenüber ist es bei tiefer liegenden kleinen Blasen, die sich nicht vollgesaugt haben, wohl möglich, die Blasenränder zusammenzuschweißen und sie dadurch unschädlich zu machen.

Es ist klar, daß durch die Blasen, durch die der direkte Zusammenhang der Metallmoleküle unterbrochen wird, die Festigkeitseigenschaften vermindert werden; denselben Erfolg haben natürlich auch die durch andere Ursachen im gegossenen Metall hervorgerufenen Hohlräume.

17. Schlackeneinschlüsse.

Schlacken sind die Reagenzien in den chemisch-metallurgischen Prozessen, in denen Eisen und Stahl gewonnen werden; sie enthalten alle diejenigen festen Nebenbestandteile, welche während des Erzeugungsprozesses gewollt oder ungewollt aus dem Eisen abgestoßen werden. Ihrem Zweck entsprechend kommen sie mit dem Metall während des Erzeugungsprozesses in innigste Berührung, und ein Übergang von mechanisch eingeschlossenen Schlackenteilchen in das Metall ist daher unvermeidlich. Je nach der Art des Auftretens der Schlacke ist ihr Einfluß auf die Eigenschaften des Eisens verschieden.

Dieser Unterschied tritt besonders deutlich hervor zwischen dem Schweißeisen und dem Flußeisen. Während die Schlackeneinschlüsse des Schweißeisens für die mechanischen Eigenschaften des Eisens nicht sonderlich schädlich erscheinen, ist dies in hohem Maße beim Flußeisen der Fall. — Das Schweißeisen wird aus einer flüssigen Schlacke heraus unter Temperaturbedingungen gewonnen, bei denen das Eisen selbst sich nicht in flüssigem, sondern lediglich in dem die Schweißbarkeit bedingenden teigigen Zustand befindet. Die flüssige Schlacke bleibt beim Erkalten des Eisens zwischen den einzelnen Eisenschichten zurück; sie wird indes bei irgend einer in der Schweißhitze stattfindenden mechanischen Behandlung aus dem Eisen herausgepreßt, so daß durch eine derartige längere Behandlung in Schweißhitze die Schlackeneinschlüsse erheblich abnehmen. Die Schlacke ist also unter allen Umständen eine charakteristische und unvermeidliche Eigentümlichkeit des Schweißeisens. In gewissem Sinne fördert die Schlacke im Schweißeisen sogar die Schweißbarkeit, und zwar ist diese Wirkung dadurch zu erklären, daß durch die in der Schweißhitze erfolgende Schmelzung der Schlacke an den Verbindungsstellen das reine Metall mehr hervortritt und daher die Möglichkeit erhält, sich inniger zu verbinden.

Die in Abb. 4 auf Tafel II wiedergegebene Mikrophotographie eines Schliffes von Schweißeisen zeigt deutlich, wie die einzelnen Schlackenkörnchen sich zwischen die Gefügebestandteile des Eisens, Ferrit und Perlit, einschieben. Daß derartige Schlackeneinschlüsse die Festigkeit und Zähigkeit des Eisens und ebenso seine Härte erheblich vermindern, braucht nicht besonders hervorgehoben zu werden; daraus erklärt sich ohne weiteres die geringere Festigkeit und Zähigkeit und die größere Weichheit des Schweißeisens gegenüber dem Flußeisen.

Von ganz anderer Bedeutung sind dagegen die Schlackeneinschlüsse im Flußeisen. Man muß hier wieder unterscheiden zwischen Einschlüssen solcher Schlacken, welche durch irgend eine Zufälligkeit aus der Arbeitsschlacke des Verfahrens in das flüssige Eisen hineingelangen und dort rein mechanisch eingeschlossen erstarren, und der sog. emulgierten Schlacke.

Während des Flußeisenerzeugungsverfahrens schwimmt die flüssige Schlacke als der leichtere Körper auf dem flüssigen Metall; sie kann dann durch unvorsichtige Behandlung beim Gießen in das Metall hineingelangen, oder sie wird in die sich beim Erstarren eines flüssigen Blocks bildenden Hohlräume hineingesaugt; in jedem Falle ist es dann zum Ausstoßen dieser Einschlüsse zu spät, weil die umgebenden Metallwände bereits erstarrt sind. Beim Erstarren haben diese Einschlüsse Gelegenheit zu kristallisieren; die Kristalle werden dann bei der folgenden mechanischen Behandlung meist zertrümmert und mit den Metallteilchen ausgestreckt; keinesfalls ist es aber möglich, durch mechanische Behandlung wie beim Schweißeisen diese Schlackeneinschlüsse zu verringern, weil sie in der Schmiede- bzw. Schweißhitze nicht verflüssigt werden können; damit entfällt auch ihr wohltätiger Einfluß auf die Schweißbarkeit. Diese Schlackeneinschlüsse sind daher auch in jedem Falle schädlich für die mechanischen Eigenschaften des Flußeisens; es ist im Grunde ziemlich gleichgültig, ob die Hohlräume im Metall leer oder mit einer Schlacke angefüllt sind, welche den Zusammenhang der Metallmoleküle stört.

Abb. 8 auf Tafel IV zeigt in 500 facher Vergrößerung einen solchen Schlackeneinschluß in einem Flußeisenblock, dessen Kristalle trotz der mechanischen Bearbeitung des Blocks nicht zerstört worden sind.

Die Schlackenemulsionen entstehen, wie schon oben auseinandergesetzt wurde, durch intermolekulare Oxydation von Nebenbestandteilen des Eisens oder von zur Erreichung einer Zerstörung von Oxyden dem flüssigen Eisen zugeschlagenen Mengen leicht oxydierbarer Körper (Mangan, Silizium, Aluminium); sie sind also in jedem Falle die Folge vorheriger oxydischer Auflösungen.

Die Schlackenemulsionen setzen sich in außerordentlich fein verteiltem Zustande zwischen die Eisenmoleküle und verhindern deren Zusammenhang. Sie verschlechtern daher unter allen Umständen die mechanischen Eigenschaften des Eisens; ihr Vorhandensein oder Fehlen ist in den meisten Fällen die Ursache dafür, daß Eisensorten mit genau gleicher chemischer Analyse sich qualitativ, manchmal sehr erheblich, unterscheiden; es muß die Aufgabe einer jeden Erzeugung von gutem Material sein, das Auftreten der Schlackenemulsionen möglichst zu verhüten.

Auch die immer auf flüssigem Wege gewonnenen Roheisensorten weisen mehr oder weniger Schlackeneinschlüsse auf, welche geeignet sind, den Wert des Roheisens da, wo es nicht nur Roh- bzw. Zwischenprodukt, sondern Fertigerzeugnis ist, also im Gießereiwesen, zu vermindern.

Sechstes Kapitel.

Einfluß mechanischer und thermischer Behandlung auf die Eigenschaften des Eisens.

1. Mechanische Behandlung bei hohen Temperaturen.

Das Fehlen eines Übergangsstadiums zwischen dem festen und dem flüssigen Zustand schließt beim Roheisen die Möglichkeit einer mechanischen Behandlung bei hohen Temperaturen völlig aus; eine solche Behandlung kann demnach nur stattfinden bei dem schmiedbaren Eisen.

Bei diesem wird durch die mechanische Formgebung von dieser Möglichkeit ausgiebigster Gebrauch gemacht. Durch die mechanische Behandlung des Eisens wird das Gefüge feinkörniger; das Material wird verdichtet, und dadurch werden seine Festigkeitseigenschaften verbessert. Beim Schweißeisen geht diese Qualitätsveredlung Hand in Hand mit der Austreibung von Schlackeneinschlüssen; aber auch das Flußeisen bedarf zur Erreichung einer ausreichenden Qualitätsziffer einer durchgreifenden mechanischen Behandlung. Von großer Bedeutung ist daher das Verhältnis des gegossenen Rohblocks zu dem endgültigen Querschnitt; das Eisen ist um so besser, je mehr es „durchgearbeitet" ist. Stahlformguß, der direkt flüssig in die Formen des Gebrauchs gebracht wird, steht qualitativ immer hinter gewalztem oder geschmiedetem Material zurück.

Die Schmiedbarkeit ist vorhanden in den Temperaturen von dunkler Rotglut bis zur Weißglut. Je höher die Bearbeitungstemperatur liegt, desto weicher wird auch nach dem Erkalten das Eisen, desto dehnbarer und zäher wird es auch im allgemeinen; Bearbeitung bei niedriger Temperatur (Dunkelrotglut) erhöht die Festigkeit und Elastizität auf Kosten der Zähigkeit; die besten Qualitätsziffern werden erreicht nach einer Bearbeitung bei etwa 950—1000° (Hellrotglut); darüber hinaus nehmen gleicherweise Festigkeit und Dehnung ab. Bei höheren Temperaturen ist auch das weiter unten zu besprechende Verbrennen des Eisens zu befürchten.

Die gefährlichste Temperatur für die mechanische Bearbeitung ist die sog. Blauwärme ($250-350^0$), bei der das Eisen eine verhältnismäßig hohe Steigerung der Festigkeit (bis zu 40 Proz.) unter gleichzeitiger enormer Erhöhung der Sprödigkeit erfährt, sodaß das Material bei Bearbeitung innerhalb dieser Temperaturgrenzen zumeist brüchig wird (Blaubruch).

2. Mechanische Behandlung bei gewöhnlicher Temperatur.

Als Arten der kalten Bearbeitung von Eisen und Stahl sind in der Praxis Kalthämmern, Kaltwalzen, Kaltziehen, Kaltrichten und Kaltbiegen gebräuchlich; ferner werden auch bei der Behandlung des Eisens mit Bearbeitungsmaschinen, insbesondere beim Stanzen, die den abgeschnittenen Teilen zunächst liegenden Materialteile mit beansprucht.

Jede Art der kalten Bearbeitung erhöht die Elastizitätsgrenze und die Festigkeit, während gleichzeitig die Zähigkeit entsprechend verringert wird; die Fähigkeit, bei der Belastung über die Elastizitätsgrenze hinaus zu fließen, wird verringert. Auch werden innere Spannungen im Material erzeugt ähnlich denjenigen, welche entstehen, wenn es von höheren Temperaturen sich ungleichmäßig schnell abkühlt. Endlich erleidet die elektrische Leitfähigkeit bei der kalten Bearbeitung eine Verringerung. Diese Tatsache ist wichtig für die Herstellung von Telegraphendrähten, welche im letzten Stadium ihrer Herstellung kalt gezogen werden. Sie müssen daher nicht nur zur Wiedererreichung ihrer Weichheit und Dehnbarkeit, sondern ganz besonders ihrer elektrischen Leitfähigkeit vorsichtig ausgeglüht werden, da durch das Ausglühen alle Folgen der kalten Bearbeitung wieder rückgängig gemacht werden.

Der kalten Bearbeitung kommt in ihrem Wesen gleich die Beanspruchung des Materials während des Gebrauchs bei gewöhnlicher Temperatur. Hierbei kommt es darauf an, ob es nur bis zur Elastizitätsgrenze oder darüber hinaus beansprucht wird. Im ersteren Falle treten keinerlei Folgeerscheinungen ein; geringe die Elastizitätsgrenze überschreitende Spannungen, die ein Fließen im Gefolge haben, können durch entgegengesetzt wirkende Fließungen wieder rückgängig gemacht werden; jedoch tritt bei wiederholter Alternativbelastung über die Elastizitätsgrenze hinaus auf die Dauer eine sog. Ermüdung ein. Wird die Belastung noch weiter fortgesetzt, so werden die Wirkungen im gleichen Sinne vergrößert, bis schließlich die Elastizität vollständig verloren gegangen ist; sie kann aber auch dann schließlich nach längerer Ruhe wiedergewonnen werden.

Die Veränderungen der Eigenschaften des Materials, welche während des Gebrauchs hervorgerufen werden, lassen sich im allgemeinen nicht mehr rückgängig machen, da die einzig wirksame Möglichkeit hierzu im Ausglühen und langsamen Abkühlen gegeben ist, was natürlich bei Konstruktionen irgendwelcher Art ausgeschlossen ist.

3. Verhalten des Eisens bei abnorm niedrigen Temperaturen.

Das Eisen wird bei seiner Herstellung keiner mechanischen Behandlung bei außergewöhnlich niedrigen Temperaturen ausgesetzt: indessen unterliegt es bei seinem Gebrauch als Konstruktionsmaterial im Freien (z. B. bei Brücken) vielfach mechanischen Beanspruchungen bei den dem Klima entsprechenden niedrigen Wintertemperaturen. Die Untersuchung des mechanischen Verhaltens des Eisens bei solchen Temperaturen war also jedenfalls für die Verwendung des Eisens von ausschlaggebender Bedeutung. Derartige eingehende Untersuchungen sind verschiedentlich durchgeführt worden und haben, von manchen widerstreitenden Resultaten abgesehen, übereinstimmend gezeigt, daß das Eisen bei Temperaturen unterhalb des Gefrierpunkts bis herab zu Temperaturen, welche praktisch überhaupt nicht vorkommen, im allgemeinen eine Erhöhung der Festigkeit und Elastizität bei gleichzeitiger Verminderung der Zähigkeit erfährt, welche jedoch innerhalb für die Verwendung unschädlicher Grenzen liegt, und welche bei der Erwärmung auf normale Temperaturen wieder verschwindet, so daß also die zeitweilige Abkühlung auf niedrige Temperaturen einen bleibenden Einfluß nicht ausübt, so lange die Elastizitätsgrenze nicht überschritten wird. Ist dies allerdings der Fall, so machen sich die unter 2. besprochenen Erscheinungen in um so größerem Maße geltend, je niedriger die Temperatur ist, bei der die Beanspruchung erfolgt. Der Einfluß der niedrigen Temperaturen tritt schärfer als bei anderen hervor bei solchen Eisensorten, welche ihrer Natur nach schon zur Brüchigkeit neigen, also z. B. bei höher gekohltem oder bei phosphorhaltigem Flußeisen und Stahl.

4. Einfluß des Abschreckens.

Durch das Abschrecken werden die bei den Abschrecktemperaturen bei normal verlaufender Abkühlung sich ergebenden molekularen Umwandlungen, über deren Art das Zustandsdiagramm Aufschluß gibt, hintertrieben.

Für das Roheisen interessieren nur die molekularen Umwandlungen in der Erstarrungszone, wobei die Bildung von grauem oder weißem Roheisen bzw. ihrer Übergangsstadien bewirkt wird, je nachdem die Umwandlung erfolgt oder hintertrieben wird. Die Umwandlungen an den Haltepunkten des schmiedbaren Eisens finden naturgemäß auch innerhalb des gebundenen Kohlenstoffs der Roheisensorten statt; sie haben aber dafür keinerlei praktische Bedeutung, da sie vollständig hinter den spezifischen Umwandlungen des Roheisens zurücktreten.

Die teilweise Verhinderung des Zerfalls von Zementit in Graphit und Ferrit bei der Erstarrung des Roheisens hat praktische Bedeutung bei der Herstellung einer besonderen Gußeisenart, des Hartgusses, welcher die außerordentliche Härte des Zementits an seiner Oberfläche mit der Weichheit des graphitischen Roheisens im Kern verbinden soll. Hierbei wird durch Abschrecken des erstarrenden Gusses in eisernen Formen, welche durch gute Leitung der Wärme eine schnelle Abkühlung der Oberfläche bewirken, die Graphitausscheidung in der Randzone hintertrieben, während der innere Kern warm bleibt und das normale graphitische Gefüge behält.

Die Umwandlung von Härtungskohle in Karbidkohle mit ihren Begleiterscheinungen bzw. ihre Verhinderung durch das Abschrecken sind von der größten Bedeutung für die Härtetechnik. Die Erhöhung der Härte und Festigkeit durch die Verhinderung der Umwandlung des Martensits und ihre Ursachen sind bei der Besprechung des Zustandsdiagramms der Eisenkohlenstofflegierungen eingehend gewürdigt worden, so daß es sich erübrigt, hier noch weiter darauf einzugehen.

Die allotrope Umwandlung des Martensits wird nun immer dann verhindert, wenn der Stahl bei der Abkühlung nur schnell über die kritische Zone (also etwa von 870^{0}—600^{0}) hinweggeführt wird. Es ist natürlich nicht notwendig, daß auch die weitere Abkühlung bis auf die Normaltemperatur mit der gleichen Geschwindigkeit durchgeführt wird; trotzdem ist diese letztere Art der Härtung, bei der der Stahl direkt bis auf die gewöhnliche Temperatur abgeschreckt wird, so allgemein gebräuchlich, daß man sogar die andere Arbeitsweise, d. h. schnelle Abkühlung von etwa 900 auf 600^{0} und dann folgende langsame Abkühlung, als negative Härtung bezeichnet. Hierbei wird die vollständige Umwandlung des Gefüges bewirkt; der Stahl wird härter und fester, behält dagegen den größten Teil seiner Zähigkeit. Diese Art der Härtung übt einen wohltätigen Einfluß auf die Eigenschaften des Stahls aus, der zum Teil auch schon dadurch erreicht werden kann, daß man den Stahl in kochendem Wasser ablöscht.

Bei der gebräuchlichen Art der Härtung durch Abschrecken von Temperaturen oberhalb Ar_3 in kaltem Wasser oder Öl nimmt der Stahl außer der erwünschten Härte und Festigkeit eine solche Sprödigkeit an, daß man gezwungen ist, sie durch ein nachfolgendes sog. Anlassen zu beseitigen. Gleichzeitig erfolgen durch das Abschrecken noch rein mechanische Volumen- und Gefüge-Veränderungen, die oft durch sog. Härterisse in Erscheinung treten, durch welche der Stahl verdorben wird, und die nur durch vorsichtige Behandlung des Stahls in allen Stadien seiner Herstellung vermieden werden können.

Eine besondere Art der Härtung ist die sog. doppelte Härtung, welche darin besteht, daß man den Stahl nach dem Abschrecken von Rotglut wieder auf eine gegenüber der erstmaligen Abschrecktemperatur etwas tiefer gelegene Temperatur erhitzt und dann ein zweites Mal abschreckt. Durch diese Behandlung wird die Härte, Elastizität und Festigkeit und gleichzeitig auch die Zähigkeit bis zu einem gewissen Grade erhöht.

Bei jeder Art der Abschreckung nimmt das Gefüge des Stahls ein feineres Korn an, womit die Erhöhung der Festigkeit und Härte im Einklang ist.

Auf das von dem Verhalten anderen Stahls abweichende Verhalten des Manganstahls wurde bereits hingewiesen.

5. Einfluß des Ausglühens.

a) Glühen von Eisensorten mit mehr als 2 Proz. C.

Auf graues, graphithaltiges Roheisen übt das Ausglühen keinerlei für die Praxis bedeutsamen Einfluß aus.

Im weißen, zementithaltigen Roheisen erfolgt dagegen bei anhaltendem Ausglühen ein allmählicher Zerfall des Karbids und eine Ausscheidung des Kohlenstoffs als Temperkohle. Erfolgt diese Glühbehandlung bei Zutritt der Luft oder bei Gegenwart eines oxydierenden Körpers, so geht gleichzeitig eine Oxydation des ausgeschiedenen elementaren Kohlenstoffs vor sich; der praktische Erfolg dieser Glühbehandlung ist also in diesem Falle die Verringerung des Kohlenstoffgehalts, welche, wenn sie weit genug durchgeführt wird, die Umwandlung des Roheisens in Stahl bzw. Schmiedeeisen bewirkt.

In beiden Fällen wird durch die molekulare Umwandlung des harten spröden Zementits in Ferrit und Perlit, eventuell bei gleichzeitiger Einschiebung von elementarem Kohlenstoff zwischen die Eisenmoleküle, die Weichheit und Bearbeitbarkeit des Eisens erhöht, die Zähigkeit besonders im Falle des Glühfrischens gesteigert.

Die Abscheidung des Kohlenstoffs erfolgt um so schneller und um so vollständiger, je weniger Fremdkörper das Eisen enthält; insbesondere Mangan, Phosphor und Schwefel sind für die Umwandlung hinderlich. Die günstigste Temperatur für diese Glühbehandlung liegt zwischen etwa 850° und 900°.

Von beiden Arten der Glühbehandlung weißen Roheisens, sowohl dem Glühen unter Ausschluß der Luft, wie bei Gegenwart oxydierender Substanzen wird in der Praxis Gebrauch gemacht bei der Erzeugung von Temperguß bzw. schmiedbarem Guß. Beide Verfahren dienen dazu, den niedrigen Schmelzpunkt und die damit zusammenhängende leichte Vergießbarkeit des Roheisens für die Herstellung solcher Gegenstände aus weichem bzw. schmiedbarem Eisen nutzbar zu machen, welche infolge ihrer Form oder ihrer geringen Abmessungen der direkten Herstellung in Schmiedeeisenformguß Schwierigkeiten entgegensetzen. Als Roheisen kann dabei nur weißes in Betracht kommen, weil der Graphit des grauen Roheisens nicht durch die Glühbehandlung zerstört werden kann.

Da die Umwandlung des Zementits in Ferrit unter Abscheidung von Temperkohle bei allem Eisen mit freiem Zementit, also Eisen mit mehr als 0,89 Proz. C, vor sich gehen kann, so kann die vorbeschriebene Umwandlung auch bei Glühbehandlung von übereutektischem zementithaltigem Stahl erfolgen. In diesem Falle würde sie jedoch eine unerwünschte Nebenerscheinung bedeuten; Stähle mit hohem Kohlenstoffgehalt müssen daher bei einer eventuell erforderlichen Glühung unter allen Umständen vorsichtig behandelt werden; vor allem soll die Glühtemperatur nicht die obengenannte erreichen, bei der der freie Zementit zerfallen kann.

b) Glühen von Eisensorten mit weniger als 2 Proz. C.

Durch das Ausglühen bei Temperaturen zwischen Ar_2 und Ar_3 wird die perlitische Gefügebildung befördert, bzw. eine durch irgendwelche Gründe bei der erstmaligen Erstarrung entstandene ungleichmäßige Verteilung der mikroskopischen Gefügebestandteile aufgehoben und die gleichmäßige Auflösung des Perlits in der Grundmasse bewirkt. Das Material wird infolgedessen durch das Ausglühen unter allen Umständen weicher; die Festigkeit wird verringert, die Zähigkeit aber entsprechend gesteigert.

Alle diejenigen Veränderungen der Eigenschaften des Metalls, welche durch die kalte Bearbeitung hervorgerufen sind, werden durch das Ausglühen wieder beseitigt; also ausser der Verringerung der Härte wird dadurch die höchste elektrische Leitfähigkeit wieder gewonnen. Außerdem werden auch etwaige infolge ungleichmäßiger Abkühlung entstandene mechanische Spannungen beseitigt; auch hieraus ergibt sich naturgemäß eine Erhöhung der Zähigkeit (Arbeitsfähigkeit).

Endlich befördert das Ausglühen auch die magnetische Weichheit; die zur Herstellung von Dynamoblechen bestimmten Flußeisenbleche müssen also auch nach ihrer Fertigstellung einer vorsichtigen Glühung unterworfen werden.

Hauptbedingung für einen günstigen Erfolg des Ausglühens ist natürlich eine sachgemäße Behandlung beim Glühen. Vor allen Dingen muß darauf geachtet werden, daß nicht etwa das Abkühlen von der Glühtemperatur unter denselben Bedingungen erfolgt, welche vorher den ungünstigen inneren Gefügeaufbau bewirkt hatten, der aber durch das Ausglühen beseitigt werden sollte. Die Temperatur muß zur Glühtemperatur allmählich gesteigert werden, soll auf dieser entsprechend lange gehalten werden und wird dann langsam und gleichmäßig zur normalen Temperatur herunter gemindert. Die richtige Glühtemperatur ergibt sich ohne weiteres aus dem Zustandsdiagramm; sie liegt bei reinem Kohlenstoffstahl zwischen etwa 765 und 850⁰.

Eine besondere Art des Ausglühens ist das Anlassen. Es bezweckt die Wiedererlangung der Zähigkeit der abgeschreckten Stahlsorten und beruht darauf, daß beim Erhitzen auf Temperaturen, welche weit unterhalb der Umwandlungstemperaturen liegen, schon eine teilweise Rückverwandlung des martensitischen Gefüges in das perlitische stattfindet. Außerdem werden dadurch die durch das Abschrecken hervorgerufenen Spannungen zum Teil wieder ausgeglichen. Beim Anlassen bedeckt sich das behandelte Stahlstück mit einem dünnen Oxydhäutchen, welches je nach der Temperatur, bei der die Behandlung stattfindet, eine verschiedene Färbung hat. Diese verschiedenen Farben werden als „Anlaßfarben" bezeichnet; sie dienen als Maßstab für die Anlaßtemperatur, und es entspricht:

hellgelb	einer Temperatur von etwa				220^0
dunkelgelb	-	-	-	-	240^0
braun	-	-	-	-	250—260^0
rot	-	-	-	-	275^0
violett	-	-	-	-	285^0
kornblumenblau	-	-	-	-	300^0
hellblau	-	-	-	-	315^0
grau	-	-	-	:	330^0

Die Temperatur bzw. diejenigen Anlaßfarben, bis zu der das Werkstück in jedem einzelnen Falle vorteilhaft erhitzt wird, ist je nach der Zusammensetzung des Materials verschieden; ihre Bestimmung beruht in erster Linie auf Erfahrung.

6. Das Verbrennen des Stahls.

Eisen und Stahl, welche der Behandlung im Feuer unterworfen werden, können dabei infolge zu hoher Temperatur oder zu lang andauernder Erhitzung Veränderungen ihrer chemischen und physikalischen Eigenschaften erfahren; derartiges Material pflegt man im allgemeinen als „verbranntes Eisen" zu bezeichnen, obwohl dabei nicht immer ein regelrechtes Verbrennen, d. h. eine chemische Verbindung mit Sauerstoff eingetreten und lediglich eine Überhitzung des Materials über die Schmiedetemperatur hinaus erfolgt ist. Selbst wenn der Stahl unter Luftabschluß erhitzt war, können die unangenehmen Begleiterscheinungen eintreten, und zwar nicht nur dann, wenn die Temperatur zu hoch war, sondern auch dann, wenn die Erhitzung zu lange fortgesetzt wurde. Der Stahl wird grobkristallinisch-blätterig; die Festigkeit sinkt; gleichzeitig wird die Sprödigkeit und die Neigung zum Kaltbruch erhöht. Indessen ist es meist möglich, solchen überhitzten Stahl, wenn die Überhitzung nicht gerade zu lange angedauert hat, zu regenerieren, d. h. ihm seine guten Eigenschaften wiederzugeben, indem man ihn sorgfältig auf 870—900^0 erwärmt und ihn dann durchschmiedet, wobei das normale feinkörnige Gefüge wiederhergestellt wird. Harter Stahl ist gegen die Überhitzung empfindlicher, als weiches Flußeisen, dieses wieder mehr als Schweißeisen.

Wenn nun der Stahl bei der Überhitzung auch noch einem nur schwachoxydierenden Gasstrom ausgesetzt war, so zeigen sich die Überhitzungserscheinungen schon bei viel niedrigeren Temperaturen, und es treten dann noch weitere Folgen hinzu, welche schon einen Übergang bilden zu der ausgesprochenen Verbrennung, wenigstens an der Oberfläche. Sind erhebliche Mengen von Mangan oder Silizium vor-

handen, so werden diese von der oxydierenden Flamme zuerst angegriffen; fehlen sie dagegen, so kann der Kohlenstoffgehalt des Stahls
erniedrigt werden, wodurch eine Verringerung der Elastizität, der
Festigkeit und Härte herbeigeführt wird. Durch sorgfältige thermische
Behandlung, wie oben beschrieben, kann auch derartiger Stahl physikalisch regeneriert werden; dagegen kann durch die bloße Wärmebehandlung natürlich die erfolgte Entkohlung nicht wieder rückgängig
gemacht werden. Will man auch das erreichen, so bleibt keine
andere Möglichkeit, als den Stahl in Kohlenpulver eingepackt zu
glühen; jedenfalls ist aber eine solche Rückkohlung ebenso schwierig
wie kostspielig.

Wesentlich schlimmer sind die Folgen einer wirklichen Verbrennung des Stahls. Diese vollzieht sich, wenn der Stahl im
offenen Feuer zu lange dem oxydierenden Windstrom ausgesetzt wird,
unter lebhaftem Funkensprühen, welches auf eine Gasentwickelung
zurückzuführen ist. Der verbrannte Stahl ist derartig mit Oxyden
durchsetzt, daß er weder die Bearbeitung in Schmiedehitze, noch
auch irgendwelche Beanspruchungen in kaltem Zustande verträgt;
er ist rotbrüchig und kaltbrüchig zugleich (faulbrüchig). Eine Re-
generierung ist vollständig ausgeschlossen; das Material ist endgültig
verdorben und hat höchstens noch Wert zum Umschmelzen.

Im Zusammenhang mit Vorstehendem erheischt noch das sog.
Brandeisen Erwähnung, worunter man solches Eisen versteht,
welches im Gebrauch ständig Verbrennungsgasen ausgesetzt,
(Feuerungsrahmen, Roststäbe u. dergl.) allmählich vollständig verbrennt und schließlich den Charakter eines Eisenoxyds annimmt.

Siebentes Kapitel.

Die Prüfung der Eigenschaften des Eisens.

Es ist natürlich von der größten Bedeutung, das Eisen vor
seiner Verwendung für irgend einen Zweck dahin zu prüfen, ob es
die zur Erreichung des Zwecks geeignete Beschaffenheit hat. Die
dahingehenden Prüfungsverfahren sind in der modernen Industrie
nach jeder Richtung hin ausgebildet worden; heute verfügt jedes
Eisen oder Stahl erzeugende Werk über mehr oder weniger ausgedehnte Prüfungslaboratorien, und das Bestreben der industriellen
und wissenschaftlichen Verbände geht dahin, die Prüfungsmethoden
mehr und mehr auf wissenschaftlicher Grundlage auszubilden und
zu vereinheitlichen. Neben den streng wissenschaftlichen sind auch
noch eine Anzahl empirischer Untersuchungsmethoden gebräuchlich
welche mehr oder weniger auf der Beurteilung des Bruchaussehens'
der Erzeugnisse im rohgegossenen Zustand oder nach irgend einer
thermischen oder mechanischen Behandlung beruhen. Sie beherrschen

vor allem die Erzeugungsbetriebe und geben ihnen zumeist noch Anhaltspunkte zur Beeinflussung der Herstellungsverfahren vor ihrer vollständigen Beendigung.

Es kann natürlich nicht Aufgabe eines Lehrbuches des Eisenhüttenwesens sein, die Prüfungsmethoden im einzelnen zu beschreiben; es soll vielmehr im nachstehenden nur eine kurze Zusammenstellung ihrer Arten und ihrer Prinzipien gegeben werden. Man kann unterscheiden zwischen der allgemeinen Prüfung des Materials und der besonderen Untersuchung auf bestimmte Eigenschaften.

I. Allgemeine Prüfung.

1. Chemische Analyse.

Diejenige Untersuchung, der heute weitaus die meisten Erzeugnisse der Eisenindustrie unterworfen werden, ist die chemische Analyse.

Im fünften Kapitel ist eingehend gezeigt worden, einen wie großen Einfluß selbst geringe Mengen von im Eisen vorhandenen anderen Bestandteilen auf seine Eigenschaften ausüben, und es ist daher leicht erklärlich, daß in den meisten Fällen die chemische Zusammensetzung die Grundlage sein muß, auf der die Weiterverarbeitung des Eisens aufgebaut wird.

Aus der chemischen Analyse einer Stahl- oder Eisensorte läßt sich zwar keinesfalls ohne weiteres mit Sicherheit darauf schließen, daß sie bestimmte physikalische Eigenschaften aufweist; wohl aber läßt sich auf Grund der Analyse immer feststellen, ob das Fehlen ausreichender Mengen für den Verwendungszweck erforderlicher oder das Vorhandensein zu großer Mengen dafür schädlicher Bestandteile das Material für den betreffenden Zweck untauglich macht.

Es kann z. B. auf Grund der Analyse nicht mit Bestimmtheit gesagt werden, ob eine Flußeisencharge gut schweißbar ist, auch wenn die Analyse vollständig der Zusammensetzung gut schweißbarer Qualitäten entspricht; ergibt aber die Analyse etwa einen Schwefelgehalt von 0,1 Proz., so kann man die Charge ohne weiteres als für schweißbares Material ungeeignet bezeichnen. — Die Ausführungen über die thermische Behandlung des Eisens zeigen zwar, daß man es in der Hand hat, durch geeignete Kombination von Abschrecken und Ausglühen oder Anlassen die Festigkeitseigenschaften ein und derselben Stahlsorte innerhalb sehr weiter Grenzen zu verschieben; bei vorgeschriebenen Festigkeitseigenschaften wird man aber immer die Zusammensetzung des Stahls so wählen, daß er bei normaler Behandlung die gewünschten Eigenschaften aufweist, und die chemische Analyse gibt in erster Linie Anhaltspunkte dafür, ob diesen Bedingungen genügt werden kann oder nicht.

Die chemische Analyse ist als einzige Prüfungsmethode in allen den Fällen ausreichend, aber auch notwendig, wo das Eisen als

Zwischenprodukt dient und in der Weiterverarbeitung zuerst wieder thermisch behandelt werden muß. Das gilt in erster Linie für das Roheisen, ganz besonders für das in der Gießerei verwendete. Dieses wird zu seiner weiteren Verwendung umgeschmolzen, und der Gefügeaufbau vollzieht sich erst wieder endgültig nach der Schmelzung. Die chemische Analyse ist hier das einzige Mittel, um die Eignung des Roheisens für die Erreichung des Zwecks des umgeschmolzenen Metalls darzutun. Die früher allgemein übliche und auch heute noch vielfach gebräuchliche Beurteilung des Roheisens nach dem Bruchaussehen kann durchaus nicht als ausreichend bezeichnet werden, da das Bruchaussehen zum mindesten ebensosehr von der Abkühlungsgeschwindigkeit in der Erstarrungszone abhängig ist, wie von der chemischen Zusammensetzung.

Auch für geschmiedete oder gewalzte Zwischenprodukte, z. B. Knüppel, Platinen, Stabeisen kann die chemische Analyse äußerst wertvolle Anhaltspunkte dafür liefern, ob das Metall für den gewollten Zweck geeignet ist oder nicht, so daß derartige Produkte wohl auf Grund der Analyse allein verkauft werden könnten. In jedem Falle ist aber die Analyse immer ein wertvolles Hilfsmittel auch dann, wenn sie nicht allein zur Beurteilung ausreicht und die gewünschten Eigenschaften auf anderem Wege direkt ermittelt werden.

Die Ausführung der Analyse im Eisenhüttenlaboratorium muß vor allen Dingen einfach sein; es kommt weniger auf wissenschaftliche Genauigkeit an, als auf die Schnelligkeit der Bestimmung. In großen Hüttenwerken, wo das Roheisen direkt flüssig vom Hochofen aus in Stahl verwandelt und auch der erzeugte Stahl zum größten Teil ohne Zwischenerwärmung weiter verarbeitet wird, ist es in vielen Fällen wichtig, den Gehalt an einzelnen Bestandteilen des einen oder anderen Zwischenprodukts zu kennen, ehe man es in die nächste metallurgische Verarbeitungsstätte weitergibt. Aber auch wenn das nicht notwendig ist, ist die schnelle Erledigung der chemischen Untersuchung besonders dann erwünscht, wenn regelmäßig täglich hunderte Bestimmungen einzelner Nebenbestandteile des Eisens durchzuführen sind.

2. Makroskopische Untersuchung.

Die makroskopische Prüfung, d. i. die Gefüge-Untersuchung geätzter Schliffflächen des Metalls, wird in der Weise ausgeführt, daß man einen Querschnitt über die ganze Fläche des Metalls schleift und hochglanzpoliert, sodann das Probestück mit der geschliffenen Fläche nach oben in ein Gefäß mit der ätzenden Flüssigkeit hineinlegt und es dieser solange aussetzt, bis die Ätzfiguren erscheinen, welche durch den verschieden starken Angriff der einzelnen Gefügebestandteile durch das Ätzmittel entstehen. Als ätzende Flüssigkeiten sind verdünnte Säuren (Salz-, Salpetersäure), auch Salzsäure-

lösung in Alkohol gebräuchlich; vor allen anderen hat sich aber,
wenigstens für die meisten Eisensorten, eine Kupferammonium-
chloridlösung bewährt. Die von Prof. Heyn in Berlin ausgearbeitete
Methode der Ätzung mit Kupferammoniumchlorid zeichnet sich dadurch aus, daß sie außerordentlich schnell wirkt (etwa 1 Minute
Ätzdauer gegenüber stunden-, ja oft tagelanger Dauer der Ätzung
mit Säure) und ganz besonders dadurch, daß sie die Gefügeunter-
schiede sehr zart hervortreten läßt und nichts übertreibt. Während
z. B. durch die ätzenden Säuren an weniger widerstandsfähigen
Stellen, etwa bei Schlackeneinschlüssen, direkt Löcher gefressen
werden, treten nach der Ätzung mit Kupferammoniumchlorid Löcher
nur dort zutage, wo sie wirklich bereits vor der Ätzung vorhanden
waren. Die Ätzprobe zeigt außerdem, für ein geübtes Auge ihrem
Wesen nach leicht erkennbar, örtliche Anreicherungen von Kohlenstoff, Phosphor und Schwefel, und ferner noch irgend welche infolge örtlicher kalter Beanspruchung entstandene Gefügeveränderungen.

Zufolge dieser Eigenschaften hat die makroskopische Untersuchung großen Wert in Verbindung mit gleichzeitiger chemischer
Analyse der Probe. Wenn z. B. bei einer Flußeisencharge Ent-
mischungen (Seigerungen) zu befürchten sind, so daß einzelne Teile
der gegossenen Blöcke eine von dem Durchschnitt abweichende
chemische Zusammensetzung haben würden, so gibt hierüber die
Ätzprobe die gewünschte Auskunft, insbesondere wenn sie an denjenigen Stellen des Werkstücks durchgeführt wird, welche erfahrungs-
gemäß die meisten Anreicherungen an Schwefel, Phosphor und
Kohlenstoff aufweisen. Die Probe hat zudem bei Verwendung des
schnell ätzenden Kupferammoniumchlorids den Vorzug der Einfachheit und schnellen Durchführbarkeit, da es mit entsprechend aus-
gebildeten modernen Bearbeitungsmaschinen möglich ist, das Ab-
schneiden, Schleifen und Polieren der zu ätzenden Proben in
kürzester Zeit zu vollenden. Die Prüfung ist trotzdem heute in der
Praxis noch verhältnismäßig wenig gebräuchlich, insbesondere als
ständige Untersuchungsmethode; mehr Verwendung hat sie gefunden,
um irgend ein abnormales Verhalten von Eisen normaler chemischer
Zusammensetzung aufzuklären.

3. Mikroskopische Untersuchung.

Das, was nach der Ätzung einer Schliffprobe schon mit bloßem
Auge sichtbar ist, zeigt sich natürlich mit größerer Deutlichkeit
unter dem Mikroskop.

Die der mikroskopischen Untersuchung zu unterwerfenden
Proben werden im Prinzip derselben Behandlung unterworfen, wie
die einfachen Ätzproben — Schleifen, Hochglanzpolieren, Ätzen; nur
müssen die einzelnen Behandlungsarten vorsichtiger vorgenommen
werden; vor allem ist darauf zu achten, daß beim Schleifen auch

die geringfügigsten Haarrißchen vermieden werden, da diese unter dem Mikroskop in vielfacher Vergrößerung erscheinen und das Gesamtbild empfindlich stören. Als Ätzmittel sind meist schwache Säuren, wie verdünnte Salz- oder Salpetersäure, Pikrinsäure, ferner auch Kupferammoniumchlorid, Jodkalium gebräuchlich. — Außer dieser Art der Ätzung polierter Schliffe ist ein sog. Ätzpolieren empfohlen worden, d. h. ein Polieren unter Verwendung ätzender Substanzen, wie Süßholzextrakt, und ferner das Reliefpolieren unter Verzicht auf die Ätzung, wobei die weicheren Gefügebestandteile schon während des Polierens mehr angegriffen werden, als die härteren und diese infolgedessen reliefartig hervortreten.

Da unter dem Mikroskop nur immer verschwindend kleine Teile des Schliffs sichtbar erscheinen, so muß dieser, ·um das charakteristische Gefügebild zu zeigen, von dem Untersuchenden regelrecht abgesucht werden. Die in der Metalluntersuchung verwendeten Mikroskope sind daher auch meist mit Vorrichtungen versehen, welche das Absuchen größerer Teile eines Schliffs gestatten, ohne ihn selbst zu verschieben. Aufgabe eines erfahrenen Mikrographen muß es natürlich sein, das charakteristische Gefügebild zu beurteilen und dieses oder eventuell auch Verschiedenheiten im Gefüge durch photographische Aufnahmen festzulegen.

Durch die mikroskopische Untersuchung wird in erster Linie die Verteilung der mikrographischen Bestandteile festgestellt. Unter Berücksichtigung der Tatsachen, daß reiner Perlit 0,89 Proz. C aufweist und reiner Ferrit kohlenstofffrei ist, lassen sich auch aus dem mikroskopischen Bild für den erfahrenen Mikrographen leicht Schlüsse ziehen auf den Kohlenstoffgehalt der Proben und durch Vergleich mehrerer mikroskopischer Bilder desselben Schliffs auch auf die Gleichmäßigkeit des untersuchten Materials. Das eigenste Feld der mikroskopischen Untersuchung ist aber die Kontrolle der vorhergegangenen thermischen Behandlung des Stahls, welche aus dem gegenseitigen Verhältnis von Perlit zu Ferrit und Zementit bzw. aus dem Vorhandensein dieser Gefügebestandteile oder des Martensits mit hinreichender Sicherheit noch nachträglich hergeleitet werden kann. Zum mindesten ist es da, wo die Möglichkeit der objektiven Beurteilung des Gefügeaufbaues fehlt, immerhin möglich, relative Schlüsse zu ziehen, indem man zunächst durch verschiedenartige thermische Behandlung der einzelnen in Betracht kommenden Stahlsorten eine Anzahl Normalien schafft, mit denen der zu untersuchende Stahl verglichen werden kann.

Daß auch manchmal aus der mikroskopischen Untersuchung ungeätzter Schliffe interessante Schlüsse gezogen werden können, zeigt Abb. 8 auf Tafel IV.

Die Mikrographie ist eine noch zu junge Wissenschaft, als daß sie sich allgemeiner Verbreitung erfreuen könnte; auch sind noch keinerlei einheitliche Prüfungsmethoden ausgearbeitet worden; die vorstehenden Ausführungen können daher auch nur als allgemeine Hinweise darauf aufgefaßt werden, wie die Mikroskopie in der Eisenuntersuchung nutzbringend verwertet werden kann.

II. Besondere Prüfung bestimmter Eigenschaften.

Die Prüfung des Stahls auf bestimmte erwünschte Eigenschaften ist um so einfacher und um so mehr nach einheitlichen Methoden gebräuchlich, als die betreffenden Eigenschaften sich genau messen, d. h. in absoluten Zahlen ausdrücken lassen. Wo das nicht möglich oder mit Schwierigkeiten verbunden ist, machen sich die empirischen Prüfungsmethoden geltend, die naturgemäß voneinander sehr verschieden sein können. Erklärlich ist daher das Bestreben, die Prüfung aller Eigenschaften auf eine absolute Maßbestimmung zurückzuführen oder, wo das nicht möglich ist, wenigstens einheitliche Prüfungsmethoden für die relative Untersuchung durchzuführen.

1. Festigkeit und elastische Eigenschaften.

Diese Eigenschaften werden absolut durch die Belastung in kg auf den qmm Querschnitt des belasteten Stabes an der Bruch- bzw. Elastizitäts- (und Streck-)Grenze gemessen. Es kommt daher kaum eine andere Festigkeitsprobe in Betracht, als die Belastung eines Probestabes bis zum Bruch mittelst einer Zerreißmaschine. Auf die Konstruktion derartiger Maschinen braucht hier nicht eingegangen zu werden; alle Maschinen stimmen darin überein, daß der in passende Formen gebrachte Zerreißstab beiderseitig in Backen eingespannt und einer allmählich wachsenden Belastung unterworfen wird, wobei die Höhe der Belastung automatisch angezeigt wird. Bei dem Wachsen der Last sind zwei deutlich markierte Punkte bemerkbar, der erste in dem Zeitpunkt des Fließens des belasteten Stabes, während dessen Dauer die Last nicht steigt und infolgedessen der Zeiger solange steht, bis der Fließvorgang beendet ist, der zweite in dem Augenblick, in dem der Stab bricht. Der erstgenannte Punkt erlaubt eine für die Praxis ausreichende Bestimmung der Streckgrenze; für wissenschaftliche Untersuchungen und für die Bestimmung der wirklichen Elastizitätsgrenze, die erheblich niedriger liegt, als die derart ermittelte Streckgrenze, bedient man sich eines Spiegelreflexapparates, der genau den Moment erkennen läßt, in dem bei steigender Belastung eine bleibende Formveränderung eintritt. Man pflegt diejenige mit diesem Apparat bestimmte Belastung als Elastizitätsgrenze zu bezeichnen, bei der die bleibende Verlängerung nicht größer ist, als 0,0005 der ursprünglichen Länge.

Vielfach sind auch Zerreißmaschinen mit automatischer Registriervorrichtung gebräuchlich, welche den Verlauf der bei der Belastung erfolgenden Längenänderung des Probestabs graphisch in ein Koordinatensystem mit der Längenänderung als Abszisse und der Belastung als Ordinate eintragen.

Auf die Bedeutung der bei der Zerreißprobe entstehenden Längenänderung und Querschnittsverringerung an der Bruchstelle für die Zähigkeit des betr. Materials wird bei der Besprechung der Zähigkeitsprüfung zurückgekommen werden.

2. Härteprüfung.

Entsprechend der Schwierigkeit, eine genaue Definition der Härte zu geben, war auch die Feststellung einer sicheren Härteprüfungsmethode nicht gerade einfach. Heute hat sich das Brinellsche Härteprüfungsverfahren allgemeiner eingeführt, welches darin besteht, daß man eine gehärtete Stahlkugel unter einem bestimmten Druck in das zu prüfende Material hineindrückt und die Tiefe und Form des Eindrucks mißt. Brinell hat als Härtezahl diejenige Zahl bestimmt, welche man erhält, wenn man den Belastungsdruck in kg durch den sphärischen Flächeninhalt der eingedrückten Kalotte in qmm dividiert. Die so erhaltene Härtezahl ist nicht nur wirklich proportional der Härte, sondern bietet auch die Möglichkeit, die Härte absolut in kg/qmm auszudrücken. Außerdem hat die Kugeldruckprobe den Vorzug, daß sie keinerlei vorbereitende Behandlung des zu prüfenden Werkstücks verlangt; es kann vielmehr ein beliebiger Abschnitt davon, z. B. ein Schienenstück, ein Blechabschnitt usw. ohne weiteres der Probe unterworfen werden.

Man hat sogar die Probe infolge ihrer Einfachheit für eine rohe Bestimmung der Festigkeit des Materials vorgeschlagen, nachdem man festgestellt hat, daß die Festigkeit in einem für bestimmte Materialsorten konstanten Verhältnis zur Härtezahl steht.

3. Zähigkeit, Arbeitsfähigkeit.

Im Gegensatz zu den vorstehend charakterisierten Prüfungsmethoden der Festigkeit und Härte ist die Beurteilung der Zähigkeit des Materials deshalb außerordentlich schwierig, weil es keinerlei absolutes Maß für diese Eigenschaft gibt. Man ist daher im allgemeinen darauf angewiesen, die Zähigkeit nach ihren Wirkungen zu beurteilen, wobei naturgemäß leicht Trugschlüsse dadurch entstehen können, daß man die auf Zähigkeit hindeutenden Wirkungen auch dann dieser Eigenschaft zuschreibt, wenn Zufälligkeiten irgend einer Art sie verursacht haben.

Die in der Praxis am meisten gebräuchliche Beurteilung der Zähigkeit gründet sich auf die Beobachtung der Formveränderung bei der Bruchprobe zerrissener Stäbe, indem man die während des Fließens entstandene Längenänderung in Prozenten der ursprünglichen Länge und die gleichzeitig erfolgte Querschnittsverringerung in Prozenten des ursprünglichen Querschnitts als Maßstab für die Zähigkeit ansieht. Wenn auch nicht zu verkennen ist, daß die so gewonnenen Ziffern sehr wertvolle Anhaltspunkte für die Beurteilung der Güte des Materials geben, und auch die Probe außerordentlich einfach ist, gerade weil die Resultate gewissermaßen als Nebenerscheinung bei der Messung der absoluten Festigkeit mitgewonnen werden, darf nicht außer acht gelassen werden, daß man eigentlich nicht die Zähigkeit, sondern die Dehnbarkeit mißt. Die dadurch hervorgerufene Unsicherheit prägt sich schon darin aus, daß in der Beurteilung der Prüfungsergebnisse keine Einigkeit herrscht; während die einen die Dehnung als ausschlaggebend betrachten, legen andere den Hauptwert auf eine hohe Kontraktion; von dritter Seite wird auch das Produkt der beiden Ziffern als Maßstab für die Zähigkeit angenommen. Zudem sind die erreichten Ziffern nicht ausschließlich von den Eigenschaften des Materials abhängig; sondern sie sind für ein und dasselbe Material verschieden, je nach dem Durchmesser und der Länge des Zerreißstabes; auch fallen sie verschieden hoch aus, je nachdem die Belastung schneller oder langsamer verläuft.

Wenn trotzdem in der Zusammenstellung über die mechanischen Eigenschaften am Schlusse dieses Abschnittes neben der Streckgrenze und Festigkeit auch die Dehnung und Kontraktion für die Materialbeurteilung mit aufgeführt sind, so ist dies in der allgemeinen Verbreitung der Probe und in dem Fehlen einer andern allgemein anerkannten Methode der Zähigkeitsprüfung begründet.

Ein Gefühl der Unsicherheit kommt bei der Beurteilung der Ergebnisse des Zerreißversuchs bezüglich der Zähigkeit auch darin zum Ausdruck, daß außer der Zerreißprobe sowohl bei den Erzeugern wie bei den Verbrauchern noch eine ganze Anzahl verschiedener Biegeproben gebräuchlich sind. Hierin gehören Kalt- und Warmbiegeproben, Härtebiegeproben, d. h. Biegeproben mit gehärteten Stäben und zwar alle sowohl mit unverletzten als mit eingekerbten Stäben; hierbei wird entweder das Bruchaussehen oder der Biegungswinkel vor dem Bruch oder der geringste mögliche Biegungs-Halbmesser des gebogenen Stabes und in allen Fällen auch die Beschaffenheit der Stäbe nach dem Biegen als Erfahrungsmaßstab für die Zähigkeit genommen. Hierin gehören ferner auch Biegeproben mit wiederholtem Hin- und Herbiegen bis zum Bruch, Lochbiegeproben und Verwindungs-(Torsions-)proben.

Alle vorstehend beschriebenen Proben einschließlich der Zerreißprobe beruhen nun auf der Einwirkung statischer d. h. ruhender Beanspruchungen. Infolgedessen entsprechen sie in den allerwenigsten Fällen denjenigen Beanspruchungen, die dem Material im Gebrauch gefährlich werden können; denn Materialbrüche werden äußerst selten durch ruhende Lasten, sondern durch die bei plötzlichen Stößen entstehenden dynamischen Beanspruchungen herbeigeführt. Diesem Umstand tragen die vielfach gebräuchlichen Fallproben (z. B. die für die Erprobung von Lokomotivradreifen und Schienen vorgeschriebenen) Rechnung, bei denen die zu untersuchenden Werkstücke den Schlägen herabfallender Bären entweder bis zum Bruch oder bis zu einer bestimmten Durchbiegung des geschlagenen

Körpers ausgesetzt werden. Aber auch diese Art der Schlagprobe ist unvollkommen, weil sie nicht gestattet, die Widerstandsfähigkeit in absoluten Zahlen auszudrücken. Dieser Bedingung kommt von bekannten Proben einzig und allein die Kerbschlagprobe nach, welche zwar heute noch sehr wenig angewendet wird, zweifellos aber in der Zukunft eine Hauptprüfungsmethode für Stahl und Eisen werden wird, eben, weil sie gestattet, diejenige Eigenschaft, welche für die Widerstandsfähigkeit des Eisens allein in Betracht kommt — das Arbeitsvermögen — absolut in mkg zu messen.

Die Probe wird in der Weise durchgeführt, daß man den Probestab mit einem leichten, z. B. durch Feilen, Sägen, Hobeln, hergestellten, Einschnitt versieht und ihn dann auf den Amboß eines Fallwerkes oder Pendelschlagwerks einspannt, wo er dem Schlag eines fallenden oder freischwingenden Gewichts mit genau bestimmtem Arbeitspotenzial ausgesetzt wird. Die potenzielle Energie des Schlagwerks wird meist so gewählt, daß sie größer ist, als das innere Arbeitsvermögen des zu zerschlagenden Stabes, so daß durch die Formveränderung nur ein Teil der Energie vernichtet wird und die danach noch vorhandene lebendige Kraft des Fallbären oder des schwingenden Pendels gemessen werden kann. Die Differenz in der lebendigen Kraft des Schlagwerks vor und nach dem Bruch gibt dann das innere Arbeitsvermögen des Probestabs in mkg an.

4. Magnetisch-elektrische Eigenschaften.

Die Bestimmung der magnetischen und elektrischen Eigenschaften ist verhältnismäßig einfach, da die Elektrotechnik ausschließlich mit Einheiten des absoluten Maßsystems rechnet und deren Messung mit Feinmeßinstrumenten gut ausgebildet hat.

Die elektrische Leitfähigkeit ist der reziproke Wert des spezifischen Leitungswiderstands, der sich nach dem Ohmschen Gesetz Widerstand $= \dfrac{\text{Spannung}}{\text{Stromstärke}}$ auf Messungen von Ampère und Volt zurückführen läßt.

Durch Messung der magnetischen Kraftlinienzahl bei einer bestimmten Induktion lassen sich die Maximalpermeabilität und die Intensität des remanenten Magnetismus feststellen und die sog. Hystereseschleife aufzeichnen, welche außer den obigen Eigenschaften noch die Koerzitivkraft und die Hysteresefläche, aus der der Hystereseverlust ermittelt wird, graphisch darstellt. Um den gesamten Wattverlust zu bestimmen, der außer den Hystereseverlusten noch die Wirbelstromverluste enthält und für die Dynamoblechfabrikation praktische Bedeutung hat, bildet man aus der zu untersuchenden Probe einen magnetischen Kreis und schickt durch darumgelegte Drahtwindungen Wechselströme, wodurch die Probe magnetisiert wird. Mit Präzisionsinstrumenten werden dann Stromstärke und Spannung und gleichzeitig der Effekt des Stromes gemessen. In der Praxis sind Apparate gebräuchlich, mit denen auf diese Weise die Wattverluste ganzer Blechtafeln bestimmt werden können.

5. Andere Prüfungen.

Erwähnt zu werden verdienen noch einige andere Proben, bei denen jedes einzelne Werkstück vor seiner Verwendung denjenigen Beanspruchungen ausgesetzt wird, denen es während seines praktischen Gebrauch zu widerstehen hat. Hierhin gehören z. B. Beschußproben für Panzerplatten, Torpedoboot- und Artillerieschutzbleche; die Fallprobe für Schiffsanker, bei der diese aus einer bestimmten Höhe auf eine harte Unterlage fallen gelassen werden, um ihre Widerstandsfähigkeit gegen das Auffallen auf Felsengrund zu zeigen; Durchbiegungsproben für Federn; Wasserdruck- und Aufweitungsproben für Röhren.

Zahlentafel 1.

Übersicht über die Beeinflussung der Festigkeitseigenschaften des Eisens durch Gegenwart anderer Körper oder durch thermische Behandlung.

Beeinflussendes Element oder Behandlung	Analyse						Streckgrenze	Festigkeit	Dehnung	Einschnürung
	C	Mn	Si	Ni	Cr	W	kg/qmm	kg/qmm	Proz.	Proz.
	0,09	0,29	0,21				31,2	41,2	24	70,8
Wechselnde	0,11	0,29	0,32				36,0	43,9	20	68,1
Mengen von	0,10	0,75	0,02				23,8	39,9	33	58
Kohlenstoff	0,13	0,45	0,10				29,9	41,4	26	
Mangan	0,14	0,14	0,20				29,2	41,7	23	
Silicium	0,12	0,30	0,27				36,6	46,0	24	58,7
	0,15	0,42	0,07				29,6	41,5	27	52,2
	0,15	0,39	0,41				40,3	50,3	22	
(Schweißeisen) ..	0,20	0,49	0,01				27,5	40,7	$27^1/_2$	58,2
(Stahlformguß) .	0,22	0,68	0,02					41,7	23	46,8
	0,25	0,58	0,02				25,2	45,0	$26^1/_2$	58,2
	0,38	0,35	0,17				43,3	57,0	$20^1/_2$	41,5
	0,42	1,11	0,26				42,0	65,6	17	
	0,54	1,03	0,36				49,3	86,0	11	22,8
	0,53	0,52	0,31				42,0	70,3	15	
	0,60	0,46	0,41				52,9	82,0	$16^1/_2$	26,3
	0,71	0,25	0,25				39,0	78,8	$11^1/_2$	
	0,71	0,71	0,33				43,7	88,9	10	
	0,80	0,35	0,12					86,5	$7^1/_2$	9,7
roh							94,0	104,6	$7^1/_2$	
geglüht	0,97	0,39	0,26				88,3	94,5	9	
abgeschreckt								105,7	$2^1/_2$	
	1,11	0,32	0,25				56,3	$87,5^1)$	$13^1/_2$	
Mangan [2]......	0,47	1,87	0,32					92,6	10	
Silicium										
geglüht							59,7	96,1	9	10,8
gehärtet u.	0,56	0,78	2,41							
angelassen							105,1	114,1	7	41,0
	0,14	0,38	3,85					74,0	10	
Nickel	0,08	0,36		2,70			33,0	46,2	25	52,0
	0,32	0,51	0,05	2,95			33,6	60,9	34	
	0,31	0,31	0,34	3,32			48,3	66,7	$19^1/_2$	37,4
	0,24	0,66	0,02	3,43			40,0	62,0	23	54,4
	0,31	0,63	0,11	4,18			52,2	78,1	$21^1/_2$	
	0,09	0,35	0,24	4,24			44,1	55,3	$28^1/_2$	
	0,09	0,28	0,14	6,15				110,8	$8^1/_2$	
	0,16	0,48		7,57			110,3	122,6	11	61,6
	0,17	0,12		15,52			84,0	102,0	6	43,4
Chrom........	0,44	0,33	0,27		1,75		46,5	77,4	14	61

---

[1]) Man beachte die geringere Festigkeit des übereutektischen Stahls.
[2]) Vgl. auch unter Mangan, 5. Kap. 3) S. 25.

Beeinflussendes Element oder Behandlung	Analyse						Streckgrenze	Festigkeit	Dehnung	Einschnürung
	C	Mn	Si	Ni	Cr	W	kg/qmm	kg/qmm	Proz.	Proz.
Nickel u. Chrom	0,10	0,36	0.23	3,55	0,57			71,3	$16^1/_4$	41,5
	0,10	0,39	0,34	3,41	1,01			83,3	$15^1/_2$	
roh								112,7	8	
geglüht	0,13	0,32	0,21	4,16	1,47		78,8	101,7	$9^1/_2$	
abgeschreckt								146,0	$7^1/_2$	
	0,12	0,32	0,17	4,87	1,64			117,5	8	37,3
	0,21	0,30	0,23	5,90	1,27			147,1	8	45,5
Wolfram	0,85					0,46	38,0	86,0	10	16,0
	0,86					1,93	40,0	92,0	5	4,0
	0,45	0,34	0,17	0,21		10,08	63,8	93,7	15	35,1

Die Angaben der vorstehenden Zahlentafel beziehen sich, wo nichts Besonderes vermerkt ist, auf ausgeglühte Stahlsorten. Trotzdem sind sie nicht als absolute Zahlen anzusehen; die Zusammenstellung soll lediglich zum Vergleich der Einflüsse einzelner Elemente untereinander dienen.

Das Vorkommen des Eisens in der Natur und die Methoden seiner Herstellung aus den Rohstoffen.

A. Die Rohstoffe.

Achtes Kapitel.

Die Eisenerze.

Gediegenes Eisen findet sich in der Natur außerordentlich selten; die meisten der wenigen Vorkommen sind zudem nicht irdischer Herkunft, sondern entstammen als Meteore anderen Weltkörpern. Jedenfalls spielt aber sowohl das Vorkommen des Meteoreisens wie auch des gediegenen irdischen (sog. tellurischen) Eisens für die Praxis überhaupt keine Rolle. Dagegen ist das Eisen in chemischen Verbindungen, vornehmlich mit Sauerstoff, außerordentlich weit verbreitet. Nach geologischen Feststellungen besteht rund 5 Proz. der gesammten Erdmasse aus Eisen; es ist nächst dem Aluminium das verbreitetste Metall.

Nicht alles in der Natur vorkommende Eisen ist nun aber für die Herstellung von technischem Eisen geeignet. Die erste Grundbedingung für die Brauchbarkeit der Eisenerze ist die, daß sie einen ausreichend hohen Eisengehalt haben, der die Herstellung von Eisen daraus ohne große die Rationalität ausschließende Schwierigkeiten gestattet. Ein Eisengehalt von 30 Proz. dürfte im allgemeinen die unterste Grenze sein, unterhalb der ein Eisenerz nur dann verwendbar ist, wenn es dafür andere wertvolle Nebenbestandteile, z. B. Mangan in größeren Mengen enthält. — Zweitens muß das Eisen frei sein von solchen Nebenbestandteilen, welche beim Schmelzen in das Metall übergehen und einen schädlichen Einfluß darauf ausüben. So enthalten z. B. der Arsenkies $FeAsS$ und Arsenikalkies $Fe_2 As_3$ 34,3 bzw. 33,2 Proz. Fe; ihre Verwendung als Eisenerz ist aber wegen des Arsengehaltes unter allen Umständen ausgeschlossen. Schwefelverbindungen des Eisens sind nicht so gefährlich, da der Schwefel zum Teil durch Rösten entfernt werden kann und beim reduzierenden

Schmelzen auch nur ein Teil des Schwefels in das Metall übergeht. Immerhin ist aber ein Schwefelgehalt des Erzes unerwünscht und für die Erzeugung von Qualitätseisen ausgeschlossen.

Auch ein gewisse Grenzen übersteigender Phosphorgehalt war früher für die Verwendung eines Erzes hinderlich, solange nicht die Verarbeitung von phosphorhaltigem Roheisen im basischen Stahlprozeß bekannt war; seit der Erfindung des Thomasverfahrens ist ein hoher Phosphorsäuregehalt in den zur Erzeugung von Thomasroheisen verwendeten Erzen erwünscht; der Phosphorgehalt eines Erzes ist seither nur noch ein Anhaltspunkt zur Klassierung von Erzen in phosphorfreie und phosphorhaltige.

Von den Eisenerzen kommen daher für die technische Eisenerzeugung nur in Betracht

   a) **Oxyde** und zwar:
      1. das Oxyduloxyd, $Fe_3 O_4$ (Magneteisenstein)
      2. das Oxyd, $Fe_2 O_3$ (Roteisenstein)
      3. das Hydroxyd $Fe_2 O_3 + 2$—3 aq. (Brauneisenstein)
   b) von den **Salzen** nur das Karbonat $Fe CO_3$ (Spateisenstein)
   c) **Schwefelverbindungen** (Pyrit $Fe S_2$, Magnetkies $Fe_3 S_4$) nach vorheriger Röstung zum Zwecke der Schwefelsäuregewinnung unter der Bezeichnung Kiesabbrände.

Naturgemäß kommen die Erze praktisch nicht in der durch die angegebene chemische Zusammensetzung gebotenen Reinheit vor. Abgesehen von anderen mineralischen Bestandteilen, wie Kieselsäure, Tonerde, Apatit und Verbindungen anderer Metalle sind die Eisenverbindungen als solche nicht immer rein; es finden sich auch durch Verwitterung usw. entstandene Übergänge des einen Erzes in das andere, z. B. von Spateisenstein durch Verlust der Kohlensäure in Braun- und selbst in Roteisenstein; auch die Schwefelverbindungen gehen durch Verwitterung manchmal zum Teil in oxydische Eisenerze über.

1. Magneteisenstein.

Der Magneteisenstein entspricht dem Eisenoxydoxydul, $Fe_3 O_4$, welches theoretisch 72,4 Proz. Eisen enthält. Das Erz ist ein derber Stein von fast schwarzem Aussehen; es kommt zumeist in gewaltigen Erzgängen von sehr großen Dimensionen vor, zuweilen aber auch linsenförmig zwischen anderem Gestein eingeschlossen. Den Namen Magneteisenstein oder Magnetit verdankt das Erz seinen ausgeprägten magnetischen Eigenschaften. Seine Zusammensetzung ist nicht immer genau diejenige des reinen Oxydoxyduls, sondern es finden sich vielfach beliebige Zusammensetzungen von Oxyden und Oxydulen; manche Magnetite nähern sich in ihrer Zusammensetzung dem reinen Eisenoxyd; ihre Einreihung unter das Oxydoxydul ist dann lediglich ihren magnetischen Eigenschaften zuzuschreiben.

Der Magneteisenstein findet sich vorwiegend in den nördlichen Ländern; für die moderne Eisenindustrie sind von größter Bedeutung die lappländischen Vorkommen in der nordschwedischen Provinz Norbotten, von denen die bekanntesten diejenigen von Gellivara, Kirunavara und Luossavara sind. Diese unter dem 67. nördlichen Breitengrade gelegenen Erzlagerstätten sind durch die Ofotenbahn seit etwa 20 Jahren erschlossen und fördern heute jährlich etwa $2^1/_2$ Millionen Tonnen Erze, welche hauptsächlich in Deutschland und England verhüttet werden. Das beste Erz ist dasjenige vom Luossavara, welches teilweise bis zu 98 Proz. reines $Fe_3 O_4$ enthält; das erzreichste Lager ist der Kirunavara, dessen ganzer Bergesrücken aus reinem Magneteisenstein besteht; in Gellivara tritt dagegen das Erz in großen Linsen von durchweg 30 m, teilweise auch bis zu 100 m Durchmesser auf.

Die norbottischen Eisenerze enthalten ihren Phosphor in Gestalt von Apatit, der aber in wechselnden Mengen vorhanden ist; man klassiert daher die Erze nach ihrem Phosphorgehalt in fünf Klassen A—E, von denen die A-Erze mit nicht mehr als 0,05 Proz. P als vorzügliche Erze für den sauren Prozeß meist nach England ausgeführt werden, während die Erze mit mittlerem und hohem Phosphorgehalt sehr gesuchte Erze für die in Deutschland allgemein übliche Darstellung von Thomasroheisen sind.

Im mittleren und südlichen Schweden finden sich gleichfalls Lagerstätten von Magneteisenstein, und zwar wie in Gellivara in Linsen eingekapselt im Granit. Hier sind die Erze von Grängesberg als von gleicher Qualität mit den lappländischen Erzen bekannt. — Die Erze von Dannemora in Mittelschweden zeichnen sich dagegen durch völlige Freiheit von Phosphor aus und sind der Ausgangspunkt des wegen seiner Reinheit berühmten schwedischen Eisens.

In Deutschland findet sich das Magneteisenerz nur an vereinzelten Stellen, in Thüringen, im Erzgebirge (Berggießhübel) und im Harz; das wichtigste, aber immer noch unbedeutende, Vorkommen ist dasjenige von Schmiedeberg im Riesengebirge, wo ein phosphorfreies, an Qualität dem schwedischen gleiches Erz gefunden wird.

Weitere bedeutende, zum großen Teil aber noch unaufgeschlossene Magneteisensteinlagerstätten finden sich in Norwegen (Südvarangar an der norwegisch-russischen Grenze, ferner auf verschiedenen norwegischen Inseln.) Die norwegischen Erze sind verhältnismäßig wenig eisenhaltig (35—40 Proz.), können aber durch entsprechende magnetische Aufbereitung auf 60—65 Proz. Fe angereichert werden. Von Bedeutung sind ferner in Europa die Vorkommen in Ungarn, (Erzzug von Dognatska bis Moravitza in der Nähe von Temesvar; Resicza), in der Bukowina, in den Pyrenäen (Puymarens) und im Ural in dem sagenhaften Magnetberg und einigen benachbarten Gebirgszügen.

In Asien Vorkommen in West-Sibirien, Persien, Turkestan, Japan und China (Prov. Hanyang); in Australien in Sidney, in Süd- und Nord-Australien, in Wallerawang, ferner auf der Insel Tasmania; endlich in Südamerika in Brasilien. Ferner tritt der Magneteisenstein in größeren Mengen zusammen mit Roteisenstein auf, so in den weiter unten zu besprechenden Roteisenerzlagerstätten von Sardinien, Elba, Nordafrika, im Krivoi Rog in Rußland, sowie in Mexiko.

Eine besondere Abart des Magneteisensteins ist der titanhaltige Magneteisenstein, entsstanden durch Einlagerung von Titaneisenerz (Ilmenit) mit 46,75 Proz. Fe O und 53,25 Proz. Ti O_2. Titanhaltiges Magneteisenerz findet sich in Form von Sand in Neuseeland, Japan, Java und in Ontario in Nordamerika, in normalen Eisenerzlagerstätten in Schweden und Norwegen, in den nordamerikanischen Staaten Nordkarolina, New Jersey, Virginia, New York und Rhode Island, ferner in großen Mengen in Kanada. Auch die norbottischen Erze enthalten immer geringe Mengen Titansäure.

Der Titangehalt wurde früher als schädlich für den Hochofenbetrieb angesehen, weshalb die titanhaltigen Erze nicht verhüttet wurden. Diese Ansicht hat sich jedoch als irrig erwiesen; insbesondere sind solche Erze in jüngster Zeit vielfach mit Erfolg in elektrischen Hochöfen verhüttet worden.

A n a l y s e n   v o n   M a g n e t e i s e n s t e i n.

Fundort	Fe	Mn	P	S	Si O_2	Al$_2$ O$_3$	Ca O	Mg O	Ti O_2
1. Gellivara C.-Erz . .	66.47	0,13	0,32	0,02	2,87	0,39	0,86	0,51	0,25
2. Kirunavara D.-Erz .	63,34	0,26	1,82	0,019	1,10	0,06	5,50	0,76	0,25
3. Luossavara, A.-Erz .	70,50	—	0,021	—	—	0,39	—	0,11	—
4. Grängesberg . . .	62,78	0,25	0,99	0,073	2,65	2,85	3,24	0,94	—
5. Dannemora . . .	50,71	1,55	0,002	0,027	9,30	1,49	5,20	5,66	—
6. Schmiedeberg i. R. .	55,20	—	Spur	0,043	15,02	0,28	1,91	1,63	—
7. Moravitza, Ungarn .	58,90	1,69	0,42	0,027	11,95	1,06	4,75	0,13	—
8. Magnetberg i. Ural .	61,68	—	—	—	6,11	1,77	2,39	—	—

2. Roteisenstein.

Der Roteisenstein, Eisenglanz, Hämatit entspricht der chemischen Formel Fe$_2$ O$_3$ mit 70 Proz. Fe; er kommt also theoretisch im Eisengehalt dem Magneteisenstein fast gleich; in der Praxis übertrifft er ihn sehr oft, da er im allgemeinen in viel größerer chemischer Reinheit vorkommt.

Der Eisenglanz kristallisiert im hexagonalen System. Schön ausgebildete Kristalle finden sich vornehmlich auf der Insel Elba. Von dieser ausgeprägten Kristallform abgesehen findet sich der Roteisenstein in drei Varietäten, als roter Glaskopf, als derber und als mulmiger Roteisenstein.

Der r o t e G l a s k o p f, auch Blutstein genannt, bildet trauben- oder nierenförmige Nester von grobkristallinischer, stengeliger bis faseriger Struktur. Der d e r b e R o t e i s e n s t e i n hat ein viel dichteres Gefüge von blutroter bis blauschwarzer Farbe und halbmetallischem Stahlglanz. Das Erz hat einen ausgesprochen roten Strich. Das m u l m i g e o o l i t h i s c h e E r z ist weicher, in trockenem Zustand fettig und hat kirschrote Farbe; eine Abart davon ist der rote Ocker.

In Deutschland ist das bedeutendste Roteisenerzlager dasjenige im Lahn- und Dillgebiet, wo der Roteisenstein in etwa gleichen Mengen mit Brauneisenstein und geringeren Mengen von Spateisenstein auftritt. Im Jahre 1908 betrug die Förderung an Roteisenstein im Lahn- und Dillgebiet insgesamt 634 054 Tonnen (Gesamtförderung an Eisenerz 1 174 565 Tonnen). Die Lahnerze sind im allgemeinen rein von Schwefel; der Eisengehalt wechselt zwischen 45 und 55 Proz.; manche Erzfunde aber haben geringen Gehalt, so daß das Erz überhaupt keinen Transport verträgt und an Ort und Stelle verhüttet werden muß.

Roteisenstein findet sich in Deutschland ferner im Harz, in Thüringen (Schleiz, Unterwellenborn), im Erzgebirge und im sächsischen Vogtlande bis nach Nordostbayern, ferner in Westfalen bei Brilon und in Hannover am Berge Hüggel bei Osnabrück. Alle diese Vorkommen sind indessen nicht von sehr großer Bedeutung; zumeist haben die Fundstätten nur für eine lokale Verarbeitung Interesse.

Von weitgehendster Bedeutung sind dagegen die Roteisensteinvorkommen in den Mittelmeerländern, ferner diejenigen in England (Cumberland und Lancashire) und Nordamerika (Minnesota, Michigan, Wisconsin und Alabama, ferner in Kanada und auf der Insel Kuba) und im Ural.

Von den Vorkommen in den Mittelmeerländern wurden bereits die altberühmten Eisenglanzfundstätten der Insel Elba erwähnt; hier finden sich, namentlich im Nordosten der Insel ausgedehnte Lager von Eisenglanz von 10 bis 50 m Mächtigkeit, welche fast vollständig im Tagebau zu gewinnen sind. — Von den spanischen Eisenerzvorkommen sind diejenigen von Bilbao am bekanntesten. Das Erzlager erstreckt sich südlich von Bilbao in einer Länge von 25 km und einer Breite von 4 km bis Povena. Nach dem Aussehen unterscheidet man das dunkelrote, vena dulce, das reichste Erz mit über 60 Proz. Fe, das rote Campanil- und das gelbe Rubio-Erz. — Weniger bekannt, jedoch dem Bilbao-Erz gleichwertig sind die Hämatite der Provinz Murcia (Cartagena), von Almeria und Sevilla, sowie die oolithischen Roteisenerze von Asturien.

Roteisensteine von ganz vorzüglicher Qualität finden sich ferner in den nordafrikanischen Küstenländern, Algier, Tunis und Marokko, auf den Höhen des Atlas-Gebirges. Berühmt sind die Erze von Mokta bei Constantine in Ostalgier, rote bis graue Hämatite mit eingesprengtem Magnetit, ferner die Hämatite von Tabarka in Tunis. Die sämtlichen genannten Erzdistrikte exportieren die Hauptmenge ihrer Erzeugnisse nach Deutschland und England.

Die Roteisensteine der Mittelmeerländer sind sämtlich hocheisenhaltig und dabei fast frei von Phosphor und Schwefel; sie sind daher ein gleich beliebtes Erz für saure wie für basische Stahlerzeugung.

Die englischen Roteisenerzlagerstätten von West Cumberland und
Lancashire sind gleichfalls von sehr hoher Reinheit und von hohem
Eisengehalt. Es finden sich alle drei genannten Abarten, roter Glaskopf, dichter und mulmiger Roteisenstein; sie bilden neben den
ausgedehnten Toneisensteinlagern von Cleveland und von Schottland
das Haupt-Rohmaterial der englischen Eisenindustrie.

Die Mesabi-Erze von Mesabi in Minnesota am oberen See sind
hochwertiger Roteisenstein von etwa 60 Proz. Fe, frei von Phosphor
und Schwefel; die Lager sind fast unermeßlich groß. Die Erze
werden im Tagebau gewonnen, mit Dampfschaufeln direkt in die
Schiffe verladen und auf den Seen in die Industriereviere verschifft.
Erze ähnlicher Qualität finden sich auch in den Staaten Wisconsin
und Michigan südlich vom Oberen See und in Alabama am atlantischen Ozean im südlichen Teil der Vereinigten Staaten. In
jüngeren Jahren sind auch auf Kuba, bei Juragua, östlich von
Santiago de Cuba, Roteisensteinlager entdeckt worden, welche an
Ausdehnung die Erzlager am Oberen See noch übertreffen sollen;
das Erz ist von gleicher Güte wie dieses; in den östlichen Lagern
ist es phosphorfrei, westlich von Santiago hat es dagegen mittleren
Phosphorgehalt. Die amerikanische Eisenindustrie beruht fast ausschließlich auf der Verarbeitung dieser hochwertigen und leicht gewinnbaren Roteisensteinfunde im eigenen Lande. Amerika ist in
dieser Beziehung mit Rücksicht auf seinen gleichzeitigen großen
Kohlenreichtum so günstig gestellt wie kein zweites Land der Erde.

Rußland verfügt außer den uralischen Erzen über ein vorzügliches
Roteisenerzlager im Krivoi Rog im Gouvernement Ekaterinoslaw;
die Erze, welche fast chemisch reine Oxyde sind, haben zu einer
bedeutenden Eisenindustrie in Südrußland den Grund gelegt; bedeutende Mengen dieser Erze werden auch nach Deutschland zu
Wasser und zu Lande (nach Oberschlesien) eingeführt.

Ein Roteisensteinvorkommen, das vielleicht in der Zukunft eine
große Rolle in der Eisenerzversorgung Deutschlands spielen wird, ist
dasjenige von Basari im Hinterland von Togo. Hier besteht der
Erzberg von Banyeri, einer Anhöhe von 240 m effektiver Höhe, ausschließlich aus fast chemisch reinem Eisenoxyd. Das Erzlager, welches
von unermeßlicher Größe sein soll, ist allerdings bisher noch nicht
aufgeschlossen.

Roteisensteinlagerstätten von Bedeutung finden sich ferner noch
in Europa im nördlichen Ural, in Bosnien (bei Vares), in Asien in
Persien, China und Japan, in Amerika in Mexiko, Brasilien und Chile,
ferner in Südaustralien und Neuseeland.

Analysen von Roteisenerzen.

Fundort	Fe	Mn	P	S	SiO$_2$	Al$_2$O$_3$	CaO	MgO	Glüh-verlust
1. Lahnerz v. Weilburg	53,50	0,27	0,26	—	15,26	4,28	0,31		
2. Harzburg	35,13	0,26	0,47	—	12,32	10,23	8,64	—	
3. Cumberland, dichtes Erz . . .	61,10	0,07	0,013	0,02	6,04	1,42	1,04	0,03	4,05
4. Cumberland, mulmiges Erz . .	48,02	0,02	0,013	0,02	7,82	10,08	6,72	Sp.	6,62
5. Krivoi, Rog. Ural .	67,42	—	0,033	0,018	1,13				
6. Mokta, Algier . .	61,78	1,80	—	—	6,10	1,50	0,45	—	—
7. Vena dulce Bilbao .	63,49	1,05	Sp.	Sp.	1,05	0,15	1,00	0,20	5,90
8. Campanile, Bilbao	54,62	0.58	0,03	0,004	5,91	0,21	3,61	1,65	9,60
9. Rubio, Bilbao . .	56,07	0,95	0,022	0,04	7,50	0,85	0,63	0,30	9,53
10. Elba	64,01	Sp.	0,028	—	4,01	0,40	0,25	—	—
11. Mesabi	65,20	0,313	0,027	0,003	2,79	0,65	0,34	0,12	2,65
12. Kanada	57,85	0,25	0,09	0,60	4,79	0,56	0,15	0,10	10,71
13. Baraboo(Wisconsin)	59,68	0,15	0,041		9,60	2,09	0,50	0,25	1,40
14. Juragua (Kuba) . .	63,10	0,10	0,029	0,072	7,23	0,71	1,06	0,38	—
15. Banyeri (Togo) . .	68,90	—	0,013	Sp.	1,54	—	—	—	—

3. Brauneisenstein.

Brauneisenstein (Limonit) ist chemisch das Eisenhydroxyd mit wechselnden Gehalten an Hydratwasser; die Zusammensetzung des reinen Erzes schwankt etwa zwischen $2 Fe_2O_3 + 3 H_2O$ und $Fe_2O_3 + 2 H_2O$; der theoretisch mögliche Höchstgehalt an Eisen beträgt rund 60 Prozent.

Der Brauneisenstein hat gleichfalls eine sehr weite Verbreitung; insbesondere kommt er in Deutschland an vielen Lagerstätten vor und bildet infolgedessen das Hauptausgangsprodukt der deutschen Hochofenwerke. Ebenso wie der Roteisenstein besteht er in verschiedenen Variationen, dem braunen Glaskopf, einem dem roten Glaskopf ähnlichen Material, dem gewöhnlichen Brauneisenstein; ferner sind das Raseneisenerz, auch Sumpf- oder Seerz genannt, und das oolithische Brauneisenerz, zu dem auch die Minette, das wichtigste Erz des deutschen Zollgebiets, gehört, besondere Abarten des Brauneisensteins.

Das Brauneisenerz ist schon an sich infolge des durch seine Zusammensetzung gebotenen geringeren Eisengehalts gegenüber den vorbesprochenen Eisenerzen geringerwertig. Dieser Umstand kommt noch mehr zur Geltung dadurch, daß das Erz auch verhältnismäßig selten in der gleichen Reinheit vorkommt wie Rot- und Magneteisenstein. Soweit der fehlende Eisengehalt hierbei durch Mangan ersetzt ist, ist dies für die Bewertung des Erzes kein Nachteil, da das Mangan dem Eisen für die Verhüttung gleichwertig ist. Im allgemeinen finden sich aber auch starke Verunreinigungen mit kieseliger Gangart, mit Kalk und Magnesia, ferner meist mit verhältnismäßig großen Mengen von Phosphorsäure. Zudem sind die Brauneisenerze sehr hygroskopisch, so daß sie neben dem gebundenen Wasser oft ganz erhebliche Mengen mechanisch beigemengten Wassers enthalten. Das am wenigsten durch andere Bestandteile verunreinigte Erz ist

der gemeine Brauneisenstein.

Brauneisensteine von größter Reinheit finden sich in Algier; die Grube Rar-el-Maden in Westalgier fördert z. B. phosphor- und schwefelfreie Erze mit 50—52 Proz. Fe und 5—8 Proz. Mn, welche wie die algerischen Roteisensteine größtenteils in Deutschland verhüttet werden. Dasselbe gilt von den bei Bilbao neben Roteisenstein gefundenen Brauneisenerzen. Für die Einfuhr nach Deutschland kommen ferner in Betracht die Brauneisenerze der griechischen Zykladen, insbesondere der Insel Seriphos, welche hoch eisen- und manganhaltig, durchweg frei von Phosphor und mäßig im Schwefelgehalt sind, während allerdings ihre Qualität manchmal durch Arsengehalt beeinträchtigt wird. Große Lagerstätten von bestem, reinem Brauneisenerz finden sich sodann in den westlichen Abhängen des Ural; ferner wird in Dalmatien (Spalato) Brauneisenerz mit fast theoretischem Eisengehalt und mittlerem Phosphorgehalt gefunden.

Brauneisenerz von geringerem Gehalt ist dagegen außerordentlich viel verbreitet. In Deutschland selbst kommen zwar meist die oolithischen Erze vor; indessen gibt es auch verschiedene bedeutende Lagerstätten von gemeinem Brauneisenstein, so zunächst in Oberschlesien in der Nähe von Beuthen; diese Erzlagerstätten lieferten das ursprüngliche Ausgangsmaterial der oberschlesischen Eisenindustrie. Die oberschlesischen Erze enthalten etwa 35—40 Proz. Fe, 3—4 Proz. Mn, mittleren Phosphorgehalt; ferner sind sie fast immer durch Zink und etwas Blei verunreinigt, welche Metalle bei der Verarbeitung im Hochofen zwar gewonnen werden und ein verhältnismäßig wertvolles Nebenprodukt bilden, den Hochöfnern aber doch wegen ihres ungünstigen Einflusses auf die Haltbarkeit des Hochofens nicht sehr erwünscht sind.

Brauneisenerze ähnlichen Charakters (mit Zink und Blei verunreinigt) finden sich ferner im Aachener Revier. Brauneisensteine von sehr guter Qualität sind die bereits oben erwähnten nassauischen Erze aus dem Lahn- und Dill-Gebiet; sie sind entweder hoch im Eisengehalt (45—50 Proz.) oder sie haben statt des Eisens hohe Mangangehalte und sind daher sehr beliebte Zuschläge zur Anreicherung des Mangans im Möller bei Verarbeitung manganarmer Erze (z. B. Minette); manchmal kommt sogar der Mangangehalt dem Eisengehalt fast gleich, so daß man das Erz auch als Manganeisenstein bezeichnet.

Erze mittlerer Güte finden sich im Harz neben oolithischen Erzen, ferner in Thüringen, bei Saalfeld und Großkamsdorf und im Stahlberg bei Schmalkalden, in Schleiz und Lobenstein im Fürstentum Reuß j. L., sowie im Schwarzwald. Außerhalb Deutschlands finden sich Mittelqualitäten des gemeinen Brauneisensteins in Österreich bei Kladno (Böhmen), in Ungarn bei Gyálar im Komitat Hunyad, in England auf der Halbinsel Wales, ferner in Persien und China, auf der Insel Kuba bei Mayari.

Das oolithische Erz

ist ein Brauneisenerz, welches in Knollen, Nieren oder Körnern, selten als Gerölle, zumeist dagegen durch ein toniges oder kalkiges Bindemittel zu einer dichten Masse vereinigt vorkommt. Je nach Größe der einzelnen Körner heißen die Erze auch Bohn-, Roggen- oder Linsen-Erze. Durch die Anwesenheit des Bindemittels, welches gewöhnlich auch nicht durch irgend eine Aufbereitung entfernt werden kann, wird der Eisengehalt noch mehr herabgemindert, in vielen Fällen sogar so weit, daß eine technische Verwertung ausgeschlossen wäre, wenn nicht die Nebenbestandteile, z. B. Kalk, Phosphorsäure, als erwünschte Zuschläge beim Erzreduktionsprozeß dienten.

Folgende deutsche Vorkommen sind für die deutsche Eisenindustrie von Bedeutung: Das Erzlager von Peine-Ilsede, welches sich durch besonders hohen Phosphorgehalt des Erzes auszeichnet, der dadurch entsteht, daß neben den Eisenoxydknollen auch Phosphoritknollen in dem Bindemittel eingeschlossen sind; ferner die Bohnerze im Harz in der Nähe von Harzburg, im Teutoburger Wald und im Wesergebirge, im Vogelsberg in Hessen, im Schweizer Jura und in der Schwäbischen Alp. Außerhalb Deutschlands sind verhältnismäßig wenige Fundstätten von Bohnerzen bekannt; das bedeutendste davon ist das Erzlager der russischen Halbinsel Kertsch am Asowschen Meer, welches ein toniges Eisenerz mit hohem Phosphorgehalt liefert.

Die wichtigste Abart des oolithischen Brauneisenerzes ist

die Minette,

welche in dem Minette-Revier in Lothringen, Luxemburg und Frankreich in fast unerschöpflichen Lagern vorkommt und das größte Erzlager Europas, wenn nicht der ganzen Welt bildet. Das Minetterevier enthält schätzungsweise etwa 3500 Millionen Tonnen Erz gegenüber nur etwa 1200 Millionen Tonnen Erzvorrat in Schweden und etwa 1000 Millionen Tonnen Vorrat der Mesabi-Erzlager in Minnesota. Die Bedeutung des Minettereviers für die deutsche Eisenindustrie zeigt sich recht deutlich in der Erz-Produktionsziffer des deutschen Zollgebiets (Deutschland einschließlich Luxemburg). Die Gesamtförderung Deutschlands betrug z. B. im Jahre 1908 24 233 356 Tonnen; davon war Minette 19 082 589 Tonnen, also 78 Prozent.

Die Minette ist ein oolithisches Erz mit außerordentlich feinen Eisenoxydkörnern; die Korngröße beträgt im Mittel etwa $1/4$ mm; die Grundmasse besteht aus kieseligen, tonigen und kalkigen Eisenverbindungen. Ihren Namen verdankt die Minette dem Umstand, daß früher im Minetterevier reichere Bohnerze gefördert wurden, welche als mine benannt wurden, während man die unter damaligen Verhältnissen als nicht abbauwürdig erscheinenden geringhaltigeren Erze als minette bezeichnete.

Das Minettegebiet erstreckt sich zu beiden Seiten der Mosel, beginnend etwa in der Höhe von Diedenhofen moselaufwärts bis oberhalb Nancy; westlich der Mosel nimmt es seine größte Ausdehnung an und erstreckt sich über die lothringisch-luxemburgische Hochebene von Briey, in der es durch die Nebenflüsse der Mosel, Orne und Fentsch, und auf luxemburgischem Gebiet durch die Alzette, einen nordwärts fließenden Nebenfluß der in die Mosel mündenden Sauer, durchschnitten wird, und weiter westwärts über die französische Grenze hinaus, wo es das Becken von Longwy bildet. Zwischen diesem Teil und dem südlich liegenden Gebiet von Nancy befindet sich allerdings ein Strich nicht abbauwürdiger Erze.

Das Zentrum der Minetteformation befindet sich bei dem jothringischen Flecken Aumetz im Fentschtal, wo sie eine Stärke von mehr als 60 m erreicht; nach allen Richtungen hin nimmt sie von hier aus ab bis zu etwa 10—20 m, hat aber im Mittel eine Mächtigkeit von etwa 50 m. Die ganze Formation ist indessen nicht einheitlich, sondern sie besteht aus verschiedenen Eisenerzlagern mit dazwischenliegenden Zwischenmitteln. Die einzelnen Lager sind durch ihr Aussehen und ihre Zusammensetzung scharf voneinander unterschieden. Zu unterst liegt das schwarze Lager, welches guten Eisengehalt besitzt, dabei aber stark kieselig ist (ca. 15 Proz. SiO_2.) Hin und wieder ist es eingebettet in grünes Lager unterhalb und braunes Lager oberhalb, welche jedoch geringe Bedeutung haben. Das wichtigste Lager ist das darüber liegende graue, welches über das ganze Minettegebiet ziemlich gleichmäßig verteilt ist, und eine außerordentlich große Mächtigkeit besitzt, stellenweise bis zu 5 m. Es hat im allgemeinen einen geringen Eisengehalt, zeichnet sich indessen durch seinen hohen Kalkgehalt aus, so daß es im Hochofenreduktionsprozeß kalkhaltige Zuschläge überflüssig macht.

Das darüber liegende rote Lager ist dagegen wieder höher im Eisengehalt. Es ist in seiner durchschnittlichen Zusammensetzung selbstschmelzend; d. h. seine schlackenbildenden Bestandteile enthalten soviel Basen und soviel Säure, daß sich ohne die Notwendigkeit des Zuschlages von kalk- oder sandhaltigen Materialien ohne weiteres eine leicht schmelzbare Schlacke ergibt.

Über dem roten (rotkalkigen) Lager liegt noch ein rotsandiges Lager, welches beim Abbau zum mindesten als Abraum entfernt werden muß, welches aber einen derartig hohen Kieselsäuregehalt (bis zu $^1/_3$) aufweist, daß es als Eisenerz nicht mehr in Betracht kommt und höchstens noch als kieselsäurehaltiger Zuschlag geschätzt ist.

Anderseits sind auch Mineralien in der Minetteformation vorhanden, welche so hoch im Kalkgehalt und gering im Eisengehalt

Analysen von Brauneisenerzen.

Fundort	Fe	Mn	P	S	SiO$_2$	Al$_2$O$_3$	CaO	MgO	Glühverlust	Zn	Pb
1. Brauneisenstein v. Rar el Maden, Algier	50,77	6,77	0,01	0,022	4,32	2,60	0,27	0,47	10,86	—	—
2. Ungar. Brauneisenstein vom Gyalar-Erzberg	52,98	2,89	Sp.	Sp.	3,21	—	9,39	0,39	12,06	—	—
3. Brauneisenstein von Wetzlar. .	31,23	13,59	0,42	—	15,42	7,70	Sp.	—	—	—	—
4. Brauneisenstein von Diepenlinchen (Stolberg Rhld.)	40,05	1,02	0,59	—	16,80	—	—	—	13,10	0,90	1,30
5. Brauneisenstein von Berg. Gladbach	48,29	0,44	0,065	0,079	10,83	6,69	0,77	—	11,16	—	—
6. Brauneisenstein von Tarnowitz Oberschlesien .	47,18	3,83	0,069	0,28	7.40	6.63	0 75	0,22	11,60	0,22	0,19
7. Bohnerz von Harzburg . . .	35,13	0,26	0,47	—	12,32	10,23	8,64	—	—	—	—
8. Bohnerz von Wasseralfingen	34,60	0,28	0,35	0,03	29,00	8,00	2,20	0,80	—	—	—
9. Oolithisches Erz von Ilsede . .	36,75	3,80	1,69	—	8.65	5,23	3,36	0,36	20,55	—	—
10. Oolithisch. Erz von Kertsch .	42,50	2,0	1,25	0,07	15,00	4,50	1,50	0,10	11,00	—	—
11. Schwarze Minette von Esch	37,50	0,27	0,75	—	15,10	8,27	5,50	0,80	13,00	—	—
12. Graue Minette von Langenberg bei Düdelingen	33,88	0,26	0,65	—	7,87	5,80	14,70	0,60	18,50	—	—
13. Rote Minette v. Lamadeleine	36,00	0,28	0,66	—	15,73	7,58	5,00	—	13,60	—	—
14. Gelbe Minette von Tetingen .	35,95	0,27	0,73	—	10,67	6,37	12,24	0,21	17,60	—	—

sind, daß sie nur noch als kalkige Zuschläge Verwendung finden. Insbesondere im roten Lager sind sehr oft derartige eisenhaltige Kalknieren eingelagert.

Was die chemische Zusammensetzung angeht, so ist die Minette, abgesehen von den bereits erwähnten Eigentümlichkeiten, allgemein ziemlich frei von Mangan, aber reich an Phosphor; der Phosphorgehalt beträgt im Mittel etwa $^3/_4$ Prozent.

Die Bedeutung der Minette liegt nicht allein in der großen Ausdehnung der Minettelager und in ihrer Leichtschmelzbarkeit und vorzüglichen Eignung zur Herstellung von Thomaseisen, sondern auch vor allem in der Leichtigkeit der Gewinnung. Die mächtigen oberirdischen Lagerstätten gestatten fast überall den Tagebau; nur in dem Lothringer Gebiet nördlich der Fentsch ist Stollen- und teilweise auch Schachtbau erforderlich. Dazu ist das Erz im allgemeinen mürbe und kann ohne weitergehende Arbeiten, wie z. B. Sprengung abgebaut werden; zum Abbau sind ferner keine geschulten Bergleute erforderlich. Die Minette ist kein reiches Erz; sie enthält auch keine wertvollen Nebenbestandteile; trotzdem gewährleistet sie infolge ihres außerordentlich geringen Preises die Herstellung von Eisen an ihren Fundstätten zu wesentlich günstigeren Bedingungen, als es mittels anderer Erze möglich ist; ja sie verträgt sogar den Transport bis in das rheinisch-westfälische Industrierevier, wo sie zusammen mit westfälischen und nassauischen Rot- und Brauneisensteinen, Siegener Rostspat und schwedischen und spanischen Erzen verschmolzen wird.

Das Rasenerz (Limonit), Sumpf- und See-Erz

sind besondere Abarten von Brauneisenerz; sie sind hauptsächlich dadurch gekennzeichnet, daß sie neben großen Mengen gebundenen und hygroskopischen Wassers auch noch einen ziemlich hohen Prozentsatz an organischen Substanzen enthalten. — Die Erze finden sich an vielen Orten, auch innerhalb Deutschlands. Das wichtigste Rasenerzvorkommen der Welt ist dasjenige von Finnland; das Rasenerz hat aber keinesfalls eine große Bedeutung für die Eisendarstellung überhaupt.

4. Spateisenstein, Siderit.

Der Spateisenstein, chemischer Zusammensetzung nach Eisenoxydulkarbonat $Fe\,CO_3$ mit theoretisch 48,3 Proz. Eisen, ist das einzige in der Natur vorkommende Eisensalz von praktischer Bedeutung. Das Erz ist im allgemeinen ziemlich rein; als Roherz enthält es zwar nicht viel Eisen; durch eine Röstbehandlung wird aber der Kohlensäuregehalt ausgetrieben, während gleichzeitig das Eisenoxydul zu Oxydoxydul umgewandelt wird; der Rostspat kommt also, wenn er chemisch rein gefunden wird, geröstet dem Magneteisenstein an Wert gleich.

Schon in der Natur selbst vollzieht sich ein ähnlicher Verwitterungsprozeß, so daß das Spateisenerz fast in seinen sämtlichen Vorkommen von immerhin erheblichen Mengen von Braun- und Roteisenerzen begleitet erscheint.

Das für Deutschland wichtigste Spateisenstein-Vorkommen ist das siegerländische. Hier finden sich die Erze in mächtigen Gangzügen am Nordabhang des Westerwaldes zu beiden Ufern der oberen Sieg. Das Erzgebiet wird dargestellt durch ein Dreieck, dessen drei Seiten etwa durch die Orte Siegen-Oberscheiden, Oberscheiden-Brachbach-Niederdreisbach-Weitenfeld und Weitenfeld-Neunkirchen-Eisern bezeichnet sind und von dem Ausläufer nach Westen bis Wissen, nach Südwesten bis Steinebach, und nach Norden bis Müsen-Creuzthal (Müsener Stahlberg) gehen.

Das Siegerländer Spateisensteinlager ist nächst dem Minette-Revier das bedeutendste Erzvorkommen Deutschlands; es liefert heute jährlich etwa 2 Millionen Tonnen Erze. Die Erze zeichnen sich aus durch große Reinheit von Phosphor und durch hohen Mangangehalt; sie enthalten roh etwa 35—40 Proz. Fe und 5—7 Proz. Mn und geröstet 45—50 Proz. Fe und 7—10 Proz. Mn. Die Güte der Erze wird meist nur etwas beeinträchtigt durch einen verhältnismäßig hohen Kupfergehalt, der von eingesprengtem Kupferkies herrührt. In den oberen Teufen ist das Erz teilweise in Brauneisenstein übergegangen, stellenweise auch in Roteisenstein.

Der Abbau erfordert im allgemeinen große Schachtanlagen; die Spateisensteingruben werden zum Teil bis zu 1000 m Teufe getrieben; dagegen kommt auch Stollenbau vor.

Abgesehen von einigen unbedeutenden Spateisensteinlagern an der Lahn, in Thüringen, im Vogtlande und im Oberelsaß kommt dieses Erz weiter nicht mehr in Deutschland vor.

In Österreich findet sich Spateisenstein in dem berühmten steirischen Erzberg zwischen Vordernberg und Eisenerz in der Nähe von Leoben, der schon im klassischen Altertum nachweisbar das Ausgangsmaterial für die Waffenerzeugung gegeben hat, und auch noch heute die Grundlage der berühmten steirischen Qualitätsstahlerzeugung bildet. Die Erze bestehen aus fast reinem Eisenkarbonat, in dem das Eisenoxydul nur selten durch Manganoxydul ersetzt ist; sie zeichnen sich vor allem aus durch fast völlige Freiheit von Phosphor und Schwefel; auch hier ist teilweise der Spat durch Verwitterung in Brauneisenstein übergegangen. Das Hauptlager des Erzberges ist auf etwa 650 m Länge bis zu 150 m mächtig. — Der gleichfalls berühmte Kärntner Hüttenberg besteht aus Spateisenstein von ähnlicher Qualität, wie der Siegerländer, jedoch ohne hohen Mangangehalt.

In Ungarn werden Spateisensteine von großer Reinheit im Komitat Gömör in dem Szepes-Gömörer Erzgebirge gefördert. Sonstige Spateisensteinlager von Bedeutung finden sich in Bosnien, Südrußland und Sibirien.

Der Toneisenstein, Sphärosiderit,

ist eine Abart von Spateisenstein. Wie schon aus dem Namen hervorgeht, ist der Toneisenstein ein mit Ton verunreinigter Spateisenstein; man pflegt jedoch vielfach auch andere mit kieseliger oder kalkiger Substanz vermengten Spateisensteine als Toneisensteine zu bezeichnen. Zuweilen kommt der Toneisenstein in der Steinkohlenformation vor und ist dann mit Kohle mechanisch vermengt; in diesem Falle heißt er Kohleneisenstein, englisch Blackband.

Ein Toneisensteinlager von erheblicher Ausdehnung findet sich in Deutschland in Westfalen an der holländischen Grenze in der

Bentheim-Ochtruper Mulde; der Vorrat an Erz, welches einen Eisengehalt von durchschnittlich 40 Proz., geröstet etwa 50 Proz., aufweist und sich durch einen für deutsche Verhältnisse passenden Phosphorgehalt und außerdem dadurch auszeichnet, daß es selbstschmelzend ist, d. h. daß seine Nebenbestandteile ohne irgendwelche Zuschläge eine leicht schmelzbare Schlacke bilden, wird auf etwa 300 Millionen Tonnen geschätzt, welche durch Tagebau zu gewinnen wären; indessen ist man bis heute nicht an den Abbau herangetreten.

Die Hauptfundstätten von Toneisenstein sind in England, vornehmlich in Cleveland (Middlesborough-on-Tee) und in Lincolnshire; hier treten die Toneisensteine auch im allgemeinen in Verbindung mit dem Kohleneisenstein auf; die Bedeutung der Toneisensteinlager für die englische Industrie ersieht man am besten aus dem Umstand, daß die Gesamtproduktion an englischen Eisenerzen zu etwa $^2/_3$ aus Toneisenstein, zu $^1/_3$ aus Roteisenstein besteht.

Analysen von Spateisenstein.

Fundort	Fe	Mn	P	S	Si O$_2$	Al$_2$O$_3$	Ca O	Mg O	CO$_2$	Cu	Org. Subst.
1. Rostspat von Apfelbaumer Zug (Siegen) .	48,48	9,62	—	—	11,67	—	—	—	—	0,35	—
2. Erz vom steirischen Erzberg roh . . .	38,73	2,45	0,015	0,079	4,08	1,26	5,92	6,19	27,62	—	—
geröstet .	50,68	3,00	0,025	0,019	8,19	1,61	4,06	4,14	2,64	—	—
3. Rohspat von Gömör . .	38,14	1,90	0,014	0,233	7,40	2,10	0,48	3,87	—	Spur	—
4. Spat von Drozkovac (Bosnien) . . .	45,09	5,08	0,02	0,3	6,55	—	—	—	—	0,02	—
derselbe geröstet . .	57,66	6,17	0,02	0,01	7,04	—	—	—	—	0,08	—
5. Spat von Orel (Südrußland).	42,63	0,85	0,10	0,07	3,48	1,98	2,22	1,02	—	—	—
6. Toneisenstein von Bentheim	36,34	—	0,65	—	11,65	—	4,95	2,52	—	—	0,75
7. Toneisenstein von Cleveland	29,09	0,30	0,48	0,13	10,04	9,32	5,08	3,65	20,09	—	H$_2$O 12,39
8. Kohleneisenstein von Hoerde .	21,21	0,57	0,58	1,06	4,98	1,64	2,87	1,27	Glühverlust 58,56	—	—
9. Blackband von Nethercray (Schottland). . .	40.57	0,84	0,28	0,32	11,53	3,21	9,64	4,90	CO$_2$ 3,99	—	H$_2$O 5,08

5. Kiesabbrände.

Der Schwefelkies kommt als Eisenerz nur nach einer vorherigen
Röstung in Betracht, bei der der Schwefel entfernt wird. Da dieser
vorerst zur Schwefelsäurefabrikation benutzt wird, erhält der geröstete Kies den Charakter eines Nebenprodukts der Schwefelsäurefabrikation und ist als solches unter dem Namen Kiesabbrände bekannt, wegen seines purpurfarbigen Äußern auch unter der englischen Bezeichnung purple ore. Da das reine geröstete Erz dem
Magnetit entsprechen würde, ist es zur Anreicherung des Eisengehalts
in der Hochofenbeschickung willkommen; seiner Verwendung sind
indes wegen des immerhin noch erheblichen Schwefelgehalts Schranken
gesetzt.

Analysen von Kiesabbränden.

Fundort	Fe	Mn	P	S	Si O$_2$	Al$_2$ O$_3$	Ca O	Mg O	Cu
1. Abbrände von Deutzerfeld . .	66,52	—	0,01	0,75	1,66	—	—	—	0,36
2. Abbrände von Dieuze (Lothr.)	63,36	—	0,015	0,85	5,92	—	—	—	—

6. Eisenreiche Nebenprodukte anderer Prozesse.

Neben den in der Natur vorkommenden Erzen kommen für die
Eisenherstellung noch eine Reihe von Nebenprodukten anderer
chemischer Prozesse in Betracht. Es sind dies zunächst die Nebenprodukte einer Anzahl eisenhüttenmännischer Prozesse, die Schlacken
der Oxydationsverfahren, welche neben zum Teil sehr erwünschten
Nebenbestandteilen des Eisens, wie Mangan und Phosphor, immer
erhebliche Mengen von Eisen enthalten. Je nach dem Prozeß, bei
dem sie gewonnen sind, unterscheidet man Frisch-, Puddel-, Bessemer-,
Thomas- und Martinschlacken, welche verschiedene Zusammensetzung
haben, insbesondere in bezug auf die Nebenbestandteile. Die Zusammensetzung derartiger Schlacken wird weiter unten bei der Besprechung der einzelnen Oxydationsprozesse angegeben. Vielfach
finden sich auch noch alte Schlackenberge, herrührend von der
Eisenfabrikation früherer Jahrhunderte, welche wegen ihres meist
sehr hohen Eisengehalts auf Hüttenwerken gerne gebraucht werden.

Endlich finden noch zur Eisendarstellung Verwendung die Rückstände der Anilinfarbenfabrikation, welche durchweg etwa 55—56 Proz.
Eisen enthalten.

Neuntes Kapitel.

Die Vorbereitung der Eisenerze zur Schmelzung.

Die Vorbereitung oder Aufbereitung der Eisenerze zum Zweck der Anreicherung ihres Eisengehalts oder zur Entfernung unerwünschter Bestandteile gehört eigentlich nicht in das Gebiet des Eisenhüttenwesens; indessen soll doch hier ein kurzer Überblick über die gebräuchlichen Aufbereitungsarbeiten gegeben werden.

Im allgemeinen spielt die Aufbereitung bei den Eisenerzen keine große Rolle, da die große Mehrzahl der Erze in der Form, wie sie sich in der Natur finden, gut verhüttbar ist.

Einer Aufbereitung bedürfen immer die Spateisensteine und ihre Abarten, welche in reinem Zustand nahezu 38 Proz. Kohlensäure enthalten, die durch R ö s t e n ausgetrieben werden muß. Beim Röstprozeß geht das Eisenoxydul in das Oxyduloxyd über, wobei es ca. 4,6 Proz. des ursprünglichen Gewichts des Karbonats an Sauerstoff wieder aufnimmt, so daß der reine Spateisenstein durch das Rösten $33^1/_3$ Proz., der unreine in der Praxis immer noch 25—30 Proz. an Gewicht verliert. Spateisensteine und verwandte Erze werden daher immer gleich auf der Grube geröstet, damit Transportkosten gespart werden; rohe Spate kommen also im Handel gar nicht vor.

Die Röstung erfolgt heute zumeist in einfachen zylindrischen Schachtöfen von 2—3 m Durchmesser und 7—10 m Höhe, in denen das Erz schichtweise mit dem nötigen Brennstoff aufgegeben wird. Ältere Öfen finden sich noch in der Form eines nach unten sich verengenden Kegelstumpfs oder eines Kegelstumpfs mit aufgesetztem Zylinder oder aufrechtem Kegelstumpf. Der Kohlenverbrauch zum Rösten beträgt etwa 35—40 kg für die Tonne Roherz.

Ton- und Kohleneisensteine werden in England noch vielfach in einfachen Haufen geröstet; diese Art der Röstung kann natürlich nicht so vollkommen sein wie diejenige in Öfen. Der Kohleneisenstein liefert selbst den zur Röstung erforderlichen Brennstoff.

Wie aus verschiedenen der oben angeführten Analysen der Spateisensteine hervorgeht, wird bei der Röstung auch ein Teil des etwa vorhandenen Schwefels durch Oxydation entfernt.

Die Brauneisenerze, welche bei einer Röstbehandlung ihre Feuchtigkeit und ihr Hydratwasser abgeben würden, werden in der Praxis nicht geröstet, vornehmlich aus dem Grunde, weil sie in ihrer natürlichen Zusammensetzung wesentlich leichter schmelzbar und reduzierbar sind, als nach einer Röstung, durch die sie in das schwerer schmelzbare Oxydoxydul übergeführt werden würden.

Einer Röstung werden zuweilen auch, namentlich in Schweden

und England, Magneteisensteine unterworfen, und zwar lediglich deshalb, um das an sich etwas feste Gefüge dieses Erzes aufzulockern und es dadurch leichter verhüttbar zu machen. Die Röstung erfolgt in diesem Falle auf dem Hochofenwerk und die Heizung der Röstöfen durch überschüssige Hochofengase; hierfür sind daher auch andere Öfen gebräuchlich, als die oben beschriebenen und zwar zum Teil rotierende zylindrische Öfen mit fast wagerechter, um etwa 5 Proz. geneigter Achse, durch welche das Erz allmählich hindurchbefördert wird, dem Verbrennungsgas entgegen, zum Teil auch Öfen mit senkrechter Achse, welche von den in einem besonderen Verbrennungsraum verbrennenden Gasen umspült und teilweise auch durchstrichen werden.

Eine andere gleichfalls auf chemischer Grundlage beruhende Vorbereitung von Eisenerzen ist das Auslaugen, welches zur Entfernung von Schwefel dient. Bei der Röstbehandlung schwefelhaltiger Erze geht der größte Teil des Schwefels in Schwefeldioxyd über; geringere Teile werden direkt zu Schwefelsäureanhydrid oxydiert und verbinden sich dann noch mit in den Erzen vorhandenen Basen zu schwefelsauren Salzen, welche durch das Auslaugen entfernt werden können. Diese Aufbereitungsmethode ist vornehmlich von Bedeutung für die Kiesabbrände, welche nach oben gesagtem zuweilen noch sehr stark mit Schwefel verunreinigt sind.

Eine Aufbereitungsart für Eisenerze, welche mehr und mehr an Bedeutung gewinnt, ist die elektromagnetische Aufbereitung. Ihr Prinzip ist sehr alt; jedoch beschränkte man sich früher darauf, mittels magnetischer Aufbereitung die ausgesprochen magnetischen Eisenerze, also Magneteisenstein (und Pyrrhotin $F_{11}S_{12}$) von ihren Gangarten zu trennen bzw. andere Erze erst durch einen Röstprozeß in magnetisches Eisenoxydoxydul zu verwandeln.

Man hat indessen heute erkannt, daß fast alle Körper mehr oder weniger magnetisch sind und daß man sie auf Grund ihrer größeren oder geringeren Permeabilität zu klassieren vermag. — Auf diesem Prinzip beruhen alle modernen magnetischen Erzscheider, von denen wohl der Wetherill-Separator der älteste und verbreitetste sein dürfte. Das zerkleinerte Erz wird auf einem Transportband in das magnetische Feld eines kräftigen feststehenden oder rotierenden Elektromagneten gebracht, der das Erz in unmagnetisches, schwach magnetisches und stark magnetisches scheidet. Diese Art der Aufbereitung spielt z. B. eine große Rolle für die Siegerländer Spateisensteine, die vielfach in innigem Gemenge mit Zinkblende und Kupferkies vorkommen; durch die magnetische Scheidung gewinnt man jedes der drei Erze in einer eine wirtschaftliche Verhüttung gewährleistenden Haltigkeit. Bei manchen schwedischen und noch mehr norwegischen und amerikanischen Erzen, welche einen hohen Phosphorgehalt in Gestalt von reinen Apatit-Beimengungen führen, wird durch die magnetische Aufbereitung gleichzeitig mit der Anreicherung des Eisengehalts eine Entfernung des größten Teiles des Phosphors bewirkt.

Diese Art der Scheidung ist wichtig für solche Erze, welche einen zu hohen Phosphorgehalt für die Verarbeitung im sauren, einen zu niedrigen für den basischen Hüttenprozeß haben. Sie ergibt stark magnetisches Reinerz, schwach magnetischen eisenhaltigen Apatit und unmagnetischen reinen Apatit. Außer dem von Phosphor befreiten Reinerz erhält man also eisenhaltigen Apatit, der wieder als phosphorhaltiger Zuschlag für die Herstellung von Thomasroheisen beliebt ist, und reinen Apatit, der für die Landwirtschaft ein wertvolles Düngmittel bildet. Diese Erze erfahren also in jedem Falle durch die magnetische Aufbereitung eine erhebliche Wertsteigerung.

Endlich dringt in den letzten Jahrzehnten eine Art der Aufbereitung von Eisenerzen durch, welche dazu dient, mulmige und feinkörnige Erze bequem verhütten zu können, und welche darin besteht, daß man die Erze b r i k e t t i e r t. Ein Bedürfnis danach hat sich herausgestellt, weil der Prozentsatz der feinkörnigen Erze im Verhältnis zu den Stückerzen mehr und mehr steigt, und die Verhüttung der feinkörnigen Erze mehr Schwierigkeiten bereitet, als diejenige der Stückerze.

Die Brikettierung der Erze ist aber nicht sehr einfach, und nur wenige der unzähligen Verfahren, welche zu diesem Zweck vorgeschlagen sind, sind auch praktisch brauchbar. Wenn ein solches Brikettierungsverfahren technisch und wirtschaftlich durchführbar sein soll, so muß es Erzziegel von gleicher Festigkeit wie Stückerze zu Preisen liefern, welche nicht höher sind, als diejenigen der Stückerze. Die Art und Weise des anzuwendenden Verfahrens muß sich ganz nach der Zusammensetzung des zu brikettierenden Erzes richten. Einige wenige Erze, z. B. das oolithische Erz von Kertsch (Analyse S. 67) lassen sich infolge ihres Tongehalts ohne weiteres genau wie Lehm mit Wasser anmachen und in Ziegel pressen, die eine ausreichend hohe Festigkeit besitzen. Andere Erze, die keine so günstige Zusammensetzung haben, bedürfen noch besonderer Bindemittel, und es gibt wohl kaum ein Bindemittel, welches noch nicht versucht worden wäre. In erster Linie muß bei der Wahl des Bindemittels darauf geachtet werden, daß damit keine unnötigen Stoffe in den Ofen eingebracht werden, wodurch der Eisengehalt des Möllers erniedrigt würde. Es müßte ganz besonders unsinnig erscheinen, Erze zum Zweck der Anreicherung des Eisengehalts für die Aufbereitung erst zu zerkleinern und dann wieder den Eisengehalt des angereicherten Erzes durch das Bindemittel zu verringern.

Als Bindemittel sind daher vorgeschlagen worden andere geringerhaltige Eisenerze; ferner Tone, Kalk in den verschiedensten geeignet erscheinenden Formen. Beim Kalk darf aber keinesfalls vergessen werden, daß er, obwohl vorher gebrannt und gepreßt, von dem aufsteigenden verdampfenden Wasser zersetzt und zermürbt würde, so daß gerade das, was man vermeiden will, durch das Einbinden herbeigeführt würde. Vielfach hat man auch organische Substanzen, welche beim Erhitzen sintern, z. B. Pech, Teer, als Bindemittel benutzt; es ist sogar schon versucht worden, das feinkörnige Erz mit der zu verkokenden Kohle zu mischen und auf diese Weise einen hocheisenhaltigen Koks zu erzielen, der sich leicht verhütten lassen soll. Ein besonderer Erfolg ist aber auch hiermit nicht erzielt worden, schon deshalb nicht, weil das Verhältnis des Reduktionskoks zu dem zu reduzierenden Erz zu gering ist, als daß ausreichende Mengen feinkörniges Erz auf diese Weise brikettiert werden könnten, da doch immerhin nur ein verhältnismäßig geringer Prozentsatz Erz in den Koks eingebunden werden kann. Anderseits leidet aber auch die Qualität des Kokses selbst unter dieser Behandlung.

Tatsächlich ist bis heute noch ke'n einziges Brikettierungsverfahren von allgemeiner Bedeutung bekannt geworden.

Zehntes Kapitel.

Die Eisenerzversorgung der deutschen Hochofenwerke.

Die Frage der Beschaffung der für die Erzverarbeitungsstätten Deutschlands erforderlichen Erzmengen ist naturgemäß in erster Linie von Interesse.

Deutschland steht, wie die Zusammenstellung in Zahlentafel 2 zeigt, in der Weltförderung an Eisenerzen an zweiter Stelle, direkt hinter den Vereinigten Staaten von Nordamerika und somit an erster Stelle innerhalb Europas. Es ist aber trotzdem noch auf die Einfuhr von Erzen aus fremden Ländern angewiesen; allerdings steht dieser Einfuhr eine geringere Ausfuhr gegenüber, die sich aber in erster Linie auf das Minettegebiet erstreckt, welches auch Erz nach den angrenzenden französischen und belgischen Industriegebieten liefert.

In Abb. 3 ist das Verhältnis von Eisenerzförderung und Verbrauch, Einfuhr und Ausfuhr Deutschlands in den Jahren 1897—1908 graphisch dargestellt. Während vor dem Jahre 1897 die Verbrauchsziffer die Förderung nicht überstieg, und die Eisenerzausfuhr beträchtlich die Einfuhr überstieg, halten sich in diesem Jahre Einfuhr und Ausfuhr einerseits wie Förderung und Verbrauch anderseits die Wage, und von da ab steigt der Verbrauch in erheblich höherem Maße als die Förderung und entsprechend die Eisenerzeinfuhr wesentlich stärker als die Ausfuhr.

Deutschland verfügt, wie aus der Beschreibung der Erze im achten Kapitel hervorgeht, außer dem Spateisensteinvorkommen im Siegerland über keine qualitativ hervorragenden Erze: es ist in dieser Hinsicht insbesondere mit Bezug auf den durchschnittlichen Eisengehalt seiner Erze wesentlich schlechter gestellt als alle anderen eisenerzeugenden Länder.

In der Karte des deutschen Zollgebiets auf Tafel V sind die deutschen Eisenerzfundstätten entsprechend den obigen Ausführungen über die Eisenerze und ihre Fundorte eingetragen; die Karte zeigt ferner die deutschen Stein- und Braunkohlenfelder und endlich die Verarbeitungsstätten der Eisenerze mit eingetragener Anzahl der im Betrieb befindlichen Hochöfen.   Ein Blick auf die Karte zeigt, daß Deutschland folgende örtlich getrennte Eisenindustriereviere hat:

    1. das niederrheinisch-westfälische Revier,

    2. das Siegerland und das benachbarte Lahn- und Dillgebiet,

    3. das oberschlesische Industriegebiet,

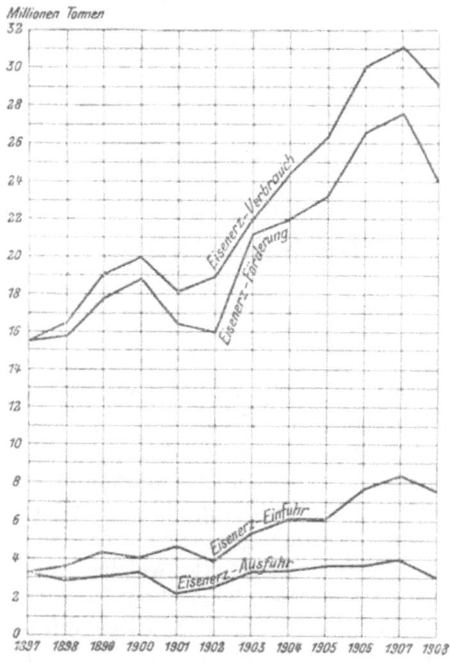

Abb. 3.

    4. das Saarrevier und

    5. das Minetterevier.

Daneben finden sich noch eine ganze Anzahl vereinzelter Verarbeitungswerkstätten, welche auf die Verhüttung benachbarter Erze gegründet sind. Solche Erzlagerstätten, die demgemäß nur eine rein örtliche Bedeutung haben, sind die Bezirke von Thüringen (Saalfeld-Unterwellenborn), Harz, Ilsede, der Oberpfalz (Rosenberg) und Wasseralfingen; größere Bedeutung kommt hiervon nur der Ilseder Fundstätte zu. — Ferner hat sich noch eine bedeutende Eisenindustrie entwickelt in den Kohlenrevieren von Aachen und von Zwickau, welche sich indessen heute mehr auf die Weiterverarbeitung des Eisens erstreckt; im Aachener Revier existiert nur ein Hochofenwerk mit 2 Hochöfen; im Zwickauer Revier steht überhaupt kein Hochofen mehr im Feuer.

Von den großen Industrierevieren sind nur das Siegerländer Gebiet mit dem benachbarten Lahn- und Dillrevier und das Minetterevier ausschließlich auf Grund des Erzvorkommens entstanden; beide Reviere verarbeiten nicht nur keine fremden Erze (abgesehen davon, daß das Minetterevier Zufuhren von höher manganhaltigem Erz zur Anreicherung des Mangangehalts im Möller bedarf); sondern sie führen ganz bedeutende Erzmengen nach den anderen Industrierevieren aus.

Die übrigen genannten Erzverarbeitungsstätten, das rheinisch-westfälische, das Saar- und das oberschlesische Gebiet sind in erster Linie auf Grund der Kohlenvorkommen entstanden; ursprünglich waren allerdings auch für den damaligen Stand der Eisenerzeugung ausreichende Mengen von Eisenerzen an Ort und Stelle vorhanden; diese haben jedoch heute für das Saargebiet gar keine, für Rheinland und Westfalen nur noch sehr geringe und für Oberschlesien mäßige, von Jahr zu Jahr sinkende Bedeutung. Ähnlich liegen die Verhältnisse im Aachener Becken und im Zwickauer Kohlenrevier. Von den großen eisenerzverarbeitenden Kohlenrevieren ist das Saargebiet am günstigsten gestellt, da es seinen Erzbedarf aus dem nur etwa 100 km entfernten Minetterevier decken kann. Das rheinisch-westfälische Industriegebiet ist dagegen im Erzbezug auf die verschiedensten Quellen angewiesen. Zum großen Teil wird es trotz der hohen Frachten aus dem Minetterevier bedient (die Kosten der Minette wachsen durch den Transport auf das Vier- und Fünffache ihres ursprünglichen Wertes). Einen anderen großen Teil des westfälischen Bedarfs decken das Sieg- und Lahngebiet mit ihren wegen ihres Mangangehalts beliebten Erzen. Der Rest wird, abgesehen von den unbedeutenden Fundstätten in der Nähe, aus dem Auslande herbeigeführt, und zwar sind es hauptsächlich schwedische, spanische und algerische Erze sowie auch Erze von den griechischen Inseln und selbst aus Südrußland, welche auf dem Seewege über Rotterdam rheinaufwärts in die Rhein- und Ruhrhäfen oder über Emden durch den Dortmund-Ems-Kanal nach Dortmund und von da aus auf dem Landwege zur Verbrauchsstätte gelangen.

Das oberschlesische Industrierevier endlich, welches ursprünglich die Brauneisenerze aus der Beuthen-Tarnowitzer Mulde verarbeitete, ist heute auch hauptsächlich auf Bezug aus dem Auslande angewiesen. Hier sind es neben den obengenannten Erzen, die zur See bis Stettin und von da aus auf dem Land- oder Wasserwege nach Oberschlesien gelangen, ungarische Erze aus den naheliegenden Komitaten Zips und Gömör am Südabhange der Hohen Tatra und russische Erze vom Krivoi Rog.

Die Tatsache, daß Deutschland mit der fortschreitenden Zeit mehr und mehr auf Bezug der Eisenerze aus überseeischen Ländern angewiesen ist, hat ferner bereits an mehreren Seeplätzen (Stettin,

Emden und Lübeck) zur Anlage von Hochofenwerken geführt, welche ausschließlich mit ausländischen auf dem Seewege herangeführten Erzen und teilweise auch mit ausländischer (englischer) Kohle arbeiten.

Zahlentafel 2.

Eisenerzförderung der wichtigsten Länder in den letzten Jahren.

	1905 t	1906 t	1907 t	1908 t
Vereinigte Staaten von Amerika	43 202 552	48 513 724	52 548 149	36 559 069
Deutschland	23 444 073	26 734 570	27 697 127	24 233 356
Großbritannien . . .	14 824 154	15 784 412	15 983 309	15 271 521
Frankreich	7 395 409	8 481 000	10 008 000	—
Spanien	9 395 314	9 448 533	9 896 178	—
Rußland	4 788 308	5 175 998	5 524 712	—
Schweden	4 364 833	4 647 513	4 652 405	4 416 094
Österreich-Ungarn . .	3 696 000	4 065 000	4 380 000	—
Algier	579 449	730 505	908 251	—
Griechenland	465 622	680 620	768 863	—
Kuba	561 159	640 574	681 393	819 434
Italien	366 616	384 217	517 952	539 120
Belgien	176 940	232 570	316 250	188 780
Norwegen	46 582	109 259	140 804	—

Elftes Kapitel.

Manganerze.

Da das Mangan ein fast unentbehrlicher Bestandteil aller Eisenlegierungen, insbesondere des Roheisens ist, so ist die Beschaffung des Mangangehalts im Einsatz der Hochöfen von der größten Bedeutung. Die hochmanganhaltigen Eisenerze des Siegerlands, des Lahngebiets oder Algiers sind daher sehr gesuchte Beigaben zur Anreicherung des Mangangehalts im Möller der Hochöfen. Der Mangangehalt der meisten Eisenerze ist aber, wie die verschiedenen oben angeführten Analysen zeigen, zu gering, um den Bedarf zu decken: es müssen daher dem Hochofen reine Manganerze zugeschlagen werden.

Die Manganerze, welche Verwendung finden, sind

das Oxyd, $Mn_2 O_3$, Braunit,

das Hydroxyd, $Mn (OH)_3$, Manganit,

das Oxydul-oxyd, $Mn_3 O_4$, Hausmannit,

das Superoxd, $Mn O_2$, Braunstein oder Pyrolusit;

ferner

die Waderze und

Psilomelan oder schwarzer Glaskopf, wechselnde Gemenge aus Superoxyd und Hydroxyd, und

Manganspat, $Mn CO_3$.

Nach vorstehendem sind die meisten Manganerze Oxyde verschiedener Zusammensetzung, in denen die einzelnen Reinerze in wechselnden Mengen gemischt vorkommen. Seltener sind die Erze reine Oxyde von einer der obigen Zusammensetzungen. Das reichste Manganerz, der Hausmannit, würde rein etwa 72 Proz. Mn enthalten; die in der Praxis vorkommenden reichsten Manganerze enthalten jedoch durchweg nur 50—55 Proz. Mn. — Neben den obigen ausgesprochenen Manganerzen sind für die Herstellung manganreicher Roheisensorten noch die sog. Manganmulme von Bedeutung, das sind brauneisensteinähnliche Erze, in denen ein großer Teil des Eisens durch Mangan ersetzt ist. (S. auch unter Brauneisenstein, Manganeisenstein.)

In allen Manganerzen ist der am wenigsten erwünschte Nebenbestandteil die Kieselsäure, weil sie beim Schmelzen des Erzes mit Manganoxydul eine leichtflüssige Schlacke bildet, wodurch erhebliche Manganverluste entstehen würden. Soweit die Manganerze zur Herstellung von Ferromangan Verwendung finden, ist auch Phosphorgehalt sehr unangenehm, weil das Ferromangan bei der Stahldarstellung dem Stahl erst nach beendeter Entphosphorung zugesetzt wird, wenn also eine weitere Entfernung des Phosphors nicht mehr möglich ist, so daß der ganze Phosphorgehalt des Ferromangans in den Stahl übergeht.

Was die Fundorte von Manganerzen anbetrifft, so ist zunächst Deutschland nicht sehr reich an Manganerzen. Die jährliche Förderung Deutschlands beläuft sich auf ungefähr 50,000 Tonnen (1907 75,000), womit es nur etwa $^1/_5$—$^1/_6$ seines eigenen Bedarfes deckt. Die Hauptvorkommen von Manganerzen in Deutschland sind der östliche Hunsrück, ferner das Lahnrevier, der Harz und Thüringen; außer eigentlichen Manganerzen findet sich Manganmulm in Oberhessen (Fernie b. Gießen).

Das hauptsächlichste Manganerzförderungsgebiet der Welt ist Rußland, welches allein imstande ist, den Weltbedarf an Manganerzen, der auf etwa 1 Million Tonnen jährlich geschätzt wird, zu decken, und zwar steht an erster Stelle das Gouvernement Kutais im Kaukasus, wo bei Tschiaturi und Poti am Nordabhang dieses Gebirges sich Manganerzlager von außerordentlicher Ausdehnung finden. Das Erz ist meist Psilomelan und Pyrolusit und enthält durchschnittlich etwa 55 Proz. Mn. Der Bergbau wird durch zahlreiche kleine Stollen und Schächte betrieben. Nächst dem Kaukasusgebiet liefern das Gouvernement Jelisawetpol und der Ural große Mengen Manganerz.

In den letzten Jahren hat sich sodann der Manganerzbergbau besonders in Indien entwickelt; ferner sind Brasilien (Erz von vorzüglicher Beschaffenheit) und Spanien (Provinz Huelva), wo sich auch große Mengen Manganmulm finden, die Hauptfundstätten der Welt. Manganerzlager von geringerer Bedeutung finden sich außer den erwähnten in Deutschland noch in Italien, in Schweden und der

Türkei, in Columbia, Chile, Cuba, Panama, in Natal und auf den
Philippinen.

Beispiele von Manganerzanalysen.

	Mn	Fe	P	SiO_2	Rück-stand	H_2O
Manganmulm von Fernie	20,89	23,91	0,14	12,40	—	—
Poti-Erz	55,00	—	0,49	4,36	5,04	1,04
Ekaterinburg (Pyrolusit)	53,79	0,85	Spur	8,10	—	—
Brasilisches Erz	54,08	0,90	0,03	1,05	—	—
Indisches Erz	54,98	6,19	0,04	10,63	—	0,32
Manganmulm vom Monte Argentario, Italien	18,04	30,17	Spur	1,45	—	2,90

In der nachstehenden Zahlentafel 3 ist die Jahresförderung der
wichtigsten Länder in den Jahren 1905—1907 zusammengestellt.
Die statistischen Angaben über Manganerzförderung schwanken sehr
stark, was hauptsächlich darauf zurückzuführen ist, daß vielfach
hochmanganhaltige Eisenerze den reinen Manganerzen zugezählt
werden, was in der Tafel 3 nicht geschehen ist.

Zahlentafel 3.

Manganerzförderung der Welt von 1905—1907.

Land	1905	1906	1907
Rußland[2])	508 635	1 015 686	927 917
Indien[1])	207 194	443 425	652 365
Brasilien	224 377	201 500	—[3])
Deutschland	51 463	52 485	74 683
Spanien	26 020	62 822	41 504
Österreich-Ungarn einschl. Bosnien und Herzegowina	27 921	28 228	25 963
England	14 706	23 126	16 356
Kuba[2])	12 133	13 997	—[3])
Japan[2])	11 162	12 841	20 586
Griechenland	8 171	10 040	11 139
Frankreich	6 751	11 189	18 200
Italien	5 384	3 060	3 654
U. S. Amerika	4 184	7 031	5 694
Schweden	2 150	2 680	4 300
Übrige Länder	4 481	—	—
Weltförderung	1 114 732		

[1]) Von anderer Seite werden für Indien angegeben:
        1905 = 257 970 t
        1906 = 503 686 t
        1907 = 907 717 t.
[2]) Von anderer Seite werden abweichende Zahlen angegeben.
[3]) Statistische Angaben liegen noch nicht vor.

Zwölftes Kapitel.

Die Zuschläge.

Die Erze sind nun, wie aus den oben mitgeteilten Analysen hervorgeht, in den allerwenigsten Fällen reine Eisenoxyde, auch nicht einmal reine Oxyde von Elementen überhaupt, deren Eintritt in das Metall beim Reduktionsprozeß erwünscht ist; sondern sie enthalten noch mehr oder weniger große Mengen kieseliger, toniger oder kalkiger Gangarten, welche im Schmelzprozeß von dem Metall geschieden werden und dabei Schlacken bilden. Diese Schlacken sind nun nicht unerwünschte Nebenerscheinungen des Schmelzvorganges; sondern sie haben dabei, wie weiter unten gezeigt werden wird, verschiedene Aufgaben zu erfüllen. Die Beeinflussung des Ganges der Hüttenprozesse richtet sich hiernach nicht nur auf die Metalle und ihre Oxyde, sondern auch auf die chemische Zusammensetzung und physikalische Beschaffenheit der Schlacken. In den wenigsten Erzen ist das Verhältnis der schlackenbildenden Substanzen zueinander so, daß sie leicht schmelzbare Schlacken zu bilden vermögen, — solche Erze, bei denen das der Fall ist, pflegt man als selbstschmelzend zu bezeichnen; — den meisten Erzen müssen noch sog. Zuschläge zugeführt werden, damit Schlacken der gewünschten Beschaffenheit erzielt werden können.

Zur Schlackenbildung tragen ferner in denjenigen Prozessen, in denen der Brennstoff direkt mit dem Metall in Berührung kommt, die Aschenbestandteile des Brennstoffes bei, die dementsprechend in die Berechnungen einzusetzen sind. Die Zuschläge sind nicht nur erforderlich bei dem reduzierenden Schmelzen der Erze, sondern auch bei allen Prozessen der Weiterverarbeitung des Rohprodukts, welche mit Schlacken arbeiten. Hierbei pflegt der Charakter der Schlacke noch von viel größerer Bedeutung zu sein. Es ist z. B. beim Windfrischverfahren nicht möglich, den Phosphor durch die Oxydation zu entfernen, wenn nicht die gebildete Phosphorsäure an eine Base gebunden werden kann, die aber im Metall nicht vorhanden ist, sondern nur in Gestalt eines basischen Zuschlags dem Schmelzprozeß zugeführt werden kann.

Je nach dem Charakter der zu verschlackenden Nebenbestandteile des Rohmaterials sind nun die Zuschläge zu bestimmen, u. zw., wenn die Nebenbestandteile sauer sind, so müssen die Zuschläge basisch sein und umgekehrt. In den weitaus meisten Fällen trifft das erste zu; denn nicht nur die Gangart der meisten Erze besteht aus Säure (Kieselsäure, Phosphorsäure, manchmal auch Schwefelsäure); sondern auch die Asche des Schmelzkokses enthält zum größten Teil Kieselsäure. Auch bei den oxydierenden Hüttenprozessen werden mehr basische, als saure Zuschläge gebraucht.

Der gebräuchlichste basische Zuschlag ist der Kalkstein, $Ca\,CO_3$, der sowohl roh als auch gebrannt verwendet wird, und in der Natur außerordentlich weit verbreitet ist. Ihm nahe verwandt und für den Verwendungszweck gleich gut geeignet ist der Dolomit, welcher außer Kalk noch Magnesia in wechselnden Mengen enthält.

Der Kalkstein enthält an Verunreinigungen Kieselsäure und in mehr oder weniger großen Mengen auch Eisenoxyd. Der Gehalt an Kieselsäure soll unter allen Umständen möglichst gering sein, nicht nur wegen des dadurch entstehenden unwirksamen Nebenbestandteils, sondern auch deshalb, weil die Kieselsäure gewisse Kalkmengen neutralisiert und dadurch unbrauchbar macht. Das Eisenoxyd ist dagegen im Erzschmelzprozeß ein nicht unwillkommener Nebenbestandteil, weil es mit den Erzen zugleich zu Metall reduziert wird; es kommen daher auch vielfach sog. eisenschüssige Kalksteine als Zuschläge zur Verwendung; Zuschläge dieser Art sind z. B. die vielfach in die rotkalkige Minette eingesprengten Kalklinsen, welche ihres geringen Eisengehalts wegen nicht mehr als Eisenerze bezeichnet werden können, deren Eisengehalt aber doch bei ihrer Verwendung als Zuschläge nutzbar gemacht werden kann.

Bei den Oxydationsprozessen, bei denen die Zuschläge kein Eisen abgeben können, sondern sogar zur Eisenaufnahme neigen, sind natürlich eisenhaltige Kalke nicht vorteilhaft verwendbar.

Als basischer Zuschlag findet auch Flußspat (Fluorkalzium) häufiger Verwendung, verhältnismäßig wenig dagegen, nur in der Spezialstahlfabrikation, Strontianit, Chlorkalzium, Chlornatrium u. a.

Als saure Zuschläge stehen meist reine Quarzsande zur Verfügung; da, wo die Tonerde in der Schlacke Säuren vertreten kann, auch Tonschiefer, der Tonerde und Kieselsäure gleichzeitig zuführt.

Für den Erzreduktionsprozeß können ferner sandige Eisenerze Verwendung finden, z. B. die rotsandige Minette, welche ihres geringen Eisengehalts wegen sonst unverwendbar ist.

B. Die Verarbeitung der Rohstoffe.

Dreizehntes Kapitel.

Die Hüttenprozesse: Reduktion und Oxydation.

Da das Vorkommen des Eisens in der Natur vorwiegend oxydischer Art ist, besteht der erste Hüttenprozeß zur Darstellung des Eisens in der Reduktion der Oxyde. Bei dieser Operation werden jedoch außer dem Eisen noch eine Anzahl anderer neben dem Eisen in ihren Oxyden vorhandener Elementen reduziert und gehen in das Metall über; diese Nebenbestandteile müssen daher bei einer weiter folgenden oxydierenden Behandlung wieder entfernt werden.

Die Hüttenprozesse der Eisendarstellung bestehen also in einer Befreiung des Eisens vom Sauerstoff und weiterhin einer Entfernung der Nebenbestandteile des Eisens durch Sauerstoff. Das Verhältnis des Eisens und seiner Nebenbestandteile zum Sauerstoff ist daher in jedem Stadium der Behandlung ausschlaggebend für den Verlauf der Hüttenprozesse.

Das Eisen verbindet sich schon an der Luft bei gewöhnlicher Temperatur mit dem Sauerstoff; sein Vereinigungsbestreben mit Sauerstoff steigt mit der Temperatur. Bei jeder Art der Vereinigung des Eisens mit Sauerstoff wird Wärme entwickelt und zwar bei der Oxydation von

$$
\begin{array}{llll}
1 \text{ kg Fe zu FeO} & . . . & 1352 \text{ Cal.} \\
1 \;\text{-}\; \text{Fe} \;\text{-}\; \text{Fe}_3\text{O}_4 & . . & 1645 & \text{-} \\
1 \;\text{-}\; \text{Fe} \;\text{-}\; \text{Fe}_2\text{O}_3 & . . & 1796 & \text{-}
\end{array}
$$

Das gleiche gilt von den anderen bei der Eisendarstellung vorhandenen Elementen. Bei der Oxydation von

$$
\begin{array}{lllll}
1 \text{ kg Mn zu MnO} & \text{werden} & 1730 \text{ Cal.} \\
1 \;\text{-}\; \text{Si} \;\text{-}\; \text{SiO}_2 & \text{-} & 7830 & \text{-} \\
1 \;\text{-}\; \text{C} \;\text{-}\; \text{CO} & \text{-} & 2473 & \text{-} \\
1 \;\text{-}\; \text{C} \;\text{-}\; \text{CO}_2 & \text{-} & 8080 & \text{-} \\
1 \;\text{-}\; \text{P} \;\text{-}\; \text{P}_2\text{O}_5 & \text{-} & 5965 & \text{-}
\end{array}
$$

entwickelt.

1. Reduktion.

Um 1 kg Eisen oder eines der anderen Elemente aus seinen Oxyden zu reduzieren, muß dieselbe Wärmemenge aufgewendet werden, die bei Oxydation des Elements entwickelt wird. Die Reduktion erfolgt nun aber keinesfalls als die einfach umgekehrte Reaktion der Oxydation; d. h. die Oxyde können nicht durch Aufwendung der zur Reduktion erforderlichen Wärmemenge allein in ihre Elemente zerspaltet werden; sondern dieser Vorgang erfordert die Anwesenheit eines Reduktionsmittels, d. h. eines dritten Körpers, der ein größeres Vereinigungsbestreben zum Sauerstoff hat als das zu reduzierende Element, und der sich bei dem Reduktionsprozeß mit dem Sauerstoff verbindet und dadurch das Metall freimacht. Kräftige Reduktionsmittel sind metallisches Aluminium und Silizium, Wasserstoff, Kohlenstoff und Kohlenoxyd; für die praktische Reduktion der Eisenerze kommen indessen nur die beiden letztgenannten in Betracht.

Die Reduktion der Eisenerze durch ein Reduktionsmittel erfolgt schon in geringen Mengen bei Temperaturen oberhalb 200° C; je höher die Temperatur steigt, desto kräftiger erfolgt die Reduktion; eine technisch brauchbare vollständige Reduktion setzt aber Temperaturen von 800—1000° voraus. — Der Kohlenstoff kann sich nun bei der Reaktion zu Kohlenoxyd und zu Kohlensäure oxydieren, das Kohlenoxyd nur zu Kohlensäure. Bei den obengenannten Temperaturen, bei denen die Reduktion des Eisenoxyds nun vor sich geht, tritt die Kohlensäure zu dem reduzierten Eisen leicht in Beziehung, indem sie es zu Eisenoxyd oxydiert nach der Formel

$$Fe + CO_2 = FeO + CO.$$

Tatsächlich können beide Vorgänge, die Reduktion des Eisenerzes und die Zersetzung der gebildeten Kohlensäure, nebeneinander erfolgen. Die Oxydation des gebildeten Eisens kann nur dann vollständig vermieden werden, wenn ein großer Überschuß von Kohlenoxyd vorhanden ist. Hieraus ergibt sich, daß bei der Reduktion durch Kohlenstoff dessen Oxydation zum Teil nur zu Kohlenoxyd und nicht zu Kohlensäure erfolgen kann; ferner kann bei der Reduktion durch Kohlenoxyd nicht das ganze Kohlenoxyd zu Kohlensäure oxydiert werden, sondern ein Teil geht unverändert durch den Reduktionsapparat hindurch.

Untersuchungen haben ergeben, daß unter den Bedingungen des Hochofenprozesses, bei dem Erz und Reduktionskohle dem reduzierenden Gasstrom entgegengebracht und dabei allmählich auf die Reaktionstemperatur angewärmt werden, während das Gas sich abkühlt, das Verhältnis von Kohlensäure zu Kohlenoxyd in dem Gasgemenge ungefähr 1 : 2 ist. In der Praxis wird sich also die Reduktion von Eisenoxyd zu Eisen durch Kohlenstoff bzw. Kohlenoxyd etwa nach folgender Formel vollziehen:

$$Fe_2O_3 + 3C = Fe_2 + 3CO$$
$$Fe_2O_3 + 9CO = Fe_2 + 3CO_2 + 6CO.$$

Das bei der Reduktion mit Kohle gebildete Kohlenoxyd wird sich allerdings, wenn es auf seinem weiteren Wege noch genügend erhitztes Eisenoxyd trifft, auch noch weiter an der Reduktion beteiligen, und in Wirklichkeit wird sich der Vorgang nach beiden Formeln gleichzeitig vollziehen. Wenn man die beiden Formeln stöchiometrisch auf ihre Wärmeentwickelung bzw. ihren Wärmeverbrauch untersucht, so ergibt sich:

1. bei der Reduktion mit Kohlenstoff:

Wärmeverbrauch für die Reduktion von 1 Mol. Fe_2O_3 zu Fe_2 (160 g Fe_2O_3 zu 112 g Fe_2) $112 \times 1796 = 201\,152$ g/cal,
Wärmeentwickelung bei der Oxydation von $3C$ zu $3CO$ $3 \times 12 \times 2473 = 89\,028$ g/cal,
also wirklicher Wärmeverbrauch für Reduktion von einem Molekül Eisen 112 124 Gramm-Kalorien.

2. bei der Reduktion mit Kohlenoxyd:

Wärmeverbrauch wie oben $= 201\,152$ g/cal.
Wärmeentwickelung bei der Oxydation von $3CO$ zu $3CO_2$ (die 6 Mol. CO, welche unverändert durch den Reduktions-

apparat hindurchgeführt werden, spielen für die Wärmeberechnung keine Rolle) $3 \times 28 \times 2403 = 201\,852$ g/cal.
Hier gleichen sich also Wärmeentwickelung und Wärmeverbrauch praktisch aus; d. h. die Reduktion des Eisens aus Eisenoxyd mit Kohlenoxyd geht ohne äußere Wärmezufuhr vor sich; sie ist also unter allen Umständen rationeller als die Reduktion durch Kohlenstoff. Wenn auch hierbei ein größerer Aufwand an Kohlenstoff erforderlich ist, so wird dafür ein entsprechend wertvolleres, brennbares Gas als Nebenprodukt (Hochofengas) gewonnen. Die Verwendung von Kohlenoxyd ist um so vorteilhafter, wenn man in der Lage ist, die bei der Verbrennung von Kohle zu Kohlenoxyd entstehende Wärmemenge für den Schmelzprozeß zu verwenden. Man wird also in der Praxis stets darauf hinarbeiten müssen, daß die Reduktion der Eisenerze, auch wenn der Reduktionsapparat mit Kohlenstoff beschickt werden muß, nicht direkt durch Kohlenstoff, sondern indirekt durch Kohlenoxyd erfolgt.

Die obigen Formeln können nun nur als schematische Darstellungen der Endreaktionen angesehen werden; in Wirklichkeit wird nicht das Eisenoxyd F_2O_3 direkt zu Eisen reduziert werden, sondern die Reduktion geht über die weniger sauerstoffhaltigen Eisenverbindungen Fe_3O_4 und FeO zu Fe. In der Praxis wird auch meist nicht reines Eisenoxyd zu reduzieren sein, sondern irgendein in beliebigem Verhältnis zueinander stehendes Gemenge von Oxyd und Oxydul. Die Reaktion nimmt dann den gleichen Verlauf; sie setzt bloß an einem etwas späteren Punkte ein; in jedem Falle ist aber die Verwendung von Kohlenoxyd als Reduktionsmittel wärmetechnisch besser, als die Verwendung von Kohlenstoff.

Gleichzeitig mit der Reduktion des Eisens erfolgt auch die Reduktion seiner Nebenbestandteile aus ihren oxydischen Verbindungen. Mangan und Phosphor sind leicht reduzierbar; ihre Reduktion vollzieht sich unter allen Umständen vollständig neben der des Eisens; die Gehalte an diesen Elementen im erzeugten Roheisen sind also lediglich von dem Gehalt im eingesetzten Erz (einschließlich der Zuschläge) abhängig. Die Reduktion von Silizium aus der Kieselsäure der Erze ist dagegen in erster Linie von der aufgewendeten Wärmemenge abhängig: Bei hohen Temperaturen wird mehr Silizium reduziert als bei niedrigeren. Die Zusammensetzung des Endprodukts des Reduktionsprozesses ist also abhängig 1. von der Zusammensetzung der Rohmaterialien und 2. von der Reaktionstemperatur. Beide Faktoren können willkürlich beeinflußt werden, und dadurch ist in hohem Maße die Möglichkeit gegeben, ein Material von genau gewollter chemischer Zusammensetzung zu erzeugen.

2. Oxydation.

Die Oxydation ist das Gegenteil der Reduktion; sie erfolgt also stets unter den entgegengesetzten Bedingungen wie diese. Diejenigen

Körper, welche am schwersten reduzierbar sind, werden natürlich am leichtesten oxydiert; ebenso wie die Reduzierbarkeit hängt aber auch die Oxydationsfähigkeit bzw. die Reihenfolge, in der sich die einzelnen Elemente bei Gegenwart eines oxydierenden Körpers mit dem Sauerstoff verbinden, von der herrschenden Temperatur ab. Kein Körper kann auch bei Gegenwart kräftiger Oxydationsmittel oxydiert werden, solange noch andere Elemente vorhanden sind, welche unter den gegebenen Bedingungen ein größeres Vereinigungsbestreben zum Sauerstoff haben. Hierauf beruht die Möglichkeit, das Eisen durch Oxydation von seinen Nebenbestandteilen zu befreien, da Silizium und Mangan unter allen Umständen, Kohlenstoff und Phosphor zumeist leichter oxydierbar sind als das Eisen. Kupfer und Arsen dagegen sind schwerer oxydierbar als Eisen, und es ist daher ausgeschlossen, durch irgendeine oxydierende Behandlung diese Elemente aus dem Eisen zu entfernen. Geringe Mengen Schwefel können unter gewissen günstigen Bedingungen gleichzeitig mit dem Kohlenstoff oxydiert werden. Bemerkenswert ist das Verhältnis von Kohlenstoff und Phosphor zum Sauerstoff. Bei verhältnismäßig niedrigen Temperaturen, welche wenig über dem Schmelzpunkt des Roheisens liegen, überwiegt die Oxydierbarkeit des Phosphors; bei oxydierender Behandlung in hohen Temperaturen geht dagegen zuerst der Kohlenstoff eine Verbindung mit Sauerstoff ein. Bei denjenigen Oxydationsverfahren, welche hohe Temperaturen zur Voraussetzung haben, kann man also den Phosphor nicht entfernen, bevor nicht der größere Teil des Kohlenstoffgehalts des zu oxydierenden Materials verbrannt ist.

Die Kenntnis dieser einschlägigen Verhältnisse ist immer von der größten Bedeutung für die theoretische und praktische Untersuchung aller Frisch- (Oxydations-) Verfahren.

Vierzehntes Kapitel.

Die Schlacken der Eisendarstellung.

Als Schlacken bezeichnet man diejenigen nichtmetallischen Körper, welche sich bei der Schmelzung der Metalle aus den schmelzbaren Verunreinigungen der Rohmaterialien oder aus den vom Metall während der Schmelzbehandlung abgestoßenen Nebenbestandteilen, aus den Rückständen der Brennstoffe und endlich aus aufgelösten Teilen des Ofenmauerwerks bilden und das geschmolzene oder auch nur zum Schmelzpunkt der Schlacke erhitzte Metall bedecken bzw. umgeben.

Die Schlacken spielen aber nicht nur die in der vorstehenden Begriffsbestimmung zum Ausdruck kommende Rolle eines unvermeidlichen Nebenprodukts bei der Eisen- und Stahlbereitung; sondern sie haben außerordentlich wichtige Aufgaben zu erfüllen. Sie sind vor allen Dingen die Reagenzien gegenüber dem zu behandelnden Metallbad; sie dienen als Lösungsmittel für alle auf das Bad einwirkenden Substanzen; anderseits nehmen sie alle diejenigen nicht gasförmigen Körper auf, welche aus dem Metall entfernt werden müssen. Es ist ausgeschlossen, das Metall nach irgendeiner Richtung hin zu beeinflussen, wenn die Schlacke keine entsprechende Zusammensetzung hat. So kann z. B. beim Reduktionsprozeß das Eisen keinen Kohlenstoff in sich aufnehmen, solange die umgebende Schlacke noch reduzierbare Metalloxyde enthält, weil eben der Kohlenstoff erst diese Oxyde zu reduzieren bestrebt sein wird. Anderseits kann z. B. beim Oxydationsprozeß kein Phosphor aus dem Metall oxydiert werden, wenn nicht die Schlacke freie Basen enthält, mit denen sich die entstehende Phosphorsäure verbinden kann. Ein Flußeisenbad kann niemals absolut eisenoxydfrei gemacht werden, solange die darüber liegende Schlacke noch Eisenoxyde enthält, welche sich immer wieder im Metallbad auflösen würden.

Die Zusammensetzung einer Schlacke ist daher unter allen Umständen charakteristisch für die Zusammensetzung des entsprechenden Metalls und für den Verlauf des metallurgischen Prozesses, und die Beobachtung der Schlacke ist für die Beurteilung eines Prozesses von ebenso großer Bedeutung wie diejenige des Metalls selbst; in manchen Verfahren, wie z. B. beim Hochofenprozeß, bei dem man das erzeugte Metall nicht vor seiner Fertigstellung beobachten kann, bildet das Aussehen der Schlacke das Hauptmerkmal zur Beurteilung des Ofenganges.

Auch die Temperatur, bei der sich der Hüttenprozeß vollzieht, spielt eine große Rolle für die Beschaffenheit der Schlacke. Im vorigen Kapitel wurde gezeigt, wie die Reihenfolge der Reduktion bzw. der Oxydation der einzelnen Bestandteile des Eisens von der Temperatur abhängt; da eine Änderung in der Zusammensetzung des einen Reagens auch eine Änderung der Beschaffenheit des andern herbeiführt, so ergibt sich daraus ohne weiteres der Einfluß der Temperatur auf die Zusammensetzung der Schlacke. Wird z. B. ein Roheisen einer bestimmten Zusammensetzung einer oxydierenden Behandlung einmal bei hoher und anderseits bei niedriger Temperatur unterworfen, so fällt die Schlacke in beiden Fällen verschieden aus; u. a. wird der Eisengehalt der Schlacke bei der höheren Temperatur geringer sein als bei der niedrigeren.

Ihrer chemischen Konstitution nach sind die Schlacken Lösungen einer Anzahl von verschiedenen chemischen Körpern ineinander. Sie folgen den Gesetzen der Lösungen vor allem auch darin, daß ihr Schmelzpunkt um so niedriger liegt, je mehr einzelne Körper vorhanden sind. Man kann also schon dadurch, daß man der Schlacke einen weiteren Körper zuführt, auch dann, wenn er mit den übrigen Bestandteilen der Schlacke keine leichter schmelzbare chemische Verbindung eingeht, den Schmelzpunkt erheblich er-

niedrigen. Hierauf beruht die Zugabe von sog. Flußmitteln, z. B.
Flußspat, Chlorkalzium, die oft dann zugeschlagen werden, wenn die
Schlacke nicht hinreichend dünnflüssig und somit reaktionsfähig
erscheint.

Außer der Schmelztemperatur der Schlacke ist ihre Entstehungs-
temperatur wichtig, welche immer oberhalb der Schmelztemperatur liegt,
eben weil die Schlacken zusammengesetzte Körper sind, deren einzelne
Teile einen höheren Schmelzpunkt haben als ihre gegenseitige Lösung.
Es ist unter allen Umständen notwendig, daß die Entstehungs-
temperatur der Schlacke unterhalb derjenigen Grenze liegt, welche
in dem betreffenden Prozeß erreichbar ist, und es ergibt sich daraus
die Notwendigkeit, die Zuschläge entsprechend der Zusammensetzung
der aufeinander einwirkenden Faktoren so zu bemessen, daß diese
Bedingung erfüllt wird; die Schlacken erhalten auf diese Weise die
wichtige Aufgabe der Temperaturregulierung im metallurgischen Prozeß.

Die Beobachtungstatsache, daß die Schmelztemperatur der
Schlacke immer geringer ist als diejenige ihrer Bestandteile, dient
anderseits als einwandfreie Bestätigung der Theorie von der Konstitution der Schlacken; ja es ist sogar auf diese Weise möglich
gewesen, die Existenz verschiedener einfacher Verbindungen in den
Schlacken dadurch nachzuweisen, daß Schlacken von der chemischen
Zusammensetzung der Verbindung bei Temperaturmessungen immer
ein deutliches Maximum in der Schmelztemperatur ergaben.

Die Schlacken werden entsprechend ihrer chemischen Konstitution
eingeteilt in Silikatschlacken, Phosphatschlacken, Spinelle (Aluminate),
Sulfate und Sulfide. — Schlacken, welche genau unter eine dieser
Bezeichnungen fallen, dürften wohl kaum in der Praxis vorkommen;
vielmehr besteht die große Mehrzahl aller Schlacken aus der Lösung
zweier oder mehrerer dieser Bestandteile.

1. Silikatschlacken

sind Verbindungen einer zweiwertigen Base mit Kieselsäure, welche
in den verschiedensten Verhältnissen bestehen können, in denen die
Säure mehr oder weniger gegenüber der Base überwiegen kann.
Als Basen kommen bei der Eisenfabrikation in Betracht CaO, MgO,
FeO, MnO; allgemein pflegt man sie als RO zu bezeichnen. Das
Verhältnis des an die Kieselsäure gebundenen Sauerstoffs zu dem
Sauerstoff der Basen nennt man die Silizierungsstufe. Man
unterscheidet hiernach:

		$\dfrac{\text{Säuresauerstoff}}{\text{Basensauerstoff}} = \dfrac{s}{b}$
Trisilikat	$3\,SiO_2\,2\,RO$	$3 : 1$
Bisilikat	$SiO_2\ \ RO$	$2 : 1$
Sesquisilikat . . .	$3\,SiO_2\,4\,RO$	$1,5 : 1$
Singulosilikat . . .	$SiO_2\,2\,RO$	$1 : 1$
Subsilikat	$SiO_2\,3\,RO$	$0,67 : 1.$

Nach einer neueren Methode geht man nur von zwei verschiedenen Silizierungsstufen aus, dem Orthosilikat, entsprechend dem Singulosilikat, und dem Metasilikat, entsprechend dem Bisilikat, und bezeichnet alle anderen Silizierungsstufen als Gemische dieser beiden Silikate. Diese Bezeichnungsweise stimmt mit der Tatsache überein, daß man in der Chemie keine anderen freien Kieselsäurehydrate kennt als die Orthokieselsäure $SiO_2 . 2H_2O$ und Metakieselsäure $SiO_2 . H_2O$.

2. Spinelle.

Die dreibasischen Metalloxyde, vor allem die Tonerde, stehen in bezug auf ihre Wirkung zwischen Säure und Base; ist die Schlacke stark kieselsäurehaltig, so bilden sich Tonerde-Silikate, eventuell auch Kalktonerdesilikate; ist dagegen Tonerde neben Kalk stark vertreten, ohne daß gleichzeitig genügend Kieselsäure vorhanden ist, so bilden sich Kalkaluminate, entsprechend der allgemeinen Formel $RO . R_2O_3$, welche auch als Spinelle bezeichnet werden nach dem in der Natur vorkommenden Magnesiumaluminat von der Formel $MgO . Al_2O_3$. Diese Schlacken sind also Verbindungen von Metalloxyden, u. zw. von einem zweibasischen mit einem dreibasischen; sie sind daher auch früher meist als Oxydschlacken bezeichnet worden. In diese Kategorie fällt auch das bei verschiedenen Hüttenprozessen als Schlacke sich ergebende Eisenoxyduloxyd (Magnetit) $FeO . Fe_2O_3$, in dem das Oxydul die Base, das Oxyd die Säure vertritt.

3. Phosphatschlacken.

Der in dem Roheisen enthaltene Phosphor wird bei einer oxydierenden Behandlung zu Phosphorsäure oxydiert, welche jedoch nicht frei bestehen kann, sondern sich mit irgendeiner Base zu einem Phosphat verbindet. Die Bindung an Basen ist aber nur dann möglich, wenn keine Kieselsäure im Überschuß vorhanden ist, und daher können sich Phosphatschlacken nur dann bilden, wenn das Metall auf basischem, nicht kieselsäurehaltigem Herd geschmolzen wird. In den Frisch- und Puddelschlacken, welche auf eisenoxydhaltigem Herd erzeugt werden, ist die Phosphorsäure an Eisenoxydul und Manganoxydul gebunden, und zwar als gewöhnliches dreibasisches Phosphat.

Die wichtigste Phosphatschlacke ist die auf erdbasischem (kalk- oder magnesiahaltigem) Herd geschmolzene Thomasphosphatschlacke, welche aus einem sonst unbekannten vierbasischen Phosphat von der Formel $P_2O_5 . 4CaO$ besteht.

4. Sulfide und Sulfate

finden sich in geringen Mengen in Oxydations- wie in Reduktionsschlacken als Produkte einer Entschwefelung des Metalls. Bei kalkhaltigen Schlacken ist der Schwefel an das Kalzium, andernfalls neben Kalzium zumeist an Mangan gebunden. Die Sulfate entstehen durch Oxydation der Sulfide, und zwar dürfte in vielen Fällen diese Oxydation erst nach dem Erkalten vor sich gegangen sein. Jedenfalls ist die Tatsache, daß in einer Schlacke Sulfate durch die Analyse nachgewiesen werden, nicht immer ein Beweis dafür, daß auch in der flüssigen Schlacke Sulfate vorhanden waren.

In jedem Falle sind in den Schlacken der Eisenhüttenprozesse die Schwefelverbindungen aber in solch geringem Maße vorhanden, daß man sie nicht als besondere Klasse bezeichnen kann; sie treten vielmehr nur mit den anderen Schlacken in verhältnismäßig geringen Mengen gemischt auf.

Die vorstehenden Ausführungen über die Konstitution der Schlacken in den eisenhüttenmännischen Verfahren zeigen zur Genüge, daß bei Phosphatschlacken, welche je nach der Beschaffenheit des Herdes entweder aus dreibasischen Eisen- oder Manganphosphaten oder aus vierbasischem Kalkphosphat bestehen, und deren Zusammensetzung sich lediglich nach der Menge des oxydierten Phosphors im Verhältnis zu anderen Nebenbestandteilen richtet, eine willkürliche Beeinflussung der Schmelztemperatur nur dadurch möglich ist, daß man zur Schlacke noch andere Bestandteile, wie Sand oder auch Halogensalze (Chlorkalzium, Flußspat) zuschlägt; bei den Silikaten und Aluminaten dagegen, welche je nach ihrem gegenseitigen Verhältnis eine ganze Anzahl verschiedener Salze bilden können, deren Schmelzpunkte an sich schon innerhalb sehr weiter Grenzen schwanken, und durch deren Lösung ineinander man Schmelzpunkte erzielen kann, die noch weit unter jenen der einfachen Verbindungen liegen, hat man durch Wahl der Zuschläge die Mittel zu einer außerordentlich weitgehenden willkürlichen Beeinflussung der Schmelztemperatur in der Hand.

Das gilt insbesondere von den Hochofenschlacken, welche in der Hauptsache aus den drei Bestandteilen Kieselsäure, Tonerde und Kalk (Magnesia) bestehen, und deren stöchiometrische Berechnung daher in der Praxis allgemein üblich ist. Gerade über die Schmelzbarkeit der Hochofenschlacken sind besonders viele Untersuchungen angestellt worden, auf die weiter unten bei der Besprechung des Hochofenprozesses zurückgekommen werden soll.

Die Wärme und ihre technische Verwertung in der Eisenindustrie.

———

A. Allgemeines.

Fünfzehntes Kapitel.

Die Wärme und die Arten ihrer Erzeugung. Begriffsbestimmungen.

In den vorhergehenden Abschnitten wurde gezeigt, daß sowohl die Herstellung des Eisens aus seinen Erzen, wie die raffinierende Verwandlung des hierbei erzeugten Rohprodukts, wie auch endlich die Formgebung des erzeugten Gußeisens oder schmiedbaren Eisens teilweise solche Temperaturen voraussetzen, bei denen das Eisen schmelzflüssig ist, teilweise auch bei zwar unter dem Schmelzpunkt liegenden, aber doch gegenüber den normalen sehr hohen Temperaturen erfolgen. Zudem sind eine Reihe der in der Eisenerzeugung vor sich gehenden Reaktionen endothermisch, d. h. Wärme verbrauchend. Die Erzeugung der für die Durchführung der Verfahren erforderlichen Wärme ist also für die Eisenindustrie von ausschlaggebender Bedeutung.

Die Wärme im physikalischen Sinne ist eine Energieform, welche sich charakterisiert als eine molekulare Bewegung der kleinsten Teile der Wärmeträger. Nach dem Gesetz von der Erhaltung der Energie kann jede Energieform in Wärme umgewandelt werden; praktisch wird heute aber nur aus chemischen Umwandlungsprozessen, in erster Linie aus der Verbrennung, und aus elektrischer Energie Wärme erzeugt. Bei dem heutigen Stande der Technik ist die Wärmeerzeugung durch Verbrennung weitaus am wichtigsten. Die Verwandlung von Elektrizität in Wärme kann überall da, wo die Elektrizität selbst erst aus der Wärme erzeugt wird, nur für besondere Zwecke in Betracht kommen; wo Naturkräfte (Wasserkräfte) aber zur Erzeugung von elektrischer Energie benutzt werden, ist die Wärmeerzeugung aus Elektrizität heute schon ein vollgültiger Ersatz für die Wärmeerzeugung durch Verbrennung geworden.

Nach der obigen Begriffsbestimmung ist Wärme auch allemal dann vorhanden, wenn der Zustand vorliegt, den wir im Sprachgebrauch als das Gegenteil von Wärme, als Kälte bezeichnen; Kälte ist in diesem Sinne nichts anderes als das Vorhandensein einer für den normalen Bedarf nicht ausreichenden Wärmemenge. Das absolute Fehlen jeder Wärme, d. h. der molekularen Bewegung, tritt erst bei Temperaturen ein, die in der Wirklichkeit überhaupt nie vorkommen ($- 273^0$ C).

Jeder Körper führt hiernach immer eine bestimmte Wärmemenge in sich, welche abhängig ist von seiner Natur und von seiner Temperatur, und welche man als seine l a t e n t e   W ä r m e bezeichnet.

Das Maß für die Wärme ist die K a l o r i e , d. h. diejenige Wärmemenge, welche erforderlich ist, um die Temperatur von 1 kg Wasser um 1^0 C zu erhöhen. (Entsprechend die Grammkalorie oder kleine Kalorie, g/cal, für 1 g Wasser.) Die latente Wärme eines Kilogramms Wasser ist also bei einer Temperatur $T^0 = T$ Kalorien. Die latente Wärme irgendeines anderen Körpers bei der Temperatur T ist dagegen $= T . c$ Kalorien für das Kilogramm, wobei c eine Konstante für den betreffenden Körper bedeutet, welche man als seine s p e z i - f i s c h e   W ä r m e bezeichnet. Die spezifische Wärme der festen Körper ist bei den verschiedensten Temperaturen nahezu gleich; diejenige der Gase dagegen wächst allgemein mit der Temperatur, und zwar nach den Formeln: $c_T = c_0 (1 + 0{,}000125\ T)$ für die sog. permanenten[1]) Gase (Wasserstoff, Sauerstoff, Kohlenoxyd, Stickstoff, Stickoxyd und Methan) und $c_T = c_0 (1 + 0{,}00065\ T)$ für alle andern Gase.

Die spezifische Wärme derjenigen Körper, welche für die Eisendarstellung eine wichtige Rolle spielen, ist aus der Zahlentafel 4 am Schlusse dieses Kapitels ersichtlich.

Die wichtigste Folgeerscheinung der Wärme, welche auch in der Eisenindustrie eine große Rolle spielt, ist die V e r ä n d e r u n g   d e s A g g r e g a t z u s t a n d e s. Feste Körper gehen bei der Erwärmung über eine gewisse Grenze hinaus, beim S c h m e l z p u n k t, in den flüssigen, flüssige beim S i e d e p u n k t in den gasförmigen Zustand über. Bei dem Übergang aus dem Zustand der niedrigeren Temperatur in den der höheren wird Wärme verbraucht, die S c h m e l z w ä r m e bzw. V e r d a m p f u n g s w ä r m e, und bei der Abkühlung unter die Temperaturen, bei denen eine Rückbildung des flüssigen bzw. festen Aggregatzustandes erfolgt, werden die gleichen Wärmemengen wieder frei. Die Schmelz- und Verdampfungswärmen einzelner Körper sind gleichfalls aus der Zahlentafel 4 ersichtlich. Hiernach ergibt sich z. B. als latente Wärme eines Kilogramms Wasser bei 60^0 C 60 Cal; die

---

[1]) Permanente Gase sind diejenigen Gase, welche man früher nicht verflüssigen konnte, und von denen man daher annahm, daß sie sich überhaupt nicht verflüssigen lassen, welche Annahme sich allerdings als irrig erwiesen hat.

latente Wärme von 1 kg Wasserdampf bei 150° setzt sich dagegen zusammen aus

der latenten Wärme des Wassers bei 100° = 100 Cal,
der Verdampfungswärme des Wassers . . = 537 -
der latenten Wärme des Dampfs mit
  50 . 0,442 (1 + 0,00065 . 150) . . . . . = 24 -
                                   also in Summa   661 Cal.

Wärmebilanz. Für die praktische Ausnutzung der Wärme ist es nun unter allen Umständen von der größten Bedeutung, sich Rechenschaft abzulegen darüber, wieviel von der aufgewandten Energie wirklich der Erreichung des beabsichtigten Vorgangs dient, und wieviel für andere Zwecke verwendet wird, welche jedoch nicht zu vermeiden sind, d. h. den **Nutzeffekt** des Wärmevorgangs festzustellen.

Nach dem Grundsatz von der Erhaltung der Energie ist es leicht möglich, eine sog. **Wärmebilanz** aufzustellen; die in der Bilanz entstehenden Fehlbeträge sind dann als **Verluste** durch Strahlung usw. einzusetzen.

Auf die „Sollseite" gehören:

1. Die latenten Wärmemengen, welche die aufeinander einwirkenden Substanzen vor Beginn der Reaktion in sich tragen.

2. Diejenigen Wärmemengen, welche durch die Verbrennung oder durch Umwandlung elektrischer Energie in Wärme oder auf eine andere Weise erzeugt werden.

3. Wärmemengen, die durch etwaige exothermische Reaktionen erzeugt werden.

In die „Habenseite" sind einzusetzen:

1. Die latente Wärme der nach dem metallurgischen Vorgang vorhandenen Substanzen.

2. Der Wärmeaufwand für endothermische Reaktionen.

3. Die Verluste durch Leitung und Strahlung.

Der Nutzeffekt eines metallurgischen Apparats ist allerdings mitunter nicht mit absoluter Sicherheit festzustellen, da es auf die Auffassung ankommt, welche Wärmemengen als Effekt und welche als Verlust anzusehen sind. Soll z. B. ein Metall geschmolzen werden, so ist im Grunde die latente Wärme des geschmolzenen Metalls diejenige Wärmemenge, welche als nutzbar eingesetzt werden soll. Nun muß aber ein solches Metall mit Schlacke eingeschmolzen werden; das Fehlen der Schlacke wäre metallurgisch undenkbar, und es wäre daher verkehrt, wollte man die latente Wärme der geschmolzenen Schlacke auch als Verlust schlechtweg einsetzen. Nimmt man aber die zum Schmelzen des Metalls und der Schlacke theoretisch nötige Wärmemenge als nutzbare Wärme an, so ergibt sich ein wesentlich höherer Nutzeffekt der Feuerung als in dem andern Falle.

Zahlentafel 4.

	Spefizische Wärme	Schmelz- wärme	Ver- dampfungs- wärme
Wasser (Normalkörper)	1	80 cal	537 cal
Eisen, chemisch rein	0,1116		
Roheisen, fest	0,1277		
., flüssig	0,2500	23—34 cal	
Schmiedeeisen	0,1124		
Kohlenstoff	0,203		
Kohlenoxyd	0,2425		
Kohlensäure	0,1952		56,3 cal
Wasserstoff	3,4090		
Sauerstoff	0,2175		
Stickstoff bei 0°	0,2438		
Atmosph. Luft	0,2375		
Wasserdampf	0,4415		
Methan	0,5929		
Äthylen	0,3694		
Mangan	0,206		
Silizium	0,136		
Phosphor, fest	0,1788	5,034 cal	
,, flüssig	0,2045		71,9 cal
Schwefel, fest	0,2026	9,368 cal	
,, flüssig	0,234		
Kieselsäure	0,195		
Hochofenschlacke	im Mittel 0.2	50 cal	
Bessemerschlacke	je nach Zusam- mensetzung ca. 0,2—0,3	46 cal	
Ff. Ziegel	0.2083		

Sechzehntes Kapitel.

Die Temperatur und ihre Messung.

Der für die Technik wichtigste Effekt der Wärme ist die Temperatur. Die Temperatur ist der Quotient aus der zur Verfügung stehenden Wärmemenge dividiert durch das spezifische Wärmeaufnahmevermögen derjenigen Körper, welche an der Erwärmung teilnehmen. Ist also eine bestimmte Wärmemenge Q in Kalorien gegeben,

$$\text{so ist die Temperatur } T = \frac{Q}{p_1 \cdot c_1 + p_2 \cdot c_2 + \ldots \ldots}, \text{ worin } p_1, p_2 \text{ usw.}$$

die bezüglichen Gewichte der erwärmten Körper in Kilogramm und c_1 c_2 usw. ihre spezifische Wärme darstellen.

Die Temperatur ist demnach bei gleicher aufgewendeter Wärmemenge um so höher, je geringer die Anzahl bzw. das Gewicht der zu erwärmenden Körper ist. Will man also eine möglichst hohe Temperatur unter möglichst geringem Wärmeaufwand erzielen, so muß man, abgesehen davon, daß man direkte Wärmeverluste zu vermeiden sucht, darauf hinarbeiten, daß außer dem Körper, den man wirklich erwärmen will, möglichst wenig andere Körper an der Erwärmung teilnehmen.

Bei der großen Bedeutung, welche die Temperatur für das Verhältnis aller bei den metallurgischen Vorgängen aufeinander einwirkenden Körper hat, ist es außerordentlich wichtig, sie durch genaue Messungen stets zu kontrollieren. Die ältere Methode der Temperaturbestimmung ist diejenige der Beurteilung der mit der Wärmewirkung gleichzeitig erfolgenden Lichtwirkung in den Farben glühender Körper. Diese Bestimmung ist für ein geübtes Auge ziemlich zuverlässig; sie hat indessen den Nachteil, daß sie auf individueller Beobachtungsgabe beruht, und daß sich daher die Erfahrungen des einen nicht durch andere verwerten lassen. Immerhin ist es wichtig, die Glühfarben in ihrer genauen Temperaturlage zu kennen. Es entspricht

schwarzrot (nur im Dunkeln erkennbar) etwa 500—550⁰ C
dunkelrot 700⁰
dunkelkirschrot 800⁰
kirschrot 900⁰
hellkirschrot 1000⁰
orange 1050⁰
hellorange 1100⁰
gelb 1150⁰
hellgelb 1200⁰
weiß 1300⁰

Wenn sich über diese Glühfarben bzw. die ihnen entsprechenden Temperaturen voneinander abweichende Angaben finden, so beruht das eben auf der Tatsache, daß die Bestimmung der Glühfarben individuell ist.

Die exakte Temperaturmessung in Temperaturgraden ist gegenüber der Beurteilung der Glühfarben einmal deshalb vorzuziehen, weil es notwendig ist, auch die oberhalb der Weißglut liegenden Temperaturen zu bestimmen, was mit bloßem Auge um so schwieriger ist, je höher die Temperatur liegt. Anderseits bietet auch die genaue Bestimmung der Temperaturgrade die einzige Möglichkeit, die absoluten Wärmemengen zu bestimmen und dementsprechend Wärmeberechnungen vorzunehmen.

Die Temperatur wird bekanntlich gemessen in Temperaturgraden, welche man dadurch erhalten hat, daß man den Zwischenraum zwischen dem Gefrierpunkt und dem Siedepunkt des Wassers in eine Anzahl gleicher Teile eingeteilt hat. Es existieren verschiedene Temperaturgradeinteilungen; in der eisenhüttenmännischen Praxis rechnet man indessen ausschließlich nach der Skala von Celsius, welche 100 Grade zwischen Gefrier- und Siedepunkt des Wassers hat.

Diejenigen Temperaturen etwa, welche unterhalb 300—350⁰ C liegen, kann man als niedrige, diejenigen zwischen 300 und 1000⁰ als mittlere und die darüber liegenden als hohe Temperaturen bezeichnen.

Die Messung der niederen Temperaturen ist am einfachsten; sie werden durch das auf der thermischen Ausdehnung einer Quecksilbersäule beruhende Q u e c k s i l b e r t h e r m o m e t e r gemessen. Dieses zeigt aber nur Temperaturen an bis zu 330⁰, dem Siedepunkt des Quecksilbers; für genaue Messungen sollte es nur bis etwa 250⁰ verwendet werden. Für die Messung höherer Temperaturen füllt man den über dem Quecksilber befindlichen Raum, der bei dem gewöhnlichen Thermometer luftleer ist, mit Stickstoff (oder auch einem andern Gase) unter hohem Druck (etwa 20 atm), wodurch der Siedepunkt des Quecksilbers bis auf 550⁰ erhöht und das Instrument für die genaue Messung von Temperaturen bis zu etwa 450⁰ brauchbar wird. Ein derartiges Quecksilberthermometer pflegt man als S t i c k s t o f f - t h e r m o m e t e r zu bezeichnen.

Schwieriger wird die Messung mittlerer und höherer Temperaturen, bei denen die auf der thermischen Ausdehnung beruhende Längenänderung eines Körpers nicht zur Messung der Temperatur benutzt werden kann. Für diese Temperaturen bestehen nun eine Anzahl verschiedener Meßmethoden, welche man in drei Klassen einteilen kann:

1. Temperaturbestimmung durch Indikatoren.
2. Kalorimetrische Temperaturbestimmung.
3. Temperaturmessung durch Pyrometer.

1. T e m p e r a t u r i n d i k a t o r e n sind kleine besonders präparierte Körper, welche bei einer ganz bestimmten Temperatur eine Veränderung ihres Aggregatzustandes erleiden, von deren Eintreten man Rückschlüsse auf die Temperatur ausüben kann, welche an dem betr. Orte geherrscht hat.

Die bekanntesten Indikatoren sind die S e g e r k e g e l , welche nach den Angaben des Laboratoriums für Tonindustrie von Professor Dr. S e g e r und E. C r a m e r in der Kgl. Porzellanmanufaktur in Berlin hergestellt werden. Die Segerkegel sind kleine dreiseitige Pyramiden von 6 cm Höhe, welche aus verschieden zusammengesetzten Tonerdesilikaten hergestellt werden, so daß jeder bestimmten Zusammensetzung des Kegels eine bestimmte Schmelztemperatur entspricht. Das S e g e r sche Laboratorium verfügt über eine Auswahl von rund 60 verschieden zusammengesetzten Kegeln, deren Schmelzpunkte zwischen den Temperaturen von 590⁰ bis etwa 2000⁰ mit Zwischenräumen von etwa 20—30⁰ schwanken, so daß sich die Temperaturen mit ausreichender Genauigkeit feststellen lassen.

Die Anwendung der Segerkegel ist besonders in solchen Öfen von Bedeutung, welche langsam auf eine bestimmte Temperatur erwärmt und dann auf dieser erhalten werden müssen, z. B. Glühöfen, Brennöfen für feuerfeste Produkte. Man wählt dann je einen Kegel einer Temperatur, die unterhalb derjenigen des Ofens, einen, der bei ihr

und einen, der oberhalb liegt. Soll z. B. die Temperatur 1450⁰ betragen,
so wird man Segerkegel 15, 16 und 17 zusammen in den Ofen schieben.
Ist die Temperatur genau 1450⁰, so wird Kegel Nr. 16, dessen Schmelztemperatur bei 1450⁰ liegt, eben anfangen zu erweichen und seine
Spitze zu senken; Kegel Nr. 15, der schon bei 1430⁰ schmilzt, wird
vollständig heruntergeschmolzen sein, und Kegel Nr. 17, dessen Schmelzpunkt ca. 1470⁰ ist, wird seine Gestalt unverändert beibehalten.

Ähnlich wie die Segerkegel wirken die sog. S e n t i n e l s und
die P r i n s e p s c h e n L e g i e r u n g e n. Erstere sind einfache
Metalloxydsalze oder Gemische von mehreren, welche ebenfalls bei
genau bestimmten Temperaturen schmelzen; ihre Genauigkeit soll noch
größer sein als diejenige der Segerkegel.

Prinsepsche Legierungen sind Legierungen von Gold-Silber und
Gold-Platin, welche früher zu dem gleichen Zweck verwandt wurden,
wegen ihres Wertes allerdings wohl nur für wissenschaftliche Untersuchungen und nicht für technischen Gebrauch. Bei der heutigen
Vervollkommnung der exakten Pyrometrie haben sie wohl überhaupt
keine Bedeutung mehr.

Die Temperaturindikatoren haben den Vorzug, daß man mit ihnen
leicht die Temperatur auch an solchen Orten bestimmen kann, welche
sonst nicht zugänglich sind; sie vermögen auch nachträglich nach dem
Erlöschen des Ofens noch die Temperatur anzugeben, welche dort
herrschte, wo sie gestanden haben. Ihre Anwendung setzt keine
wissenschaftliche Vorbildung voraus; sie können also auch dort benutzt
werden, wo man über kein wissenschaftlich gebildetes Personal verfügt. — Dagegen haben die Indikatoren den Nachteil, daß man mit
ihnen keine absoluten Maße erhält, wie denn auch die oben angegebenen Temperaturen wieder nur durch Vergleich mit andern exakten
Pyrometern festgestellt werden konnten; ihre Anwendung beschränkt
sich fast ausschließlich auf die Bestimmung der Temperatur in metallurgischen Öfen.

2. D i e k a l o r i m e t r i s c h e T e m p e r a t u r b e s t i m m u n g
beruht auf dem Prinzip des Wärmeausgleichs zweier Körper von verschiedener Temperatur. Sie wird in der Weise ausgeführt, daß man
einen Metallkörper von genau bestimmtem Gewicht auf die zu messende
Temperatur bringt und ihn dann in einer gleichfalls abgewogenen
Menge Wasser wieder abkühlt, dessen Temperatur man vor und nach
dem Temperaturausgleich mißt. Aus der Temperaturerhöhung läßt
sich dann die ursprüngliche Temperatur des Metallkörpers leicht berechnen. Die Hauptbedingung bei dieser Temperaturmessung ist die,
daß man Wärmeverluste möglichst vermeidet; deshalb muß der Wasser-
behälter allseitig durch einen schlechten Wärmeleiter abgeschlossen
werden.

Für öfter wiederkehrende Temperaturmessungen, die unter den
gleichen Voraussetzungen vorgenommen werden, kann man sich durch
Aufstellung von Tabellen die Temperaturbestimmung wesentlich er-
leichtern.

Beispiel: Zur Messung der Temperatur des Gebläsewindes eines Hochofens werde ein Nickelzylinder von 20 g Gewicht in der Windleitung auf die Windtemperatur erhitzt und in ein Wassergefäß von $1/4$ l Inhalt = 250 g Gewicht gebracht. Temperatur des Wassers vor der Messung sei 15,0°, nach der Messung 22,0°. Die spezifische Wärme des Nickels ist 0,1092. Es ist dann

latente Wärme des heißen Nickelzylinders x . 20 . 0,1092 g/cal, nach dem Abkühlen

$$22,0 . 20 . 0,1092 \text{ g/cal,}$$

also

$$\text{Wärmeabgabe} = (x-22) \; 20 . 0,1092.$$

Dagegen hat das Wasser, welches vor dem Hineinwerfen des Nickels einen latenten Wärmewert von 15,0 . 250 = 3750 g/cal hatte, nach der Operation 22.0 . 250 = 5500 g/cal, es hat also 1750 g/cal in sich aufgenommen. Wenn keine Wärme verloren gegangen ist, so ist

$$(x - 22) . 20 . 0,1092 = 1750;$$
$$x = 823.$$

Die Temperatur des Gebläsewindes war also 823°.

Die Methode setzt außer der Notwendigkeit, das Kalorimeter vor Wärmeverlusten zu schützen, ein sehr genaues Ablesen voraus, da sich Fehler in der Ablesung vervielfachen. In dem obigen Beispiel entspricht z. B. eine Temperaturerhöhung des Wassers von nur 7° einer Temperaturerniedrigung des Nickels um rund 800°; jedes Zehntel Grad Unterschied in der Ablesung ergibt also einen Temperaturunterschied von etwa 12°; hierin liegt eine Quelle zu Fehlern einer Temperaturbestimmung und der Hauptnachteil der kalorimetrischen Meßmethode. — Mit Vorteil kann sie aber da angewendet werden, wo es weniger auf die Messung der Temperatur allein, sondern auf die der Wärmemenge ankommt; z. B. erhält man direkte Aufschlüsse darüber, wieviel Wärme einem Ofen durch irgendeinen Körper, etwa Asche, entführt wird, wenn man einen Teil davon in ein Gefäß mit Wasser von bekanntem Gewicht und bekannter Temperatur hineinwirft und dann die Temperaturerhöhung des Wassers mißt.

3. Pyrometer sind direkte Temperaturmesser für hohe Temperaturen; sie sind im Prinzip genau dasselbe wie die Thermometer, Apparate zur Temperaturbestimmung auf Grund irgendeiner andern Wirkung der Wärme.

In der Praxis sind eine ganze Anzahl brauchbarer Pyrometer bekannt, und zwar außer solchen, welche auf der Ausdehnung fester oder gasförmiger Körper beruhen, in erster Linie elektrische und optische Pyrometer.

Nachstehend sollen nur einige davon besprochen werden, die sich in der Praxis gut bewährt haben:

Zur Messung mittlerer Temperaturen hat sich sehr gut bewährt ein elektrisches Widerstandspyrometer, das sog. Quarzglas-Widerstandspyrometer von Heraeus, welches wie andere Widerstandspyrometer auf der Tatsache beruht, daß der elektrische Widerstand sich mit der Temperatur ändert. Als Widerstand dient ein reiner Platindraht, welcher auf einen dünnen Quarzglasstab aufgewickelt und mit diesem in eine dünne Quarzglasröhre eingeschmolzen ist. Der Widerstand dieses Platindrahts ist bei 0^0 genau 25 Ohm. Die Widerstandsänderung wird nun gemessen durch das Galvanometer einer Wheatstoneschen Brücke. Das Prinzip dieses Apparats besteht bekanntlich darin, daß bei einer Stromverzweigung mit einer Brücke Strom durch die Brücke nur dann hindurchfließt, wenn der Widerstand in den Stromzweigen verschieden groß ist. — Abb. 4 zeigt schematisch die Anordnung der Meßvorrichtung. Th bezeichnet das Quarzglasthermometer, S die Stromquelle, G das Galvanometer. Der Strom fließt vom Element S aus über den Widerstand A zur Stromverzweigung und dann durch die Zweige I, III einerseits und II, Th anderseits zurück zur Stromquelle. Solange der Widerstand in

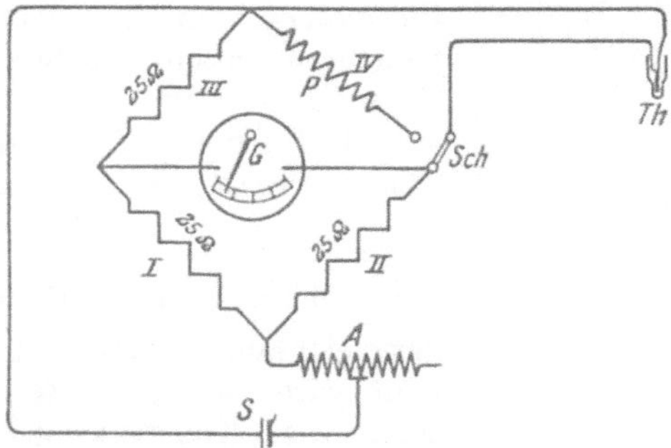

Abb. 4. Schema eines Quarzglas-Widerstandsthermometers.

den beiden Verzweigungen gleich groß ist, geht kein Strom durch die Brücke, die das Galvanometer trägt. Dementsprechend sind also die einzelnen Brückenzweige so bemessen, daß in I, II und III ein Widerstand von je 25 Ohm besteht, so daß bei 0^0, wo das Thermometer ebenfalls einen Widerstand von 25 Ohm hat, das Galvanometer keinen Strom anzeigt. Wird aber durch Änderung der Temperatur der Widerstand im Thermometer geändert, so erfolgt ein Ausschlag im Galvanometer, dessen Teilung man so einrichten kann, daß man direkt die Temperaturgrade abliest. P im Stromzweig IV ist ein Prüfwiderstand, der denselben Widerstand hat wie das Thermometer bei einer bestimmten Temperatur, welche auf der Galvanometerskala durch einen roten Strich besonders gekennzeichnet ist; man kann also das Instrument jederzeit auf seine Genauigkeit prüfen, indem man durch den Umschalthebel Sch den Strom anstatt durch das Thermometer durch den Stromzweig IV schickt; der Zeiger des Galvanometers muß sich dann auf den roten Strich einstellen; andernfalls muß man durch den Ausgleichswiderstand A so lange regulieren, bis der Zeiger richtig den roten Strich anzeigt.

Das Quarzglaswiderstandsthermometer ist also ein sehr einfaches Instrument, welches sicher anzeigt. Es hat ferner den Vorzug, daß es selbst gegen schroffe Temperaturwechsel völlig unempfindlich ist. Sein Meßbereich geht nach oben bis zu etwa 900° und erstreckt sich nach unten bis weit unter den Gefrierpunkt des Wassers, umfaßt also auch das ganze Anwendungsgebiet des Quecksilberthermometers. Vor diesem hat es den Vorzug, daß es eine Fernablesung gestattet und ferner auch anstatt mit gewöhnlicher Ableseskala mit einer Registriervorrichtung versehen sein kann, so daß man den Temperaturverlauf von wichtigen metallurgischen Vorgängen nachträglich noch graphisch ablesen kann.

Für höhere Temperaturen als 900° eignet sich das Quarzglaswiderstandsthermometer nicht. Über diese Temperaturen hinaus liefert das auf der Messung der an einer Lötstelle zweier Metalle bei der Erwärmung entstehenden Thermoelektrizität beruhende

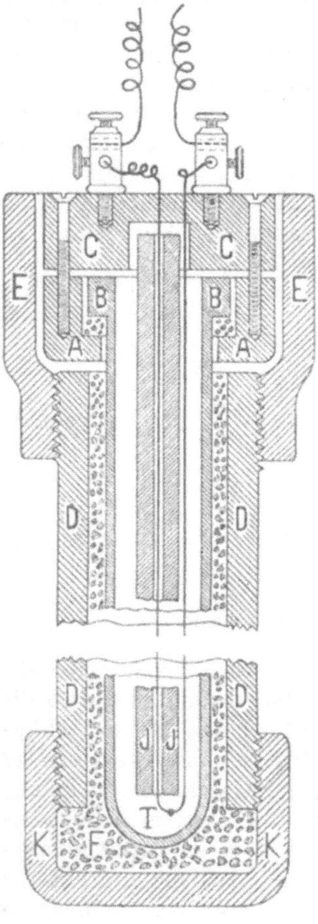

Le Chatelier-Pyrometer,
das gleichfalls von Heraeus in Hanau gebaut wird, sehr gute Resultate. Abb. 5 zeigt die Konstruktion des Thermoelements. Zwei Drähte von 0,6 mm Stärke und etwa 1½ m Länge, von denen der eine aus reinem Platin, der andere aus einer Platin-Rhodiumlegierung mit 10 Proz. Rhodium besteht, sind an der mit T bezeichneten Stelle zu einer kleinen Kugel zusammengelötet; der eine der Drähte ist in ein Isolierrohr J aus Porzellan eingeschlossen. Das ganze Thermoelement wird in ein Porzellanschutzrohr B eingelassen und dieses unter Auffüllung des Zwischenraums F mit Quarz-

Abb. 5. Le Chatelier-Pyrometer. oder Asbestkörnern in ein eisernes Schutzrohr D, welches am unteren Ende mit einer Kappe K und am oberen Ende mit einer Muffe E versehen ist, hineingesteckt; den Abschluß nach oben bilden zwei Hartgummiplatten A und C, in welch letztere die Klemmen für die beiden Pole eingelassen sind. Der bei der Erwärmung erzeugte thermoelektrische Strom wird auf einem Galvanometer gemessen, dessen Teilung direkt in Temperaturgraden angegeben sein kann. Auch dieses Pyrometer eignet sich sehr gut zur Fernablesung und zur Selbstregistrierung. Die Messungen sind durchaus genau und zuverlässig.

Der größte Nachteil des Le Chatelier-Pyrometers ist der, daß es unbedingt in die erwärmte Masse hineingetaucht werden muß. Dadurch wird schon sein Anwendungsgebiet beschränkt auf die Messung von Temperaturen heißer Gase oder geschmolzener Massen. Während es für erstere ausgezeichnete Dienste leistet, ist die Messung der Temperatur flüssiger Bäder schon schwieriger wegen des Anhaftens der geschmolzenen Masse nach dem Herausziehen. Für die Messung der Temperatur flüssiger Eisenbäder wird daher das Element noch mit einem Graphitrohr umgeben, welches es gegen den Einfluß des geschmolzenen Metalles schützt. Ausgeschlossen ist natürlich auch die Messung solcher Temperaturen, bei denen die Elementmontierung schmelzen würde; die höchste Temperatur, welche mit dem Le Chatelier-Pyrometer gemessen werden kann, ist daher etwa 1600°. Endlich ist es aus dem gleichen Grunde unmöglich, die Temperatur fester hoch erhitzter Körper zu messen, z. B. die Temperatur zu walzender Stäbe bei dem Walzprozeß zu verfolgen.

Während also das Le Chatelier-Pyrometer für die Messung der Temperatur metallurgischer Öfen, insbesondere von Härte- und Glühöfen, seiner Einfachheit und Genauigkeit wegen vorzüglich geeignet ist, versagt es vollständig für die Verfolgung der Vorgänge bei der Herstellung von Flußeisen und Stahl sowohl wie bei deren Weiterverarbeitung.

Diese Nachteile werden vermieden durch die o p t i s c h e n P y r o - m e t e r , welche auf der Beobachtung der gleichzeitig mit der Erwärmung auftretenden Lichtwirkungen beruhen. Von diesen ist das gebräuchlichste das von Dr. R. H a s e in Hannover hergestellte

W a n n e r - P y r o m e t e r.

Dieses beruht auf der Tatsache, daß die Intensität der Lichtwirkung zu der Temperatur eines glühenden Körpers in einem bestimmten Verhältnis steht. Allerdings läßt sich die Lichtintensität nicht in absoluten Zahlen ausdrücken, und es muß daher immer die bekannte Lichtintensität eines andern Körpers zum Vergleich herangezogen werden. Trotzdem ist das Wanner-Pyrometer ein Apparat, der auf einem durch eine genaue Formel darstellbaren physikalischen Gesetz beruht und daher auch zuverlässige Angaben liefert.

Die Temperaturmessung mit dem Wanner-Pyrometer ist eine auf exakter physikalischer Beobachtung beruhende Beurteilung der Glühfarben, der ältesten Temperaturbestimmungsmethode. — Der Hauptteil des Pyrometers ist ein fernrohrähnliches Instrument, welches in Abb. 6 und 7 schematisch dargestellt ist. Die Intensität des Lichtes des strahlenden Körpers wird verglichen mit derjenigen einer kleinen Glühlampe von 6 Volt Spannung, welche an dem dem Okular entgegengesetzten Ende des Sehrohrs angebracht ist. Die Kapsel S_1 enthält

zwei übereinander liegende parallele Spalten a und b, durch welche
die Lichtstrahlen von den beiden miteinander zu vergleichenden glühenden Körpern in das Rohr eintreten. Die Strahlenbündel gelangen
nun zunächst durch die Linse L_1, welche derart angeordnet ist, daß
ihr Brennpunkt mit S_1 zusammenfällt, so daß dadurch die Strahlen
parallel zueinander gerichtet werden, in das geradsichtige Prisma G,
durch welches das Licht in seine farbigen Bestandteile zerlegt wird.
Hierauf wird es in dem Kalkspatpolarisator K polarisiert, d. h. in
zwei verschiedene Lichtbündel, das ordentliche und das außerordentliche, gespalten, welche senkrecht zueinander stehen. Durch das
Doppelprisma P und das Okular L_2 werden dann die polarisierten
Strahlen wieder gesammelt und durch den Okularspalt in S_2 beob-
achtet. (Das runde Gesichtsfeld des Sehrohrs erscheint dem Auge
in zwei Hälften geteilt.) Von den polarisierten Strahlenbündeln fallen
nun die ordentlichen Strahlen von a und die außerordentlichen von b
hinter den Beobachtungsspalt; die andern Hälften fallen oberhalb und

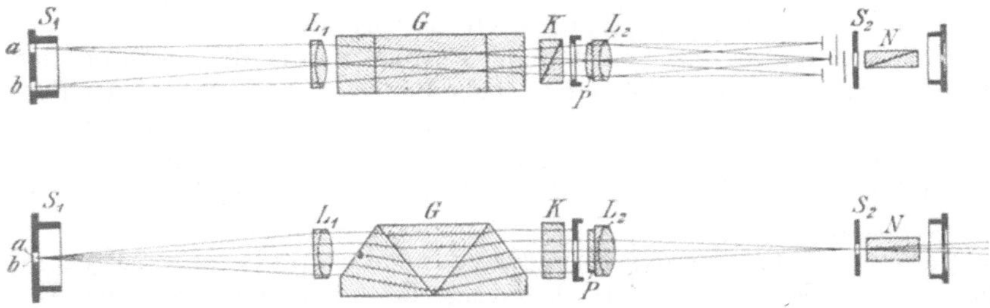

Abb. 6 u. 7. Wanner-Pyrometer.
a = glühender Körper. b = Glühlampe.

unterhalb des Spalts und werden dort abgeblendet, so daß man durch
den Spalt nur die eine Hälfte des kreisförmigen Gesichtsfeldes von a,
d. h. von dem glühenden Körper, und die andere Hälfte von b, d. h.
von der Glühlampe rot sieht.

Vor dem Okularspalt des Sehrohrs befindet sich noch ein Nicol-
Prisma, durch dessen Drehung man in der Lage ist, die Intensität
der einen oder andern Hälfte solange zu erhöhen, bis beide genau
gleich geworden sind. Der nunmehr entstandene Drehungswinkel wird
abgelesen und aus einer dem Apparat beigegebenen Zusammenstellung
die entsprechende Temperaturangabe entnommen.

Obwohl die Handhabung des Wanner-Pyrometers etwas komplizierter ist als die der elektrischen Pyrometer und immerhin ein etwas
geübtes Auge verlangt, macht es doch in erster Linie seine Unab-
hängigkeit von der Aufstellung des Instruments zu einem außerordentlich brauchbaren Temperaturmesser für eisenhüttenmännische Verfahren. Sein Hauptnachteil ist gegenüber dem Le Chatelier-Pyrometer
die Unmöglichkeit der Fernablesung und der Selbstregistrierung, so
daß eine nachträgliche Kontrolle der Temperaturen ausgeschlossen ist.

Der Meßbereich des Wanner-Pyrometers ist nach oben hin fast unbegrenzt; Temperaturen von 4000° sind damit schon gemessen worden. Nach unten hin ist die Temperaturmessung durch die geringe Lichtintensität weniger erhitzter Körper begrenzt; das Wanner-Pyrometer gestattet also nur Messungen bis zu etwa 900° herab; für geringere Temperaturen bis zu etwa 650° ist noch eine besondere Abart konstruiert worden, bei der hauptsächlich darauf Wert gelegt wird, daß alle Lichtstrahlen des weniger hoch erhitzten Körpers wirklich zur Geltung im Sehrohr kommen und nicht ein großer Teil der Strahlen wie im gewöhnlichen Wanner-Pyrometer durch Brechung und Polarisation der Beobachtung entzogen wird.

B. Wärmeerzeugung durch Verbrennung.

I. Der Verbrennungsvorgang.

Siebzehntes Kapitel.

Begriffsbestimmungen.

Von den chemischen Prozessen, welche mit einer Wärmeentwickelung verbunden sind, hat für die technische Wärmeerzeugung nur die Verbrennung eine Bedeutung. Verbrennung nennt man im allgemeinen eine mit einer Licht- und Wärmeentwickelung verbundene Oxydation irgendeines Körpers, also eine Verbindung mit Sauerstoff. Unter geeigneten Bedingungen können mehr oder weniger alle einfachen Körper verbrennen; für die technische Wärmeerzeugung kommen dagegen nur eine Anzahl in der Hauptsache aus Kohlenstoff und Wasserstoff oder oxydierbaren Verbindungen dieser Elemente bestehende Körper in Betracht, welche man als B r e n n s t o f f e bezeichnet.

Der zur Verbrennung nötige Sauerstoff steht in den wenigsten Fällen rein zur Verfügung; fast immer wird er der atmosphärischen Luft entnommen, welche ungefähr 23,5 Gewichtsteile Sauerstoff enthält; man muß also bei der technischen Verbrennung damit rechnen, daß für einen Teil des zur Verbrennung erforderlichen Sauerstoffs

$$\frac{100 - 23,5}{23,5} = 3,255$$ Teile fremde Körper durch den Verbrennungs-

prozeß durchgeschleppt und auf die Verbrennungstemperatur erhitzt werden müssen.

Diejenige Wärmemenge, welche bei der Verbrennung der Einheit eines Körpers entsteht, heißt die V e r b r e n n u n g s w ä r m e ; sie ist in erster Linie für den Wärmeeffekt maßgebend. In zweiter Linie ist hierfür aber auch von Bedeutung die Menge Sauerstoff, welche zur Verbrennung des Brennstoffs notwendig ist, und dementsprechend die Menge der erzeugten Verbrennungsprodukte, sowie deren spezifische Wärmeaufnahmefähigkeit, weil von diesen Faktoren die Höhe der erzeugten Temperatur abhängt. Nach dem im vorigen Kapitel Gesagten ist die Temperatur gleich der in der Verbrennung entwickelten Wärmemenge dividiert durch die Summe der Wärmekapazitäten der an der Erwärmung beteiligten Körper. Soll also durch die Verbrennung eines Körpers eine möglichst hohe Temperatur erzielt werden, so ist es nicht nur erforderlich, daß seine Verbrennungswärme möglichst hoch ist; sondern es kommt auch darauf an, daß die Wärmekapazität der Verbrennungsprodukte nicht zu hoch ist. Wie z. B. aus der nachstehenden Zahlentafel 5 hervorgeht, zeichnet sich der Wasserstoff durch eine gegenüber den anderen Brennstoffen außerordentlich hohe Verbrennungswärme aus; trotzdem ist die bei seiner Verbrennung theoretisch erreichbare Temperatur noch geringer als die durch Verbrennung von Kohlenstoff erzeugte, einmal weil die zur Verbrennung notwendige Sauerstoffmenge außerordentlich hoch ist, und weil anderseits die spezifische Wärme des Verbrennungsprodukts, des Wasserdampfs, viel höher ist als diejenige aller andern gasförmigen Körper.

Zahlentafel 5 zeigt vergleichende Angaben über Verbrennungswärmen und theoretisch mögliche Temperaturen bei der Verbrennung der wichtigsten brennbaren Körper.

Zahlentafel 5.

Brennstoff	Verbrennungs-Produkt	Verbrennungs-Wärme Cal	Erforderlicher Sauerstoff kg	Erforderliche Luft kg	Verbrennungs-Wärme für 1 kg Sauerstoff Cal	Theoretische Verbrennungstemperatur bei Verbrennung in Luft °C	Sauerstoff °C
Kohlenstoff, C .	Kohlenoxyd	2473	1.333	5,749	1854	1300	3158
Kohlenstoff, C .	Kohlensäure	8080	2,667	11,498	3030	1897	3469
Kohlenoxyd, CO		2403	0,571	2,462	4209	1890	2768
Wasserstoff, H .	Wasserdampf	28500	8,000	34,492	3563	1667	2459
Methan, CH_4 ..	Kohlensäure	11996	4,000	17,246	2999	1686	2788
Äthylen, C_2H_4 .	+	11186	3,428	14,781	3262	1858	3125
Azethylen, C_2H_2	Wasserdampf		3,077	13,268			

Wie aus der vorstehenden Zahlentafel hervorgeht, sind die Verbrennungsprodukte der technischen Brennstoffe außer dem noch brennbaren Gas Kohlenoxyd nur noch Kohlensäure und Wasserdampf, und nur gemischt mit dem Stickstoff der Verbrennungsluft. Die Verbrennungsprodukte sind also immer gasförmige Körper; sie umspülen, auf die Verbrennungstemperatur erhitzt, die zu erwärmenden Körper direkt oder indirekt durch Vermittelung von geheizten Gefäßen und übertragen derart die Wärme auf ihn. In den wenigsten Fällen trägt auch der zur Verbrennungstemperatur erhitzte feste Brennstoff direkt zur Erwärmung des beheizten Körpers bei.

Die theoretisch erreichbaren Temperaturen in den beiden letzten Spalten der vorstehenden Zahlentafel sind nun unter der Voraussetzung errechnet, daß die ursprüngliche Temperatur des Brennstoffs sowohl wie der Verbrennungsluft gleich Null ist, daß also keines der beiden aufeinander einwirkenden Reagenzien einen latenten Wärmevorrat mit sich bringt. Ist dies dagegen der Fall, d. h. sind der Brennstoff oder die Verbrennungsluft oder beide auf eine höhere Temperatur vorgewärmt, so addiert sich der ihnen innewohnende Wärmevorrat zu der Verbrennungswärme, und es ergibt sich eine entsprechend höhere Temperatur. 1 kg Kohlenoxyd ergibt z. B., mit atmosphärischer Luft verbrannt, wenn Gas und Luft mit 0^0 aufeinander treffen, eine theoretisch mögliche Temperatur von 1890^0. Sind aber Gas und Luft auf 500^0 vorher angewärmt, so bringt das Gas einen Wärmevorrat mit von $500 \times 0,2577 = 128,85$ Cal, die Luft einen solchen von $2,462 \times 500 \times 0,2532 = 310,58$ Cal. Es stehen also anstatt 2403 Cal beim Aufeinanderwirken der kalten Reagenzien nunmehr $2403 + 128,85 + 310,58 = 2842,43$ Cal zur Verfügung, und die theoretisch mögliche Temperatur ergibt sich zu 2236^0 anstatt 1890^0.

Der Wert der vorherigen Erwärmung der Verbrennungsluft und des Brennstoffs — welch letztere allerdings nur bei gasförmigen Brennstoffen denkbar ist —, denen wir bei späteren Betrachtungen der Feuerungen öfter begegnen werden, tritt in dieser problematischen Berechnung klar zutage.

Wie nun aus der Zahlentafel 5 hervorgeht, sind die theoretisch erreichbaren Temperaturen bei der Verbrennung der verschiedenen Brennstoffe durchweg sehr hoch, auch wenn man von der Verbrennung im reinen Sauerstoff absieht und nur die bei Verbrennung in atmosphärischer Luft erreichbaren Temperaturen betrachtet. Unter diesen Umständen müßten sich namentlich bei entsprechender Vorwärmung des Brennstoffs sowie der Verbrennungsluft außerordentlich hohe Temperaturen erreichen lassen. Tatsächlich ist das aber nicht der Fall. Zum Teil ist das, abgesehen von den unvermeidlichen Wärmeverlusten, dem Umstand zuzuschreiben, daß außer den reinen Verbrennungsprodukten noch eine Anzahl anderer Körper mit auf die Verbrennungstemperatur erhitzt werden müssen, weil das eben der Zweck des Verbrennungsvorganges ist, und infolgedessen mit ihrer Wärmekapazität an der erzeugten Erwärmung teilnehmen, wodurch die Verbrennungstemperatur heruntergedrückt wird. Hauptsächlich ist aber die Unmöglichkeit der Überschreitung gewisser Temperaturen der sog. D i s s o z i a t i o n zuzuschreiben, d. h. dem Zerfall der Verbrennungsprodukte bei höheren Temperaturen.

Sowohl Kohlensäure wie Wasserdampf vermögen bei den errechneten Temperaturen nicht zu bestehen; sondern sie zerfallen dabei wieder in ihre Bestandteile, also in brennbares Gas und Sauerstoff. Die Dissoziationstemperaturen von Kohlensäure und Wasserstoff sind nicht genau bekannt; jedenfalls beginnt der Zerfall zum Teil schon bei Temperaturen wenig oberhalb 1000°; die Temperaturen, bei denen durchaus keine Kohlensäure und kein Wasserstoff bestehen kann, werden zu 2500 bzw. 2600° angegeben; nach andern sollen sie wesentlich höher liegen. In jedem Falle ist aber der Zerfall der Verbrennungsprodukte der Entwickelung hoher Temperaturen hinderlich. In der Praxis wird sich der Vorgang der Verbrennung etwa wie folgt darstellen:

Bei ausreichender Menge von Verbrennungsluft wird sich die Verbrennung so weit vollziehen, bis die erreichte Dissoziationstemperatur eine weitere Verbrennung unmöglich macht, so daß in den Verbrennungsgasen Brennstoff und Sauerstoff nebeneinander bestehen können. Dieses ist jedoch nur so lange der Fall, als sich die Temperatur auf gleicher Höhe hält. Auf ihrem weiteren Wege werden sich die Verbrennungsgase wieder abkühlen, und es tritt nunmehr, nachdem die Temperatur wieder die für die Verbrennung geeignete Höhe erreicht hat, wiederum eine Verbrennung ein. Tatsächlich ergibt sich also eine vollkommene Verbrennung des Brennstoffs, nur nicht an einer Stelle, sondern über einen größeren Raum verteilt. Wenn der Verbrennungsapparat, d. i. die Feuerung, so konstruiert ist, daß eine Konzentration der Wärme an einem Punkt notwendig ist, dürfte eine mangelhafte Ausnutzung der Wärme des Brennstoffs die Folge sein. Wenn aber die Heizfläche der Feuerung genügend groß konstruiert ist, so daß auch die erst nachträglich verbrennenden Teile des Brennmaterials ihre Wärme nutzbringend abgeben können, läßt sich der Brennstoff vollständig ausnutzen, und die Dissoziation macht sich dann nur noch dadurch geltend, daß die sich aus der theoretischen Berechnung ergebende Temperatur nicht erreicht wird. Das ist aber in den wenigsten Fällen ein Nachteil, weil derartig hohe Temperaturen in der Eisenindustrie meist nicht gebraucht werden.

Ein anderer Grund, der häufig in der Praxis Anlaß gibt zu einer unvollständigen Ausnutzung der in dem Brennstoff enthaltenen Energie, ist die u n v o l l k o m m e n e V e r b r e n n u n g. Vollkommen ist die Verbrennung, wenn sich alle oxydierbaren Bestandteile des Brennstoffs in der höchstmöglichen Oxydationsstufe mit Sauerstoff vereinigt haben; ist das nicht der Fall, so ist die Verbrennung unvollkommen. Wenn der Brennstoff nur eine Oxydationsstufe hat, so kann die Verbrennung nur insofern unvollkommen sein, als nicht alle brennbaren Teile des Brennstoffs oxydiert sind; bei mehreren Oxydationsstufen ist die Verbrennung auch dann unvollkommen, wenn ein Teil des Brennstoffs nur zur unteren Oxydationsstufe verbrannt ist. Das trifft in besonderem Maße zu beim Kohlenstoff, der zu Kohlenoxyd und zu Kohlensäure verbrennen kann; vollkommen ist nur dann die Verbrennung, wenn aller Kohlenstoff zu Kohlensäure verbrennt; Anwesenheit von Kohlenoxyd in den Abgasen ist dagegen immer das Ergebnis einer unvollkommenen Verbrennung.

Die vollkommene Verbrennung setzt in erster Linie die Anwesenheit ausreichender Mengen von Sauerstoff voraus; wie aber jede chemische Reaktion dann am vollkommensten verläuft, wenn das Reagens im Überschuß vorhanden ist, so vollzieht sich auch jede Verbrennung am vollkommensten bei einem gewissen Luftüberschuß; anderseits ist aber dieser Luftüberschuß insofern schädlich, als er den Effekt der Feuerung vermindert, weil auch der ganze Luftüberschuß an der Erwärmung auf die Verbrennungstemperatur teilnimmt. Man wird daher mit einem möglichst geringen Luftüberschuß zu arbeiten suchen. Der geringste Luftüberschuß ist möglich bei gasförmigen Brennstoffen, weil diese sich sehr leicht mit der Verbrennungsluft mischen und daher vollkommen verbrennen können. Flüssige Brennstoffe sind weniger günstig in dieser Beziehung; den größten Luftüberschuß verlangen aber die festen Brennstoffe. Die vollkommene Verbrennung der festen Brennstoffe, also vor allem des festen Kohlenstoffs, ist aber noch von verschiedenen anderen Umständen abhängig, vor allem von der Dichte des Brennstoffs, von seiner Schichtung, ob hoch oder niedrig, und von der Art und Weise der Zuführung der Verbrennungsluft. — Insbesondere ist für das Verhältnis der Bildung von Kohlensäure und Kohlenoxyd das Gleichgewicht zwischen den einzelnen Körpern bei den verschiedenen Temperaturen und Drucken maßgebend. Je höher die Temperatur ist, desto größer ist die Neigung zur Bildung von Kohlenoxyd; bei Weißglut ist dieses Gas gegenüber der Kohlensäure vorherrschend. Diese Erscheinung ist in ihren Ursachen und Folgen ähnlich den Dissoziationserscheinungen; sie ist immer ein Hindernis für die vollkommene Verbrennung von festem Kohlenstoff. — Kohlenoxyd hat natürlich nur eine Verbrennungsstufe, die Kohlensäure, zu der es unter allen Umständen leicht und mit geringem Luftüberschuß verbrennt, da es sich als gasförmiger Körper mit der Verbrennungsluft leicht mischen kann.

Der Gesamtwärmeeffekt der Verbrennung von Kohlenstoff zu Kohlensäure ist immer derselbe, gleichgültig, ob die Verbrennung direkt oder in zwei Stufen erfolgt; die eben geschilderten Verhältnisse lassen es jedoch in vielen Fällen, insbesondere da, wo es auf die Erreichung hoher Temperaturen ankommt, vorteilhaft erscheinen, die Verbrennung des Kohlenstoffs in zwei scharf getrennten Stufen vorzunehmen. Die Verbrennung des Kohlenstoffs zu Kohlenoxyd erfordert nur die theoretisch notwendige Luftzufuhr, und die Verbrennung des dabei gebildeten Kohlenoxyds zu Kohlensäure geht ebenfalls, wie gesagt, fast ohne Luftüberschuß vor sich; tatsächlich erfordert also die Verbrennung des Kohlenstoffs in zwei Stufen ein wesentlich geringeres Quantum unwirksam durch den Verbrennungsprozeß hindurchzuschleppende und wärmeverzehrende Luft als die direkte vollständige Verbrennung. Zudem hat die Trennung in zwei Stufen, welche also eine endgültige Verbrennung eines Gases voraussetzt, den Vorzug, daß man dem Gas vor seiner Verbrennung durch Vorwärmung eine gewisse Wärmemenge mitgeben kann, womit die Möglichkeit der Erreichung einer höheren Temperatur gewährleistet wird.

Feste Brennstoffe zeigen bei der Verbrennung nur die der Temperatur entsprechende Glühfarbe; gasförmige Körper verbrennen dagegen mit einer **Flamme**, welche nichts anderes ist als ein brennender Gasstrom. Bei vollkommener Verbrennung ist die Flamme farblos und leuchtet nur außerordentlich schwach; bei unvollkommener Verbrennung leuchtet dagegen die Flamme, was daher rührt, daß feine Kohlenstoffteilchen mitgerissen werden und in dem brennenden Gasstrom erglühen. Kühlt sich die leuchtende Flamme an irgendeinem festen Gegenstand ab, so schlagen sich an diesem die Kohlenstoffteilchen als ein feines schwarzes Häutchen nieder: Die Flamme **r u ß t**.

II. Die Brennstoffe.

Achtzehntes Kapitel.

Natürliche Brennstoffe.

Alle in der Natur vorkommenden Brennstoffe sind vegetabilischen Ursprungs. Ihr Grundbestandteil ist Pflanzenfaser, eine organische Verbindung von Kohlenstoff, Wasserstoff, Sauerstoff und Stickstoff. Sie entsteht im organischen Leben aus den Nährstoffen des Bodens, und dieser Vorgang vollzieht sich ständig vor unseren Augen. Die Pflanzenfaser selbst ist, besonders in ihrer wichtigsten Art, dem Holz, sehr gut brennbar; ihre Brennbarkeit kann aber dadurch erhöht werden, daß man sie einer Behandlung unterwirft, bei der durch Erhitzen unter Luftabschluß die gasförmigen der vier darin enthaltenen Elemente ganz oder teilweise ausgetrieben werden und der Kohlenstoff mehr oder weniger rein zurückbleibt. Aus den gasförmigen Bestandteilen bilden sich dann außerdem noch feste oder flüssige Kohlenwasserstoffverbindungen, welche gleichfalls brennbar sind und als Brennstoff dienen können. Diese Behandlung der Brennstoffe, bei der eine Trennung des festen Kohlenstoffs von den gasförmigen Bestandteilen stattfindet, nennt man **trockene Destillation.** Eine solche ist in der Entstehungsgeschichte der Erde vielfach vor sich gegangen, indem durch die Umwälzungen der Erde Wälder tief unter die Erdoberfläche vergraben wurden und sich hier allmählich im Laufe der Jahrtausende unter dem Druck der darauf lastenden Erdmassen und bei der dadurch entstehenden Temperatur in mehr oder weniger reinen Kohlenstoff verwandelten. Je nach dem Grade, bis zu dem dieser trockene Destillationsprozeß fortgeschritten ist, unterscheidet man unter den natürlichen Brennstoffen einschließlich des Ausgangsmaterials, des Holzes, vier verschiedene Stufen, und zwar:

    1. Holz,
    2. Torf,
    3. Braunkohle,
    4. Steinkohle und Anthrazit,

von denen die letzte, insbesondere der Anthrazit, aus fast reinem Kohlenstoff besteht. Je weniger weit der Destillationsprozeß fortgeschritten ist, desto mehr Gase enthalten die Brennstoffe.

Neben diesen festen Brennstoffen finden sich nun auch noch an manchen Stellen der Erde, zwischen die geologischen Schichten gelagert, flüssige und gasförmige Entgasungsprodukte der trockenen Destillation, welche, durch Bohrlöcher mit der Erdoberfläche verbunden, unter dem darauf lastenden Gasdruck in mächtigen Strahlen an die Oberfläche treten und hier nutzbar gemacht werden können.

Den gleichen Vorgang der trockenen Destillation kann man nun auch künstlich herbeiführen und dadurch einen Brennstoff mit geringerem Kohlenstoffgehalt durch Entfernung der gasförmigen Bestandteile an Kohlenstoff anreichern. Die Gase können hierbei gleichzeitig gewonnen und als Brennstoffe verwendet werden. Auf diese Weise entstehen die weiter unten zu besprechenden künstlichen Brennstoffe, die demnach in feste und gasförmige künstliche Brennstoffe zerfallen.

Von den gasförmigen Bestandteilen der Brennstoffe vereinigen sich bei der Wärmebehandlung Sauerstoff und Wasserstoff zu Wasser, Kohlenstoff und Wasser zu brennbaren Kohlenwasserstoffen verschiedener Zusammensetzung, eventuell auch Stickstoff und Wasserstoff zu Ammoniak. Jedenfalls ist der Stickstoff ein Element, welches zu dem Verbrennungsprozeß in keine Beziehung tritt. Da aber der Stickstoff heute ein sehr gesuchtes Industrieprodukt ist, so lag auch seine Gewinnung als Nebenprodukt sehr nahe, und heute wird er in vielen Brennstoffverwertungsapparaten nutzbar gemacht; für eine rationelle Ausbeutung der Brennstoffe ist das ein sehr wichtiger, beachtenswerter Vorgang.

Für die technische Beurteilung eines Brennstoffs ist in erster Linie seine Verbrennungswärme, technisch meist Heizwert genannt, maßgebend, in zweiter Linie der Gehalt an Asche, d. h. nicht brennbaren Nebenbestandteilen, und an Feuchtigkeit.

Die natürlichen Brennstoffe können nach obigen Ausführungen eingeteilt werden in feste, flüssige und gasförmige Brennstoffe.

I. Feste Brennstoffe.

Der Wert der bereits erwähnten natürlichen festen Brennstoffe wächst mit ihrem Alter, d. i. also mit ihrem Gehalt an Kohlenstoff. Nachstehende Zusammenstellung veranschaulicht übersichtlich die mittlere chemische Zusammensetzung und den mittleren Heizwert der genannten Brennstoffe.

1. Holz.

Das Holz, welches bei den Naturvölkern der einzige Brennstoff war, hat in der modernen Technik seine Bedeutung als Brennstoff verloren, und zwar einerseits wegen seines für den Bedarf der Industrie

Zahlentafel 6.

	C %	H %	O %	N %	Asche %	Heizwert Cal.
Holz, lufttrocken . .	50—57	6	41—43	0,9—2	0,75—2	2800
Torf, lufttrocken . .	50—60	4,5—6,0	28—40	0—2	2—10	3000—3500
Braunkohle, Lignit .	55—65	4,5—6,0	28—35			3500—4000
- gemeine	60—70	5—6	20—28	0—1	5—10	4000—5000
- ältere .	70—75	6—8	15—20			5000—6000
Steinkohle, Sandkohle	75—80	4—6	15—18			6000—6500
- Gasfl.-Kohle	80—85	5—6	10—15			6500—7000
- Backkohle	85—89	4,5—6	6—10			7000—7500
- Kurzfl.				0—1	2—10	
Backkohle	88—91	4,5—5,5	4,5—6,5			7000—7800
- Magerkohle	90—93	3,5—4,5	2—5			7600—8000
Anthrazit	92—94	3,5—4	2—4		1	8000—8200

bei weitem nicht ausreichenden Vorkommens und anderseits wegen seines verhältnismäßig geringen Brennwerts. In der Technik wird das rohe Holz wegen seiner niedrigen Entzündungstemperatur meist nur noch verwendet, um andere weniger leicht entzündliche Körper, in erster Linie die Kohle, auf die Entzündungstemperatur zu bringen.

Das Holz besteht vornehmlich aus der Pflanzenfaser, Zellulose $C_6 H_{10} O_5$, in der außer dem Kohlenstoff Wasserstoff und Sauerstoff im gleichen chemischen Verhältnis wie im Wasser vertreten sind; außerdem enthält das Holz große Mengen hygroskopischen Wassers; selbst nach jahrelangem Lagern hat lufttrockenes Holz noch 15 bis 20 Proz. Wassergehalt. Dagegen ist der Aschegehalt des Holzes sehr gering, selten mehr als 1 Proz.

Bekanntlich gibt es eine ganze Anzahl verschiedener Holzsorten, deren Eigenschaften zum Teil erheblich voneinander abweichen; indessen bezieht sich dieser Unterschied in erster Linie auf die Dichtigkeit des Gefüges (weiches und hartes Holz). Nur einzelne Holzarten, vornehmlich die Nadelhölzer, zeichnen sich gegenüber den anderen durch einen höheren Gehalt an Gas- bzw. ölähnlichen Körpern aus, die bei der Verbrennung eine lange, hellleuchtende Flamme verursachen.

Der Heizwert des lufttrockenen Holzes beträgt im Mittel etwa 2800 Kalorien. Man kann ihn dadurch erhöhen, daß man das Holz darrt, d. h. es bei Temperaturen etwa zwischen 100 und 140° C trocknet, wobei es einen großen Teil seiner wasserbildenden Substanzen verliert. In jedem Falle wird das Holz aber durch das Darren unverhältnismäßig gegenüber seinem normalen Wert verteuert.

Die weitaus bedeutendste technische Verwendung als Brennstoff findet das Holz in dem aus ihm durch trockene Destillation erzeugten künstlichen Brennstoff, der Holzkohle.

Holz findet sich sozusagen überall; seine Verwendung als Brennstoff ist allerdings stets größer in weniger kultivierten Ländern, während in Gegenden mit weit fortgeschrittener Kultur die Baumstämme zumeist zu anderen Zwecken verwendet und nur die hierbei abfallenden Äste als Brennstoff verbraucht werden.

2. Torf.

Torf ist das jüngste Verkokungsprodukt von Pflanzenstoffen, welches sich heute noch andauernd unter unseren Augen in den sog. Torfmooren bildet. Die Torfmoore sind sumpfiges Gelände, aus dem das Wasser keinen Abfluß hat; infolgedessen vermodern die darauf wachsenden Pflanzen; während sie sich nach oben hin durch Neubildung ergänzen, gehen sie nach unten allmählich in eine filzige, zuweilen auch erdige braune Masse, den Torf, über, der als Brennstoff verwendet werden kann.

Je nach der Art der Gewinnung unterscheidet man Stechtorf, wenn er mit dem Spaten gestochen wird, Streichtorf, wenn er schlammförmig in Formen „gestrichen" wird, und Baggertorf, wenn er aus dem sumpfigen Gelände ausgebaggert wird.

Der Torf enthält immer ganz bedeutende Mengen Wasser, die aber zum größten Teil durch Trocknen an der Luft entfernt werden können. Lufttrockener Torf enthält 20—25 Proz. Wasser gegenüber zuweilen 75 Proz. Wassergehalt des Rohtorfs. Der lufttrockene Torf hat mehr Kohlensubstanz (ca. 60 Proz.) als das Holz; daher ist sein Heizwert durchschnittlich höher als derjenige von Holz; er schwankt von etwa 3000 Cal bis hinauf zu 4500 Cal, welche Zahl aber nur ausnahmsweise erreicht wird. Unangenehm für die technische Verwendung des Torfs ist aber auch neben der verhältnismäßig geringen Heizkraft sein außerordentlich großes Volumen sowie die Umständlichkeit, welche seine Gewinnung und die Vorbereitung zur technischen Benutzung verursachen. Versuche, das Volumen des Torfs durch Pressen (Preßtorf) zu verringern, sind vielfach gemacht worden, bis heute aber noch ohne durchschlagenden Erfolg. Der Torf hat daher bis heute noch keine besonders weitgehende Verwendung als technischer Brennstoff erlangen können.

Die außerordentlich weite Verbreitung des Torfs, namentlich in Deutschland, hat indessen vielfache Versuche zu einer großzügigen technischen Ausnutzung dieses Brennstoffs gezeitigt. Die ganze norddeutsche Tiefebene enthält Torfmoore von außerordentlich großer Ausdehnung, die sich im Westen noch durch ganz Holland, im Osten bis tief nach Rußland hinein fortsetzen. Außerdem finden sich ausgedehnte Torfmoore in der Eifel, im Harz, in Oberbayern, ferner in Steiermark, England, Frankreich, Irland, endlich in verschiedenen außereuropäischen Ländern.

Einer ausgiebigen Verwendung des Torfs als Brennstoff stand bisher hauptsächlich der Umstand entgegen, daß die Torfvorkommen nur in Ausnahmefällen sich in der Nähe von Industrierevieren befinden, und daß der Torf wegen seines geringen Heizwertes keinen Transport verträgt. Erst der heutige Stand der elektrischen Industrie gestattet eine rationelle Ausbeutung der Torfmoore, indem der Torf gleich an seinem Fundort vergast und das entstandene Gas zur Erzeugung von elektrischer Energie verwendet wird, welche sich fast verlustlos beliebig weit fortleiten und am Gebrauchsort wieder nach Bedarf in andere Energieformen, in Kraft, Licht oder Wärme umsetzen läßt. Auf diese Weise wird es nicht nur möglich sein, die Torflager nutzbringend zu verwenden; sondern voraussichtlich dürfte die aus den Torfmooren gewonnene elektrische Kraft erheblich billiger sein als irgendwie anders erzeugter elektrischer Strom. Gleichzeitig wird es möglich sein, die Torfverwertung dadurch noch rationeller zu gestalten, daß man den Stickstoffgehalt, der in diesem Brennstoff besonders groß ist, gewinnt. Nach einem Verfahren von Caro ist es z. B. möglich, noch nicht entwässerten Torf, also solchen mit etwa 50—55 Proz. Wassergehalt, zu vergasen und hierbei gleichzeitig den Stickstoff als schwefelsaures Ammon zu gewinnen.

Die vorstehend charakterisierte Torfverwertung, welche zurzeit erst am Anfang ihrer technischen Entwicklung steht, wird besonders für Deutschland hervorragende wirtschaftliche Bedeutung erhalten.

3. Braunkohle.

Die Braunkohle ist dem Torf gegenüber das nächst ältere Ergebnis der natürlichen Holzverkohlung; sie steht bezüglich ihres Alters sowie ihrer Eigenschaften zwischen Steinkohle und Torf. Es sind jedoch auch innerhalb der Braunkohle je nach dem Alter noch verschiedene Abarten zu unterscheiden, und zwar

> der Lignit oder das fossile Holz,
> die gemeine Braunkohle und
> die ältere, fette Braunkohle.

Der Lignit zeigt noch deutlich das Holzgefüge und steht dem ursprünglichen Holz und Torf am nächsten; der Brennwert ist wenig höher als derjenige des Torfs; er findet sich meist in großen, nahe der Erdoberfläche liegenden Lagern und kann im Tagebau gewonnen werden.

Die gemeine Braunkohle findet sich in tiefer liegenden Lagern; der Bruch ist dichter und läßt die ursprüngliche Holzstruktur nicht mehr so stark hervortreten. Ist das Gefüge erdig, so ist die Festigkeit der Kohle sehr gering, und sie ist zur direkten Verwendung als Brennstoff nicht besonders geeignet. Die hochwertigste Abart der gemeinen Braunkohle ist die muschelige Braunkohle, welche dunkelbraun bis schwarz gefärbt und verhältnismäßig hart und fest ist. Ihr durchschnittlicher Heizwert beträgt etwa 4500—5000 Cal.

Die ältere, fette Braunkohle endlich stellt schon eine Übergangsstufe zwischen Braun- und Steinkohle dar; ihr Aussehen ist gleich demjenigen der Steinkohle fast schwarz; der Brennwert steigt bis zu etwa 6000 Cal.

Die älteren Braunkohlensorten einschließlich der gemeinen Braunkohle erfordern zum Abbau meist bergbauliche Anlagen; nur in wenigen Fällen liegen sie so nahe der Erdoberfläche, daß sie im Tagebau gewonnen werden können.

Die Braunkohlen enthalten im allgemeinen auch noch viel Wasser; selbst die fetten Braunkohlen weisen im natürlichen Zustand noch Wassergehalte bis zu 40 Proz. auf. Es ist daher auch vielfach für die Braunkohlen vorgeschlagen worden, sie durch Darren von dem größten Teil ihres Wassergehaltes zu befreien. Wirksamer und in der Praxis mehr verbreitet ist das Pressen der Braunkohlen zu Briketts, welche wegen ihres konzentrierten Kohlenstoffgehaltes hochwertig und wegen ihrer Aschenfreiheit insbesondere für den Hausgebrauch sehr gesucht sind.

Die ersten Braunkohle fördernden Länder sind Deutschland und Österreich. Deutschland verfügt über mehrere Braunkohlenreviere von Bedeutung, von denen jedoch dasjenige der Niederlausitz in den preußischen Provinzen Sachsen und Brandenburg mit Ausläufern einerseits in das Königreich Sachsen und die thüringischen Staaten (Anhalt, Altenburg) und anderseits über die Mark bis nach Posen und Schlesien hinein die andern an Bedeutung gewaltig überragt. Im Jahre 1908 betrug die Braunkohlenförderung im Deutschen Reich z. B. 66 450 144 Tonnen, von denen auf die Provinzen Sachsen und Brandenburg allein 40 331 087 Tonnen = 60.7 Proz. entfielen. — Die mitteldeutsche Braunkohle ist eine Kohle mittlerer Qualität, mit etwa 4500 Cal, von erdiger Beschaffenheit und zur Brikettierung sehr gut geeignet.

Nächst der Niederlausitz hat die größte Bedeutung für die Braunkohlenförderung die Rheinprovinz, und zwar ist es hier in erster Linie das sog. Kölner Vorgebirge, ein Gebiet, welches sich in einem großen Halbkreis westlich und südlich von Köln erstreckt. Der Heizwert der rheinischen Braunkohle, welche in ihrer Struktur sich dem Lignit nähert, ist mit 3000—3500 Cal. gering; dafür kann aber die Kohle, welche dicht unter der Erdoberfläche in Flözen von 30 m Stärke im Mittel liegt, außerordentlich leicht im Tagebau gewonnen werden und ist daher zu sehr billigen Preisen zu haben, sodaß die daraus hergestellten Braunkohlenbriketts unter Berücksichtigung des Heizwerts billiger sind als westfälische Steinkohlen. Im Jahre 1908 betrug die rheinische Braunkohlenförderung 12 538 074 Tonnen.

Außer den beiden genannten Revieren liefern in Deutschland noch insbesondere die preußische Provinz Hessen und das Großherzogtum Hessen Braunkohle.

Von den Braunkohlenvorkommen Österreichs hat dasjenige in Nordböhmen ungefähr die gleiche Bedeutung wie die Niederlausitz. Es liegt am Südabhang des Erzgebirges und umfaßt den Hauptbezirk Dux-Brüx-Komotau und das westliche Ausläufergebiet bei Falkenau a. d. Eger. Die böhmische Braunkohle ist eine gute, derbe Kohle von etwa 5000 Cal Heizwert, welche größtenteils direkt (ohne Brikettierung) verheizt wird und einem großen Teil der nordböhmischen Industrie als Brennstoff dient.

Eine Braunkohle von ganz besonders guter Qualität ist die steirische Braunkohle (Leobener Kohle), welche zu den älteren Braunkohlen gehört und mit etwa 6500 Cal Heizwert der unteren Grenze der Steinkohlen nahekommt. Auch sie bildet roh einen vorzüglichen Brennstoff für die steirische Eisenindustrie. Österreich förderte im Jahre 1908 26 720 000 Tonnen Braunkohle.

Braunkohlenfördernde Länder sind ferner Frankreich (Basses-Alpes, Bouches du Rhone), Italien, Spanien, England, Rußland, Nord- und Südamerika; jedoch hat in allen diesen Ländern die Braunkohlenindustrie nur sehr geringe Bedeutung.

4. Steinkohle und Anthrazit.

Die Steinkohle ist der weitaus wichtigste mineralische Brennstoff, nicht nur wegen ihres sehr hohen Heizwerts, sondern auch wegen ihrer außerordentlich weiten Verbreitung. Unter Steinkohlen pflegt man alle in den älteren geologischen Formationen (Sekundär- und Primärformation) vorkommenden mineralischen Brennstoffe zu bezeichnen. Unter Berücksichtigung der Entstehungsursache der Kohlen, welche in letzter Linie auf eine Entfernung der gasförmigen Bestandteile aus dem Brennstoff zurückzuführen ist, und der Zusammensetzung der bereits besprochenen Braunkohle ergibt sich ohne weiteres, daß auch innerhalb der unter dem Namen Steinkohle zusammengefaßten Brennstoffe weitgehende Unterschiede in dem Verhältnis des Kohlenstoffs zu der Menge des zurückgebliebenen Gases vorhanden sein müssen, welche die Eigenschaften der Kohle stark beeinflussen, und welche insbesondere bei der weiten Verbreitung der Steinkohle vielfach scharf hervortreten müssen. Die Steinkohlen lassen sich demnach in eine lange Reihe bringen, beginnend mit den gasreichsten den Braunkohlen nahe verwandten Steinkohlen und endigend mit dem fast nur noch reine Kohlensubstanz enthaltenden gasfreien Anthrazit. Scharfe Unterschiede werden sich in einer solchen Reihe nicht nachweisen lassen; eine technische Einteilung ist demnach auch nur auf Grund hervortretender technischer Eigenschaften möglich gewesen. Allgemein eingeführt hat sich in der Praxis die Einteilung nach dem Verhalten der Kohlen beim Erhitzen bzw. Verbrennen.

Bei der trockenen Destillation, d. h. bei der Erhitzung unter Luftabschluß, bleibt die gasarme Kohle fast unverändert; sie zerfällt höchstens zu einem trockenen Sand; aus gasreicheren Kohlen wird das Gas ausgetrieben, und die Kohle sintert zu gröberen Körnern zusammen, bis bei einem gewissen Gasgehalt die verkokte Kohle zu großen festen Stücken zusammengebacken ist, welche den Eindruck einer geschmolzenen, aufgeblähten, lavaähnlichen Masse machen. Kohlen mit noch höherem Gasgehalt verhalten sich ähnlich wie die gasarmen Kohlen, d. h. sie sintern, oder sie zerfallen nach erfolgter Entgasung zu einem sandigen Pulver.

Nach diesem Verhalten ergibt sich die Einteilung in Sand-, Sinter- und Backkohle; jedoch zeigt sich, daß diese Unterscheidung die charakteristischen Merkmale nur schlecht hervortreten läßt, weil das Sintern und Sandigwerden auf zwei vollständig entgegengesetzte Ursachen zurückgeführt werden kann.

Ein hervorstechender Unterschied ergibt sich jedoch aus dem Verhalten bei der Verbrennung. Das aus der glühenden Kohle entweichende Gas verbrennt mit heller Flamme, und je gasreicher die Kohle, desto länger wird die Flamme; die gasarme Kohle verglimmt aber ganz ruhig oder entwickelt höchstens eine ganz kurze Flamme. Durch Kombination der beiden Unterscheidungsmerkmale ergibt sich nun folgende allgemein eingeführte Einteilung der Steinkohlen:

a) Langflammige Sand- und Sinterkohle,
b) langflammige Backkohle,
c) gewöhnliche Backkohle,
d) kurzflammige Backkohle,
e) kurzflammige anthrazitische Kohle.

Die anthrazitische Kohle wird auch Magerkohle genannt; im Gegensatz dazu die Backkohle auch Fettkohle. Der Heizwert der Kohle wächst mit abnehmendem Gasgehalt und zwar zwischen Werten von etwa 6500 Cal bis über 8000 Cal für Anthrazit.

Gemäß ihrem Verhalten bei der Erhitzung oder Verbrennung regelt sich auch die technische Verwendung der einzelnen Kohlensorten.

In schachtförmigen Öfen, in denen die Kohle von oben aufgegeben wird und von dort allmählich dem unteren Teil, in dem die Verbrennung stattfindet, entgegensinkt, kann nur gasarme, nicht backende Kohle verwendet werden, weil sonst die Kohle in den oberen Teilen des Ofens, noch ehe sie an den Verbrennungsherd herankommt, zu einer festen Masse zusammenbacken und nicht weiter nach unten sinken würde, wodurch dem Verbrennungsherd allmählich der Brennstoff entzogen würde. Für diesen Zweck eignen sich also nur Magerkohlen, Anthrazite oder die durch trockene Destillation von ihren Gasen befreiten Kohlen, die Kokse, von denen weiter unter die Rede sein wird. — Wird dagegen der Brennstoff auf einem Rost verbrannt, auf dem er in dünnen Schichten ausgebreitet liegt, so tritt die Eigenschaft des Backens in den Hintergrund, und es wird mehr Wert auf die Entwickelung einer je nach Bedarf mehr oder weniger langen Flamme gelegt; hierfür sind also die verschiedenen Arten von Backkohle am meisten geeignet. — Ein dritter Hauptbedarf an Kohlen liegt vor in den der Verkokung zugeführten Kohlen, welche als Ersatz für die in nicht ausreichenden Mengen vorkommenden anthrazitischen Magerkohlen dienen müssen, und für diesen Zweck ist eine Kohle mit mittlerem Gasgehalt und von großer Backfähigkeit am meisten geeignet.

Unter diesen Gesichtspunkten ergeben sich als Verwendungsgebiete für die einzelnen Kohlensorten folgende:

Die langflammigen Sinterkohlen eignen sich zur Verbrennung auf dem Rost in Flammöfen, die langflammigen Backkohlen sind gleichfalls noch zur Verbrennung auf dem Rost geeignet, mehr noch als

Gaskohlen zur Erzeugung von technischem Gas. Die gewöhnliche Backkohle ist die beste Schmiedekohle, welche im offenen Schmiedefeuer verbrannt wird; auch findet sie vielfach Verwendung als Kokskohle. Die ideale Kokskohle ist dagegen die kurzflammige Backkohle, welche den schönsten, festesten Koks ergibt. Die Magerkohle ist, wie schon erwähnt, in erster Linie geeignet zur Verwendung in Schachtöfen.

Der Aschengehalt der Steinkohle ist je nach ihrer Herkunft sehr verschieden; am geringsten ist er im allgemeinen bei den kohlenstoffreichsten Sorten. Kohlen mit höherem Aschegehalt müssen vorher meist durch eine Aufbereitung davon befreit werden. — Ein Nebenbestandteil von sehr unangenehmem Einfluß, der sich aber fast in allen Steinkohlensorten in verhältnismäßig großen Mengen findet, ist der Schwefel, herrührend aus schwefelkieshaltigen Beimengungen. Der Schwefelgehalt ist deshalb unangenehm, weil er bei der Eisenverarbeitung zum großen Teil in das Metall übergeht, sei es nun, daß er in dem festen Koks direkt damit in Berührung kommt, oder daß er, bei der Verbrennung der Kohle gleichzeitig oxydiert, in den Feuergasen als schwefelige Säure enthalten ist, aus diesen durch das Metall reduziert und von ihm aufgenommen wird.

Die Steinkohle ist fast über die ganze Erde verbreitet und wird überall in großen Mengen abgebaut. Die jährliche Weltförderung an Steinkohlen beträgt heute bereits erheblich mehr als eine Milliarde Tonnen. Inwieweit die einzelnen Länder daran beteiligt sind, ergibt sich aus der nachstehenden Zahlentafel 7.

Zahlentafel 7.

	1905	1906	1907	1908
Vereinigte Staaten von Nordamerika . . .	351 120 625	375 397 204	435 483 938	379 361 103
Großbritannien . . .	239 888 928	251 050 809	267 828 276	261 506 379
Deutschland.	121 187 715	136 479 885	143 222 886	148 621 201
Frankreich	36 048 264	34 313 645	36 753 627	37 622 556
Belgien	21 844 200	23 610 740	23 705 190	23 678 150
Rußland	17 120 000	16 990 000	21 207 500	22 943 794
Österreich-Ungarn . .	13 673 400	14 711 000	14 953 949	15 149 500
Spanien.	3 199 911	3 284 576	3 251 000	3 871 480
Italien	307 500	300 000	453 137	421 906
Schweden	331 500	265 000	305 000	300 000
Japan	11 895 000	12 500 000	13 716 488	13 942 000
Indien	7 894 799	9 249 466	11 147 339	12 865 408
China.	*)	*)	10 450 000	11 970 000
Kanada.	7 959 711	9 914 176	10 510 961	10 904 466
Südafrika	3 218 500	3 900 000	3 945 043	4 621 988
Australien.	8 255 250	10 118 384	10 581 009	10 766 576
Übrige Länder. . . .	4 550 000	5 500 000	3 475 780	4 106 000
Weltförderung . . .	848 495 303	907 584 885	1 010 991 123	962 652 507

*) Statistisch vor 1907 nicht nachgewiesen. Förderung erscheint unter „übrige Länder".

An der Spitze der Weltförderung stehen die Vereinigten Staaten von Nordamerika mit jährlich über 400 Millionen Tonnen Förderung. Ihnen folgt von den europäischen Ländern zunächst England mit mehr als einer Viertelmilliarde Tonnen jährlich und dann Deutschland mit etwa 150 Millionen Tonnen jährlich. Obwohl Deutschland in der Weltförderung erst an dritter Stelle steht, ist es für die Steinkohlenproduktion insofern besonders günstig gestellt, als seine Lagerstätten nicht nur sehr ausgedehnt, sondern vor allem äußerst nachhaltig sind. Nach geologischen Feststellungen, welche im übrigen eine sehr frühe Erschöpfung der raubbauartig abgebauten amerikanischen Kohlenfelder voraussagen, besitzt Deutschland mehr Steinkohlen als das übrige Europa zusammengenommen, und wird der deutsche Kohlenbergbau noch auf Jahrtausende hinaus vorhalten, erheblich länger auch als die englischen Vorräte. Insbesondere verheißt das oberschlesische Kohlenrevier, welches trotz seiner augenblicklich verhältnismäßig geringen Fördermenge eines der reichhaltigsten bisher bekannten Kohlenlager der Welt ist, noch eine überaus lange Lebensdauer.

Die deutschen Steinkohlenreviere sind, ihrer jetzigen jährlichen Produktion nach geordnet,

1. das niederrheinisch-westfälische (Ruhr-) Revier,
2. das oberschlesische Kohlenrevier,
3. das Saarrevier,
4. das Zwickauer Revier,
5. das niederschlesische Revier,
6. das Aachener (Wurm- und Inde-) Revier,
7. verschiedene kleinere Reviere.

Das rheinisch-westfäilsche Kohlenrevier ist, obwohl an Reichhaltigkeit dem oberschlesischen unterlegen, hinsichtlich der jährlichen Produktion weitaus den anderen voraus, indem es ca. 60 Proz. der Gesamtproduktion des Deutschen Reiches fördert. Das Revier erstreckt sich über das ganze Gebiet zwischen Ruhr und Lippe, beginnend etwa in der Höhe von Hamm einerseits und mit dem Rhein als Grenze anderseits, teilweise auch sich auf das linke Rheinufer erstreckend, und mit seinem Zentrum in der Gegend von Gelsenkirchen-Herne. Es sind alle oben genannten Kohlenarten in vorzüglicher Qualität vertreten: In vier verschiedenen Flözen finden sich Gasflammkohlen, Gaskohlen, Fettkohlen und Magerkohlen bis zu anthrazitischen Kohlen. Die Hauptgruppe ist allerdings die Fettkohlenpartie, welche etwa 60 Proz. der geförderten Kohlenmengen einnimmt; in ihr liegen die Kohlen, aus der der berühmte westfälische Koks gewonnen wird. Aber auch für alle andern Verwendungszwecke finden sich vorzügliche Kohlen, und zwar etwa 25—28 Proz. Gaskohlen und 12—15 Proz. Magerkohlen. Neben der Reichhaltigkeit des Kohlenreviers und der technischen Vervollkommnung der Abbaumethoden mag wohl gerade der Umstand zu der Bedeutung des Ruhrreviers in erster Linie beigetragen haben, daß für jeden Verwendungszweck, sei es für technische Feuerungen, für Gaserzeugung, für Verkokung oder für Hausbrand, in örtlich nicht

getrennten Gebieten sich passende Kohlen ganz vorzüglicher Qualität
finden. Die Steinkohlenvorräte im Ruhrrevier werden auf etwa 125 Milli-
arden Tonnen geschätzt, so daß eine die natürliche Steigerung der jährlichen Förderung berücksichtigende Berechnung eine Nachhaltigkeit
der Vorräte auf etwa 1500 Jahre ergibt.

Das oberschlesische Kohlenrevier, welches sich von Gleiwitz
aus östlich in einem verhältnismäßig schmalen Streifen über Zabrze,
Beuthen, Kattowitz ausdehnt, im Osten in das russisch-polnische
Dombrovarevier übergeht und in enger Verbindung mit dem südlich
gelegenen österreichischen mährisch-schlesischen (Ostrau-Karwiner)
Revier steht, ist, wie bereits erwähnt, eines der reichhaltigsten Kohlenreviere der Welt; die jährliche Förderung beträgt jedoch nur etwa
$\frac{1}{3}$—$\frac{1}{4}$ der westfälischen; auch ist die Kohle nicht von gleicher Qualität
wie die westfälische; insbesondere fehlen die die Herstellung von bestem
Koks gewährleistenden Backkohlen; dagegen sind gute Kesselkohlen
(Gasflammkohlen) sowie Magerkohlen in reichem Maße vorhanden.
Das oberschlesische Revier verspricht bei einer gegenüber der heutigen
erheblich erhöhten Jahresförderung eine Nachhaltigkeit der Vorräte
auf 5—6 Jahrtausende. — Dem Mangel an Kokskohle in Oberschlesien
vermag das in der Nähe liegende oben unter Nr. 5 angeführte niederschlesische Steinkohlenrevier (Waldenburg-Reichenbach), welches
eine der westfälischen gleichwertige Kokskohle liefert, zum Teil abzuhelfen. Das Revier ist, obwohl seine Nachhaltigkeit bei einem Gesamt-
vorrat von etwa 800 000 Tonnen sehr gering ist, verhältnismäßig weit
ausgebaut; es fördert jährlich etwa 3 Proz. der gesamten deutschen
Steinkohlenförderung.

Nächst dem oberschlesischen Kohlengebiet ist das Saarrevier,
welches sich an der oberen Saar in unmittelbarer Umgebung von Saar-
brücken östlich bis Neunkirchen erstreckt, das bedeutendste Deutschlands; seine Beteiligung an der jährlichen Förderung Deutschlands
beträgt etwa 6 Proz. Die Kohle ähnelt in vieler Beziehung der oberschlesischen. Auch hier herrscht in erster Linie die Magerkohle vor.
Die Förderung ist im Verhältnis zu den Vorräten verhältnismäßig
hoch; dementsprechend dürfte auch das Saarrevier von den großen
deutschen Gebieten zuerst abgebaut werden.

Die sächsischen Reviere bei Zwickau und Ölsnitz sind, den Vorräten nach gerechnet, das unbedeutendste deutsche Kohlenvorkommen;
an Förderung stehen sie hinter dem niederschlesischen Revier nicht
zurück. Gefördert wird zumeist eine gute Backkohle.

Das Aachener Steinkohlengebiet liefert wiederum fast alle Stein-
kohlenqualitäten von der anthrazitischen Kohle (in einer sonst in
Deutschland nicht gefundenen Qualität) bis zur gashaltigen Flamm-
kohle. Insbesondere wird gute Kokskohle gefördert, welche Koks von
einer ganz vorzüglichen Beschaffenheit liefert.

Neben den vorstehend beschriebenen Kohlenvorkommen gibt
es noch eine Anzahl deutscher Vorkommen von geringerer Bedeutung;
hierhin gehören die Vorkommen von Obernkirchen (Lippe) und Ibben-

büren bei Osnabrück (Piesberg mit stark anthrazitischer Kohle) sowie einige süddeutsche Vorkommen ohne mehr als lokale Bedeutung.

Von den deutschen Kohlenrevieren liegen, wie erwähnt, das oberschlesische an der russischen und der österreichischen, das Aachener Revier an der belgischen Grenze; beide Kohlenreviere erstrecken ihre Ausläufer über die genannten Grenzen hinaus.

In Österreich ist das Ostrau-Karwiner Grenzgebiet mit Kohlen in Qualität der oberschlesischen das bedeutendste der österreich-ungarischen Monarchie; daneben gibt es noch die Steinkohlenreviere von Kladno (nordwestlich von Prag) und von Pilsen, sowie erst neuerdings aufgeschlossene Gruben in Galizien, welche hauptsächlich eine gute Gasflammkohle liefern. Im ganzen ist die Förderung Österreich-Ungarns nur wenig bedeutender als etwa diejenige des preußischen Saarreviers.

Auch die russisch-polnische Fortsetzung des Oberschlesischen Kohlenbeckens, gewöhnlich unter dem Namen Dombrovarevier bekannt, ist bedeutend, sowohl was die Abbaufähigkeit als auch die gegenwärtige Förderung angeht. Wichtiger ist allerdings noch das südrussische Donetzbecken, welches insbesondere für die Zukunft eine außerordentlich große Förderung verspricht. Schon heute versorgt es die ganze bedeutende südrussische Eisenindustrie mit Brennstoff. Die Qualität der geförderten Kohle ist sehr vielseitig; es finden sich gleichgute Gas-, Schmiede- und Kokskohle; vornehmlich die letztere ist von vorzüglicher Beschaffenheit. Außerdem enthält das Becken gute Anthrazitlager.

Außer in den beiden genannten Revieren werden in Rußland noch Kohlen gefördert im Ural und im Moskauer Revier; jedoch stehen diese Kohlenfundstätten hinter den beiden genannten an Bedeutung erheblich zurück.

Das belgische Kohlenrevier bildet die westliche Fortsetzung des Aachener Kohlenbeckens; es erstreckt sich in einem schmalen Streifen, auch den holländischen Zipfel von Limburg überdeckend, über das Plateau de Herve nach Lüttich, von dort das Maastal aufwärts bis Namur und von da ab den Unterlauf der Sambre entlang über Charleroi und Mons bis nach Frankreich hinein (Maubeuge, Valenciennes). Die Kohlenqualität ist im allgemeinen der Aachener Kohle entsprechend vielseitig und gut; die Förderung ist überall sehr intensiv; wenn auch die jährliche Produktionsziffer in absoluten Zahlen erheblich hinter derjenigen von England und Deutschland zurücksteht, so ergibt sich die große Bedeutung der Kohlenförderung Belgiens für das Land aus der Würdigung der Tatsache, daß die Förderungsziffer für den Kopf der Bevölkerung gerechnet etwa das eineinhalbfache derjenigen Deutschlands ausmacht; in absoluten Zahlen übertrifft die belgische Förderung diejenige Rußlands.

Frankreich besitzt außer dem erwähnten nördlichen Vorkommen noch Steinkohlenlager im Gebiet der Loire; seine Förderung ist absolut genommen ungefähr gleich der anderthalbfachen Menge derjenigen von Belgien.

Von den übrigen Ländern des europäischen Kontinents kommt nur noch Spanien, mit ganz geringen Mengen auch Schweden und Italien, in Betracht.

Eine außerordentlich große Bedeutung hat dagegen die Steinkohlenförderung Großbritanniens. Dieses Land stand früher an der Spitze der kohlenfördernden Länder der Welt und wurde erst im Jahre 1900 von den Vereinigten Staaten von Nordamerika überholt, welche seither die Führung behalten haben. England ist aber heute nach wie vor das erste Kohle fördernde Land Europas und fördert noch mehr als der ganze europäische Kontinent zusammengenommen.

Die Kohlenlager sind über einen großen Teil von England verbreitet. Die bedeutendsten Kohlenfelder befinden sich im Nordosten an der schottischen Grenze in den Grafschaften Durham und Northumberland, im Flußgebiet des Tyne und des Tee mit den Städten Newcastle und Middlesborough als Zentrum; südlich erstrecken sich Ausläufer nach Nord-Yorkshire bis zum Humberfluß. An der Westküste von England sind bedeutende Kohlenlager in Cumberland und Lancashire (Manchester); im Innern des Landes in Derbyshire und Shropshire (Birmingham). Alle diese Vorkommen liefern Kohlen für die verschiedensten Zwecke in ausgezeichneter Beschaffenheit und versorgen die fast überall in unmittelbarer Nähe bei den Eisenerzfundstätten liegende Eisenindustrie mit Brennstoff. Ganz besonders gut eignet sich die englische Kohle auch für die Verkokung; überall wird aus ihr ein ganz vorzüglicher, dem westfälischen noch überlegener Koks erzeugt. — Neben den genannten Fundorten sind noch die Kohlenlager von Wales berühmt; der im Süden der Halbinsel liegende Glamorgandistrikt versorgt mit seiner vorzüglichen hauptsächlich kurzflammigen Backkohle nicht nur das Inland, sondern vor allem den Weltmarkt, wo die Kohle nach dem an der Südküste des Reviers belegenen Hafen Cardiff allgemein unter dem Namen Cardiffkohle bekannt ist.

Auch Schottland verfügt über ein bedeutendes Steinkohlenfeld in der Umgegend von Glasgow, in welchem vorwiegend langflammige Gaskohle gefördert wird; Irland besitzt dagegen keine Kohle. Die Lebensdauer der großbritannischen Kohlenlager wird noch auf 2 bis 3 Jahrhunderte geschätzt.

Die heutige Steinkohlenproduktion der Vereinigten Staaten von Nordamerika nähert sich der Hälfte der gesamten Weltproduktion. — Amerika ist das einzige Land der Welt, welches über reiche Lagerstätten von Anthrazit verfügt, und zwar von solcher Reinheit und solchem Kohlenstoffgehalt, daß er den anderweitig allgemein üblichen Koks im Hochofen vollkommen zu ersetzen vermag. Die anthrazitischen Kohlenfelder erstrecken sich über den nordöstlichen Teil von Pennsylvanien und von dort in die Nachbarstaaten Massachusetts, Rhode Island und New York hinein; die Kohlen werden in Flözen abgebaut, welche zum Teil die für europäische Verhältnisse fast unfaßbare Stärke von 15—20 m aufweisen. Die jährliche Förderung von Anthrazit beläuft sich heute auf etwa 80 Millionen Tonnen.

Die übrigen Steinkohle fördernden Lager sind fast über die ganze Union verteilt. Die bedeutendsten Kohlenfelder sind die sog. appalachischen, welche sich über den ganzen Westabhang des Alleghanygebirges in einem verhältnismäßig schmalen Streifen von Nordosten nach Südwesten über die Staaten Pennsylvanien, Ohio, Westvirginia, Kentucky, Tennessee bis nach Alabama und mit nördlichen Ausläufern bis in den Staat New York hinein erstrecken. Die Kohlen haben mittleren bis zu hohen Gasgehalt und sind durchweg für alle industriellen Verwendungszwecke gut geeignet; sie sind daher ein außerordentlich wertvolles Brennmaterial für die in den Ost- und Nordoststaaten hoch entwickelte Eisenindustrie. — Berühmt ist insbesondere wegen seiner vorzüglichen Kokskohle der Connellsvilledistrikt in der Nähe von Pittsburg; doch gehen gerade diese Lager voraussichtlich schon in einem Menschenalter der Erschöpfung entgegen. An Ausdehnung ist kein Kohlenlager der Welt mit den appalachischen Kohlenfeldern vergleichbar; an Kohlenreichtum läßt sich mit ihnen nur das oberschlesische Kohlenrevier mit seinen Ausläufern messen; die Nachhaltigkeit wird indessen infolge des erheblich ausgiebigeren Abbaus viel geringer sein und wird nur auf etwa 200—300 Jahre im Mittel geschätzt.

Außer den vorstehend erwähnten besitzt Nordamerika noch Kohlenfelder in den Staaten Virginia und Nordkarolina am Atlantischen Ozean, im Norden in Michigan im Seengebiet, ferner im Zentrum in den Staaten Iowa, Indiana, Illinois, Dakota, Nebraska, in den Rocky Mountains (Montana, Idaho und Wyoming) und am Großen Ozean in Washington und Kalifornien. Mit Ausnahme der letztgenannten Distrikte ist die Kohle überall von gleich guter, für alle Zwecke der Industrie geeigneter Beschaffenheit. Nordamerika ist eben in fast allen seinen Teilen durch gleichzeitiges Vorkommen von gutem Eisenerz und guter Kohle gleich günstig gestellt; jedoch ist infolge des außerordentlich ausgedehnten Abbaus eine baldige Erschöpfung beider Mineralien zu erwarten. Auch Kanada fördert Steinkohlen, indessen von geringerer Qualität.

Die übrigen Länder der Erde fördern heute noch keine für die Gesamtproduktion der Welt ins Gewicht fallenden Mengen; dagegen ist das Vorhandensein bedeutender Kohlenfelder in China, Japan, Indien und in verschiedenen Teilen Afrikas nachgewiesen. In der Statistik der letzten Jahre erscheinen diese Länder auch bereits mit ganz beachtenswerten Förderungsziffern; größere Bedeutung für die Weltförderung dürfte ihnen in der Zukunft erwachsen, wenn die englischen und amerikanischen Kohlenfelder dem Bedarf in ihren jetzigen Absatzgebieten nicht mehr nachzukommen vermögen bzw. ihrem Abbau entgegensehen.

II. Flüssige und gasförmige Brennstoffe.

Neben den festen oben besprochenen Brennstoffen finden sich an verschiedenen Orten der Erde noch flüssige und gasförmige Brennstoffe, welche zum größten Teil aus Kohlenwasserstoffen verschiedener Zusammensetzung bestehen. Die Art der Entstehung ist noch nicht mit Sicherheit aufgeklärt; sicher ist aber wohl, daß die Kohlenwasserstoffe entweder pflanzlichen oder vielleicht auch tierischen Ursprungs sind. Sie sind gewöhnlich in porösen Erdschichten wie Ton, Schiefer oder Sandstein enthalten; durch den darauf lastenden Druck steigen sie durch die durchlässigen Felsschichten entweder direkt nach oben; oder sie sammeln sich unter undurchlässigen geologischen Schichten an und müssen dann erst durch Bohrlöcher erschlossen werden, aus denen sie in gewaltigen Strahlen an die Erdoberfläche emporkommen und technisch verwertet werden können.

Die flüssigen Brennstoffe sind Petroleum bzw. Naphtha oder Rohpetroleum. Durch Raffinieren wird aus dem Rohöl meist das reine, allgemein als Beleuchtungsmittel verwendete Reinpetroleum gewonnen. Die verbleibenden Rückstände dienen zum Teil zur Fabrikation von Schmierölen und ähnlichen Destillationsprodukten; zum größten Teil werden sie als technische Brennstoffe verwendet. Insbesondere in Südrußland, einem der Hauptherde der Naphthagewinnung, ist die Verwendung der Raffinationsrückstände, welche unter dem Namen Masut oder Astatki bekannt sind, als technisches Feuerungsmittel sehr verbreitet. Der Masut ist auch ein vorzügliches Brennmittel; er hat einen sehr hohen Brennwert (etwa 11 000 Cal), der in einer passenden Feuerung fast vollständig ausgenützt werden kann; er hinterläßt keine Asche und verbrennt bei rechter Luftzufuhr rauchfrei; die Feuerung ist also viel sauberer, als sie mit festen Brennstoffen irgendwelcher Art erreicht werden kann.

Trotz dieser hervorragenden Eigenschaften ist die Verfeuerung der Naphtharückstände fast örtlich auf die Gewinnungsbezirke beschränkt.

In der Reihe der Fundorte der flüssigen Brennstoffe stehen wiederum die Vereinigten Staaten von Nordamerika voran, und zwar ist es in erster Linie wieder der mit mineralischen Brennstoffen überaus reich gesegnete Staat Pennsylvanien; dann folgen die Staaten Ohio und Virginia, Kentucky und Tennessee sowie in den letzten Jahren auch besonders Kalifornien. Auch Kanada erzeugt verhältnismäßig große Mengen Erdöl.

An zweiter Stelle steht der südrussische Distrikt Baku am Kaspischen Meer, der wegen seiner Petroleumförderung von Alters her bekannt ist. Von den übrigen europäischen Fundorten sind Galizien und Rumänien erst in jüngster Zeit in die Reihe der Erdöl fördernden Länder getreten. Geringe Mengen Erdöl finden sich auch in Deutschland, Österreich und England; jedoch ist die Förderung nur ganz unbedeutend. Die deutschen Vorkommen sind Wietze bei Celle in Hannover und Pechelbronn bei Hagenau im Unterelsaß. Von außereuropäischen Ländern kommt nur noch Indien in Betracht. Nachstehende Zusammenstellung der Erdölproduktion der Welt im Jahre 1908 gibt ein übersichtliches Bild über die Leistungsfähigkeit der einzelnen Erdöldistrikte:

```
Amerika . . . . . . 22 Millionen Tonnen
Rußland . . . . . .  7,5    -         -
Niederländisch-Indien 2,3   -         -
Galizien . . . . . .  1,6    -         -
Rumänien . . . . .   1,1    -         -
Indien  . . . . . .   0,6    -         -
Andere Länder . . .  0,45   -         -
```
                insgesamt 35,5 Millionen Tonnen.

Die gasförmigen natürlichen Brennstoffe sind erheblich schwerer technisch zu verwenden als die flüssigen, weil das Gas nicht wie die Erdöle in eisernen Behältern aufgefangen werden kann. Ein Transport ist zudem fast ausgeschlossen. Gasförmige Brennstoffe finden sich in einer eine technische Ausnutzung gestattenden Menge nur in Pennsylvanien, und zwar in erster Linie bei der Stadt Pittsburg. Diese Stadt erhält durch die Verbrennung der natürlichen Gase in Industrie und im Hausgebrauch ein eigenartiges Gepräge. Die technischen Feuerungen sind zum Teil direkt an die Gasbohrlöcher angeschlossen. Muß eine Feuerung aus irgendeinem Grunde abgestellt werden, so tritt das Gas einfach ins Freie und verbrennt an der Luft. Erst in neuerer Zeit hat man damit begonnen, Gasbehälter in die Leitungen einzubauen, welche aber mehr zur Herbeiführung eines Gasausgleichs, als zur Aufspeicherung dienen.

Neben Pennsylvanien besitzen auch die nordamerikanischen Staaten Ohio und Indiana Gasvorkommen von erheblicher Bedeutung.

Im übrigen ist das natürliche Gas im allgemeinen ziemlich weit verbreitet; jedoch haben die Vorkommen nur geringe oder fast gar keine technische Bedeutung.

Neunzehntes Kapitel.

Feste künstliche Brennstoffe und ihre Herstellung.

Die künstlichen Brennstoffe werden aus den natürlichen durch trockene Destillation, d. i. Erhitzung unter Luftabschluß, gewonnen, wobei die flüchtigen Bestandteile, also Wasserstoff, Sauerstoff und Stickstoff, sowie der bereits in Gasform vorhandene und daher gleichfalls flüchtige Kohlenstoff ausgetrieben werden, und nur noch der durch die Asche verunreinigte feste Kohlenstoff in konzentrierter Form zurückbleibt. Die entweichenden Kohlenwasserstoffe bilden zum Teil brennbare Gase; zum Teil verdichten sie sich auch zu Flüssigkeiten, worunter in erster Linie der Teer zu nennen ist, der in der heutigen chemischen Industrie das Ausgangsmaterial für die vielfach verwendeten sog. Teerderivate bildet. Stickstoff und Wasserstoff vereinigen sich zum Teil zu Ammoniakgas. Während in früheren Zeiten der Zweck der Verkokung lediglich darin bestand, den verkokten Brennstoff oder das Gas für Beleuchtungszwecke zu gewinnen, geht die heutige Industrie darauf aus, auch alle andern in der Rohkohle enthaltenen Stoffe als „Nebenprodukte" zu gewinnen.

Verkokbar sind natürlich alle natürlichen Brennstoffe mit Ausnahme des aus fast reinem Kohlenstoff bestehenden Anthrazits. Die beiden Grenzpunkte für die Verkokung sind also die Steinkohle und das Holz. Während die Steinkohle namentlich in ihrer als Kokskohle bekannten Gattung das Ausgangsmaterial für einen in einer technischen Massenfabrikation erzielbaren Brennstoff darstellt, liefert das Holz bei seiner Verkokung den als Holzkohle bekannten Brennstoff von vorzüglicher Beschaffenheit, der sich vor dem Koks ganz besonders durch seine Freiheit von Asche und Schwefel auszeichnet, der aber anderseits nur in verhältnismäßig geringen Mengen und zu hohen Kosten erzeugt werden kann. Die zwischen Holz und Steinkohle liegenden Kohlenarten, also Torf und Braunkohle, würden bei der Verkokung ein Produkt ergeben, welches zwischen Holzkohle und Steinkohlenkoks steht, und welches die Vorzüge des einen wie des andern Extrems nur in geringerem Maße aufweist. Die Verkokung dieser Brennstoffe hat also schon aus diesem Grunde kein großes technisches Interesse, und es kommen als feste künstliche Brennstoffe heute nur in Betracht:

1. die Holzkohle,
2. der Koks.

1. Die Holzkohle.

Erhitzt man Holz in einer Retorte unter Luftabschluß und sammelt in einer Vorlage die Destillationsprodukte, so erhält man hier eine braune, ölige, sauer reagierende Flüssigkeit, die zum größten Teile aus Holzessig besteht, während in der Retorte die Holzkohle zurückbleibt. Dieser Vorgang kann im Großbetrieb auf zwei verschiedene Arten vorgenommen werden, indem man den Hauptwert entweder auf die Erzeugung der Holzkohle oder auf diejenige der flüssigen und gasförmigen Destillate legt. Im letztgenannten Fall wird die Verkokung in Öfen oder Retorten vorgenommen, und sind besondere Vorkehrungen zum Auffangen und Reinigen der Destillate getroffen. Die Holzkohle wird hierbei als Nebenprodukt gewonnen, und es wird kein besonderer Wert auf ihre Qualität gelegt; diese Arbeit interessiert uns daher auch bei der Besprechung der Brennstoffe weniger. Die größten Mengen der technisch hochwertigen Holzkohle werden dagegen noch durch die alte und primitive Meilerverkohlung unter Verzicht auf die Gewinnung der Destillate gewonnen, welche unten beschrieben wird.

Gute Holzkohle hat einen Kohlenstoffgehalt von 80—84 Proz., ist glänzend schwarz und hat die Struktur des Holzes; schlecht verkokte Kohlen haben braune oder braunrote Färbung. Diese werden gewöhnlich als „Brände" bezeichnet und rühren von zu niedriger Verkohlungstemperatur her. Die Holzkohle ist außerordentlich porös und daher absorptionsfähig für alle Gase; ihre Dichtigkeit hängt allerdings zum großen Teil von der Dichtigkeit des verwendeten Holzes ab, indem die Kohle aus harten Hölzern entsprechend dichteres Gefüge hat als diejenige aus weicheren Hölzern; die beste und widerstandsfähigste Kohle ist die Birkenkohle, welche die aus den Nadelhölzern erzeugte an Qualität erheblich überragt. Allerdings beeinflußt auch die Art der Verkohlung ganz erheblich die Dichtigkeit der Holzkohle. Langsame Verkohlung ergibt eine sehr dichte Holzkohle, während das Erzeugnis einer schnellen Verkohlung weniger dicht ist und sich leicht zerreiben läßt.

Die Dichtigkeit der Holzkohle läßt sich am besten erkennen an dem Verhältnis des spezifischen Gewichts der Stückkohle zu dem wirklichen spezifischen Gewicht, also dem des gemahlenen Kohlenpulvers ohne Porenräume; während dieses für alle Holzkohlensorten fast gleich (ungefähr 1,5) ist, ist dasjenige der Kohle in Stücken bei Birkenholz 1,8—2 mal so hoch wie bei Tannenholz; d. h. die Holzkohle aus Birkenholz ist unter übrigens gleichen Verhältnissen fast doppelt so dicht wie diejenige aus Tannenholz.

Der Brennwert der trockenen Holzkohle kommt mit rund 8000 Kal. dem theoretischen Brennwert des reinen Kohlenstoffs fast nahe. Der größte technische Vorzug der Holzkohle vor allen andern Brennstoffen ist, wie bereits erwähnt, ihre Freiheit von Schwefel und ihr geringer Aschengehalt.

Die Holzkohlengewinnung in Meilern.

Die Verkohlung des Holzes in Meilern erfolgt an den Orten der Holzgewinnung, also in den Wäldern. Die Anlage von Meilern erfordert eine ebene, trockene, aber möglichst lockere Bodenbeschaffenheit. Der gebräuchliche Aufbau eines Meilers geht wie folgt vor sich· In der Mitte schlägt man zunächst einige kräftige Pfähle von der beabsichtigten Höhe des Meilers in den Boden, welche gegeneinander abgesteift werden und den mittleren Luftschacht für den Meiler, den sog. Quandelschacht, bilden sollen. Um diesen herum wird das Holz in möglichst gleich (etwa 1 m) langen Scheiten konzentrisch aufgestellt, und es wird hiermit so lange fortgefahren, bis der erwünschte Durchmesser des Meilers erreicht ist. Auf die erste Schicht kommt in gleicher Weise eine zweite, nötigenfalls eine dritte und vierte; jedoch wird der Meiler nach oben hin verjüngt und abgerundet, so daß sein Querschnitt sich schließlich der parabolischen Form nähert. Um die Form abzuschlichten, wird zuletzt Holzklein mit Ästen verwendet. Danach wird der Meiler mit Rasen bedeckt, wobei die Grasseite nach innen kommt; die nunmehr außen befindliche Erdschicht wird weiter mit Erde und Holzkohlenklein beworfen.

Der Quandelschacht dient zum Anzünden des Meilers, und man bringt daher in ihn leicht entzündliches Material hinein, welches von oben her in Brand gesetzt wird. Erfahrene Köhler verzichten manchmal auf den Quandelschacht und setzen statt dessen nur einen kräftigeren Quandelpfahl in die Mitte; in diesem Fall wird beim Aufbau des Meilers ein kräftiger Balken vom Mittelpunkt radial nach außen gelegt, welcher nach Fertigstellung des Meilers herausgezogen wird; durch den so entstandenen Kanal wird dann das Feuer mittels einer langen Stange nach innen geführt und angezündet. Dieses Verfahren soll infolge Wegfallens der Bildung von Kleinkohle ein höheres Ausbringen ergeben.

Die Arbeit des Köhlers besteht nun nach dem Anzünden des Meilers zunächst darin, das Fortschreiten des Brennens zu überwachen und zu leiten. Als Brennstoff dienen im Meiler die Destillate des Holzes und ein Teil des Holzes selbst, der natürlich, damit ein hohes Ausbringen erzielt wird, möglichst gering sein soll.

Das Feuer muß daher von bereits entgasten Teilen nach und nach zum frischen Holz weggezogen werden und nicht umgekehrt. Nachdem der Quandelschacht ausgebrannt ist, wird die entstandene Öffnung wieder mit frischem Holz gefüllt, und dieser Vorgang wird mehrere Male wiederholt, bis dann schließlich der Schacht geschlossen wird. Die Weitererwärmung soll dann nicht mehr durch Verbrennung von Holz erfolgen, sondern die bereits entwickelte Wärme soll genügen, um den Meiler weiter im Schwelen zu halten. Die Wasserdämpfe des Holzes und die Destillationsprodukte dringen durch die Meilerdecke hindurch und setzen sich dort ab, was man als „Schwitzen" des Meilers bezeichnet. In den ersten 24 Stunden des Meilerbrands erfolgen auch häufiger Explosionen, — „Stoßen" oder „Werfen" des Meilers — welche darauf zurückzuführen sind, daß die brennbaren Destillate innerhalb des Meilers mit Luft bei ihrer Entzündungstemperatur zusammentreffen. Durch die Explosionen wird die Ummantelung des Meilers oft ganz erheblich zerstört; sie muß dann sofort wiederhergestellt werden.

Wenn keine Explosionen mehr zu befürchten sind, beginnt die „Treibarbeit". Diese besteht darin, daß rundum in den Meilermantel, und von der Haube allmählich nach dem Boden fortschreitend, Öffnungen, sog. „Räume", mit dem Spaten eingestochen werden, durch welche die Destillate entweichen können. Die nötige Luft wird durch den lockeren Boden in ausreichender Menge zugeführt. An der Beschaffenheit der entweichenden Dämpfe kann man das Fortschreiten der Destillation erkennen. Zuerst entweichen weiße Wasserdämpfe, welche mit dem Fortschreiten des Schwelens mehr und mehr einen säuerlichen Geruch und eine bräunliche Färbung annehmen; sobald diese wieder verschwindet, ist die Entgasung beendet; die Räume werden dann wieder geschlossen, und in eine weiter unten liegende Schicht werden neue Räume eingestochen.

Wenn auf diese Weise die Verkohlung bis in die untersten Schichten geführt und zuletzt noch die mit den Entgasungsprodukten getränkte Ummantelung ausgebrannt ist, erfolgt das Löschen des Meilers dadurch, daß man das Feuer durch sorgfältiges Abdecken aller Öffnungen mit dem trockenen Sand des Mantels erstickt. Gleich nach dem Ablöschen beginnt man mit dem Ziehen der Kohlen, welches gleichfalls langsam und vorsichtig erfolgen muß, um Selbstentzündungen des Meilers zu verhindern. Die Kohlen werden dabei rundum am Fuß des Meilers mit einer Hacke herausgezogen; die oberen Schichten sinken nach und werden auf gleiche Weise entfernt.

Die ganze Operation der Meilerverkohlung nimmt 15—20 Tage in Anspruch, wovon

>2—3 Tage auf das Anzünden und Nachfüllen,
>6—8 Tage auf das Treiben,
>1—2 Tage auf das Zubrennen,
>1—2 Tage auf das Löschen und
>4—6 Tage auf das Ziehen

entfallen.

Das Ausbringen an Holzkohle aus dem Meilerbetrieb beträgt etwa 22—24, in günstigen Fällen auch bis zu 28 Gewichtsprozente und im Durchschnitt etwa 60 Raumprozente von dem ursprünglichen lufttrockenen Holz. Daneben entfallen noch geringe Mengen sog. Brände, welche entweder für geringere Zwecke Verwendung finden oder auch im längeren Betrieb gesammelt und in besonderen Meilern weiter verkohlt werden.

Neben den Verlusten durch Abbrand entstehen noch weitere mechanische Verluste durch Abrieb, welche nur durch vorsichtige Behandlung der fertigen Holzkohle auf ein annehmbares Maß zurückgeführt werden können.

2. Der Koks.

a) Allgemeines. Eigenschaften.

Koks ist das Produkt der trockenen Destillation der Kohle, in erster Linie der Steinkohle. Die Herstellung von Koks ist hervorgegangen aus dem Bestreben, dem Mangel an natürlicher gasfreier Kohle, welche in Schachtöfen verwendet werden kann, abzuhelfen. In zweiter Linie entspricht die Verkokung dem Bestreben, einen Brennstoff von höherer Härte und Festigkeit, als ihn die natürliche Kohle bietet, zu erzielen. Das ist von besonderer Bedeutung für die Verwendung von Feinkohle, aus der sich gleichfalls durch Verkokung ein großstückiger Brennstoff herstellen läßt.

Wie schon bei Besprechung der Eigenschaften der Steinkohle hervorgehoben wurde, eignen sich nun durchaus nicht alle Steinkohlensorten gleichmäßig zur Erzeugung von Koks, bzw. fallen die Eigenschaften des aus verschiedenen Kohlen erzeugten Kokses sehr verschieden aus. Die Bedürfnisse der Praxis einerseits, wie die Erreichbarkeit der Qualität bei Verwendung normal guter Kokskohle anderseits haben nun für guten Koks folgende Qualitätsvorschriften gezeitigt:

Guter Koks soll von heller, silbergrauer Farbe sein und einen hellen, festen Klang haben. Seine hervorragendste Eigenschaft ist die Härte, welche erforderlich ist, um im Schachtofen den darauf lastenden

Massen gegenüber einen erheblichen Widerstand gegen das Zerdrücken zu bieten.

Was die chemische Zusammensetzung des Kokses angeht, so hängt diese in erster Linie von der Zusammensetzung der Kokskohle ab. Die Qualität des Kokses wird hauptsächlich beeinflußt durch den Gehalt an Asche und Schwefel, weniger durch den Gehalt an flüchtigen Bestandteilen und an Wasser.

Hoher Aschegehalt ist unangenehm, nicht nur wegen der dadurch entstehenden Verringerung des Wertes des Brennstoffs, sondern auch deshalb, weil der Aschegehalt in den Schachtöfen verschlackt werden muß und demnach erhebliche Zuschläge an Kalk erfordert. Der Aschegehalt ergibt sich direkt aus dem Aschegehalt der Kohle, dividiert durch den Prozentsatz des Ausbringens an Koks; in jedem Falle tritt also eine bedeutende Vermehrung des Aschegehalts ein. Um ihn innerhalb zulässiger Grenzen zu erhalten, ist es notwendig, daß die Kohle durch Waschen vorher von Asche möglichst befreit wird. Im allgemeinen müssen zu diesem Zweck die Kohlen zerkleinert werden, was aber ihre Verkokbarkeit nicht hindert, sondern sogar fördert. Noch ein weiterer Grund verlangt einen möglichst geringen Aschegehalt der zu verkokenden Kohle, nämlich der, daß höhere Gehalte die Backfähigkeit der Kohle beeinträchtigen, insbesondere dann, wenn die Zusammensetzung der Asche derart ist, daß sie bei den im Koksofen herrschenden Temperaturen schmilzt.

Auch der Schwefelgehalt der Kohle findet sich zum größten Teil im Koks wieder; eine Entschwefelung findet nur in geringem Maße statt. Guter Koks sollte nicht wesentlich mehr als 1 Proz. S haben; jedoch erfüllt diese Bedingung nur der englische Koks, der wohl immer unter 1 Proz. S aufweist, und der westfälische, dessen Schwefelgehalt 1 Proz. im Durchschnitt nur wenig übersteigt. Schlesischer Koks hat dagegen durchweg höheren Schwefelgehalt, teilweise bis zu 2 Proz.; er wird darin wohl nur noch von dem Koks aus dem russischen Donetz-revier übertroffen.

Der Gehalt an flüchtigen Bestandteilen im Koks rührt von ungenügender Verkokung her; er ist aber kaum zu umgehen, da es bei den Temperaturen im Koksofen nicht möglich ist, die letzten Reste flüchtiger Körper auszutreiben, und man muß sich damit begnügen, daß der Gehalt die zulässige Grenze nicht übersteigt, welche man als bei etwa 1 Proz. liegend annehmen kann.

Der Wassergehalt des Kokses rührt hauptsächlich von dem Ablöschen her, dem er nach erfolgter Verkokung unterworfen werden muß. Er ist aber auch sonst nicht zu umgehen, da der Koks wegen seiner Porosität sehr zur Wasseraufnahme neigt; der Wassergehalt wirkt natürlich insofern doppelt unangenehm, als dadurch nicht nur das Gewicht des reinen Brennstoffs herabgesetzt, sondern auch noch ein Wärmeaufwand zur Verdampfung des Wassers erforderlich wird.

b) Der Verkokungsprozeß.

Die zur Verkokung am meisten geeigneten Kohlen sind die Backkohlen, und zwar alle Arten von Backkohlen; da jedoch das Ausbringen aus Kohlen mit steigendem Gasgehalt immer geringer wird, zieht man allgemein die kurzflammige Backkohle vor, welche man daher schlechtweg als Kokskohle bezeichnet.

Das Vorkommen dieser Kohlen entspricht aber nicht immer dem Bedarf, und es sind daher von jeher Bestrebungen hervorgetreten, auch möglichst viele Magerkohlen zur Verkokung verwendbar zu machen. Es sind nach dieser Richtung hin vielfach Versuche gemacht worden, welche sich sowohl auf die Ofenkonstruktionen wie auf chemische Verfahren erstreckten, jedoch durchweg ohne Erfolg waren; erfolgreich ist dagegen die mechanische Stampfung der Kohle gewesen, welche sich heute namentlich an der Saar und in Oberschlesien eingeführt hat, und welche erst die Erzeugung eines dichten und festen Kokses aus den dortigen für Koksbereitung durchweg zu mageren Kohlen ermöglichte.

Die meisten Verkokereien sind heute auf die Verarbeitung von mehr als einer Kohlensorte angewiesen; sie verarbeiten daher Kohlen von besonders guter Backfähigkeit mit magereren Kohlen und mischen diese verschiedenen Qualitäten in besonderen Kohlenmischtürmen miteinander, um stets ein gleichmäßiges Produkt zu erzeugen. Es muß indessen auf eine gute Durchmischung der Feinkohlen Wert gelegt werden, weil sonst die Struktur des erzeugten Kokses leicht ungleichmäßig ausfallen und zwischen guten Stellen Flecken von schlecht verkoktem Material aufweisen kann.

Der eigentliche Verkokungsvorgang vollzieht sich nun in modernen Koksöfen ungefähr wie folgt:

Während in den älteren Verkokungsapparaten die Wärme für den Verkokungsprozeß durch Verbrennung eines Teils der Rohkohlen gewonnen und die Verbrennung in demselben Raume vorgenommen wurde wie die Verkokung, wird in den modernen Öfen lediglich das Entgasungsprodukt zur Heizung der Öfen benutzt, und werden die Kohlen daher in besonderen von außen mit Gas geheizten Kammern verkokt. Je nach der Ofenkonstruktion dringt die Wärme von den Wänden der Verkokungskammer oder auch von der Ofensohle allmählich nach innen. Zunächst nach dem Einfüllen der Kohle beginnt die Verdampfung des mitgeführten Wassers. Da die Kokskohlen heute zum größten Teil gewaschen werden, ist der Wassergehalt zumeist ziemlich erheblich. Der Wassergehalt wirkt insofern unangenehm, als die Verdampfung mit bedeutenden Wärmeverlusten verbunden ist; auch verlängert er die Zeit des Verkokungsprozesses. Durch Temperaturmessungen ist z. B. in Semet-Solvay-Öfen einwandfrei festgestellt worden, daß die Temperatur im Verkokungsraum sich während der ersten neun Stunden nach Beschicken des Ofens nicht über 100^{0} erhob; d. h. daß während dieser

Zeit die Verdampfung des mitgebrachten Wassers stattfand. Die aus dem Ofen entweichenden Abgase enthalten zudem bei zu hohem Wassergehalt bedeutende Mengen Wasserdampf, welche ihren Wert verringern. Das Wasser kann sogar noch schädliche Einwirkungen auf das Ofenmauerwerk ausüben, wenn es Salzgehalt aufweist, dessen man bei Grubenwasser wohl immer gewärtig sein muß. Von mancher Seite werden allerdings auch einem Wassergehalt der Kohle günstige Einflüsse zugeschrieben, insofern als die dadurch herbeigeführte Verlangsamung des Verkokungsprozesses einen günstigen Einfluß auf die Qualität des Kokses ausüben soll; zweifellos ist jedoch diese Wirkung nicht derartig, daß sie geeignet wäre, die unangenehmen Erscheinungen aufzuheben.

Sobald die Verdampfung des Wassers beendet ist, beginnt die Entgasung der Kohle. Die Kohlenwasserstoffe streben von den geheizten Wänden weg nach dem kälteren Innern und verdichten sich dort; auf diese Weise bilden sich zunächst parallel zu den geheizten Wänden in einer gewissen Entfernung davon Nähte, welche die weitere Ausdehnung der Wärme eine Weile aufhalten und nachher zu Spaltungsflächen innerhalb der ganzen Koksmasse führen. Erst wenn die dahinterliegende Kohlenmasse auf hohe Temperatur gebracht ist, werden die Nähte zerstört; die abgelagerten Kohlenwasserstoffe werden weiter von der erhitzten Wand- oder Bodenfläche weggedrängt, und der Vorgang wiederholt sich solange, bis die Wärme ins Innerste gedrungen ist.

Durch die herausdringenden Gase wird die Kohlenmasse in ihrem Zusammenhang gelockert und bläht sich auf; die entstehenden Zwischenräume werden von den Gasen ausgefüllt, und es erfolgen jetzt unter dem Einfluß der Wärme zum Teil chemische Zersetzungen der schweren Kohlenwasserstoffe, welche nach der Formel

$$C_2H_4 = CH_4 + C$$

in Methan und Kohlenstoff zerfallen. Das Methan wird bei der weiteren Erwärmung herausgedrängt, während die frei werdenden Kohlenstoffmoleküle sich zwischen die schon vorhandenen Kohlenstoffteilchen ablagern und diese zu einem festen Ganzen verkitten.

Die Bildung eines guten Kokses hängt natürlich in erster Linie von der Qualität der Kohle, ihrer Beschaffenheit und ihrem Aschegehalt ab, deren Einfluß auf die Koksbildung bereits beleuchtet wurde; auch die Korngröße spielt eine Rolle; je feiner das Korn, desto fester wird der erzeugte Koks. In zweiter Linie spielt dann die Führung des Prozesses und insbesondere die Temperatur und die Dauer des Verfahrens eine Rolle. Die Temperatur muß allmählich gesteigert werden; mit 1300—1400° ist das erforderliche Maximum erreicht, darüber hinaus sollte die Temperatur nicht erhöht werden. Die Beendigung der Entgasung macht sich bemerkbar durch das Aufhören der Flammen, was man durch Schaulöcher beobachten kann; der Koks muß aber dann erst noch recht „ausgaren", ehe er aus dem

Ofen entfernt wird. Der Ofen wird dann von der Gasleitung abgesperrt und die Feuerung möglichst verringert.

Das Volumen des Kokses macht im Verlauf des Verkokungsprozesses verschiedene Wandlungen durch; zuerst bläht er sich bei Beginn der eigentlichen Verkokung auf; nachher verringert er wieder sein Volumen auf ein geringeres, als dasjenige der Kohle war.

c) Die verschiedenen Koksofensysteme.

Die Bauart der Koksöfen hat im Laufe namentlich der letzten Jahrzehnte erhebliche Wandlungen durchgemacht. Die älteste Art der Verkokung ist die Meilerverkokung, welche auf ähnlichen Prinzipien beruhte wie die Holzverkohlung in Meilern. Aus ihr ist dann die Verkokung in großen offenen Öfen, den sog. Schaumburger Öfen, hervorgegangen, welche ebensowenig wie die Meiler heute noch eine Rolle spielen. Dagegen sind heute noch sehr weit verbreitet die nächstältesten Öfen, die

Back- oder Bienenkorböfen,

welche wie die vorgenannten Verfahren auf dem Prinzip beruhen, einen Teil der Kohlen zur Erzeugung der Verkokungswärme zu verbrennen. Der ursprüngliche Bienenkorbofen ist ein einfacher Ofen von kreisrunder Bodenfläche, über welche die Ofenwände bienenkorbartig gewölbt sind. Am unteren Teile enthalten die Umfassungsmauern Türen zum Einsetzen und Ausziehen des Kokses, in der Kuppe eine Öffnung zum Abziehen des Gases. Der Betrieb der Öfen ist außerordentlich einfach. Auf hohe Temperatur vorgewärmt, nehmen sie die Kokskohle auf, welche sofort entgast zu werden beginnt. Die entweichenden Gase entzünden sich noch innerhalb des Ofens, dem zu diesem Zweck ausreichend Luft zugeführt wird, und verbrennen, die Wärme für den Verkokungsprozeß entwickelnd. Es ist natürlich nicht zu umgehen, daß bei dieser Arbeitsweise auch ein Teil der Kohle direkt mit verbrennt. Ist die Verkokung beendet, so wird der Koks noch im Ofen abgelöscht und dann gezogen.

Die Qualität des in Bienenkorböfen erzeugten Kokses ist vorzüglich; insbesondere erhält man daraus Koksstücke von einer außerordentlichen Größe, wie man sie in Kammeröfen nicht annähernd erzielen kann. Dagegen ist die Arbeitsweise außerordentlich unrationell; die Verwertung der Nebenprodukte ist nicht nur ausgeschlossen; auch das Ausbringen an Koks ist sehr gering, und zwar durchweg nur 50, selten bis zu 60 Proz. der eingesetzten Kohle. Selbst die überschüssige Wärme der Abgase wird in den wenigsten Fällen nutzbar gemacht. Trotz dieser Nachteile hat der Ofen insbesondere in England eine sehr weite Verbreitung gefunden, was in erster Linie dem dort allgemein herrschenden Vorurteil zuzuschreiben ist, daß der Koks aus Öfen mit Gewinnung der Nebenprodukte gegenüber dem Bienenkorbofenkoks (dem sog. Patentkoks) minderwertig sei. Folgende Zahlen beleuchten die Bedeutung der Bienenkorböfen in England: Hier waren

Ende 1908 von 23117 gezählten Koksöfen 18183 oder 78,7 Proz. Bienenkorböfen, in ganz Großbritannien unter 26214 Koksöfen überhaupt
19478 = 74,3 Proz. Bienenkorböfen.

Unter diesen Bienenkorböfen ist allerdings auch eine Anzahl
neuerer Konstruktionen enthalten, bei denen auch modernere Ideen
berücksichtigt worden sind. Abb. 8 und 9 zeigen beispielsweise die
Anordnung von Bienenkorböfen mit Regenerativheizung. Wie aus der
Abbildung ersichtlich, sind eine Anzahl Öfen zu einer zweireihigen
Batterie vereinigt. In der Mitte zwischen beiden Ofenreihen sind,

Abb. 8 u. 9.   Bienenkorbofen.

gegenüber den Öfen etwas erhöht, zwei Reihen Regenerativkammern
angelegt, welche direkt durch Abgase der Öfen geheizt werden, und
in denen die für die Verbrennung notwendige Luft vorgewärmt wird.
Der übrige Teil der Ofengase zieht durch den in der Mitte des Gewölbes
befindlichen Gasfang ab und wird von da aus den außerhalb liegenden
Gasrohren zugeführt, aus denen die unter der Ofensohle liegende Heizung
gespeist wird. Die Pfeile in der Abbildung geben den Weg des Gases
und der vorgewärmten Luft an. Durch diese Konstruktion ist das
ursprüngliche Prinzip der Bienenkorböfen insofern durchbrochen, als
die Verbrennung der Gase zum größten Teil aus dem Ofen herausgezogen und unter seiner Sohle in besonderen Kanälen vorgenommen
wird; mit einem Wort, der einräumige Bienenkorbofen ist hier in einen

zweiräumigen verwandelt worden. Es läßt sich auch ermöglichen, daß wenigstens der Teil der Gase, die durch das zentrale Gasabzugrohr abgeführt werden, auf dem Wege zu den Brennern der Sohlenheizung von den gewinnbaren Nebenbestandteilen befreit wird. Jedenfalls kann aber der Ofen niemals so rationell ausgenutzt werden wie die unten zu besprechenden in Deutschland allgemein üblichen Kammeröfen. Seine Nachteile diesen gegenüber sind immer die Beanspruchung eines gegenüber den Kammeröfen sehr großen Platzes und die Unmöglichkeit, die Heizung außer in der Ofensohle auch noch an den Seitenwänden vorzunehmen. Die durchschnittliche Fassung der Bienenkorböfen ist etwa 6 Tonnen; die Garungszeit beträgt im Mittel ca. 60 Stunden.

Im Gegensatz zu dem Backofensystem hat sich in Deutschland von jeher das

Kammerofensystem

entwickelt, bei welchem die Ofenheizung ausschließlich von außen durch die Destillationsprodukte erfolgt. Die Kammeröfen bestehen aus einer Verkokungskammer von rechteckigem, kanalförmigem Querschnitt und verhältnismäßig großer Länge, und zwar kann die Längsachse entweder senkrecht oder wagerecht liegen. Die Kammeröfen haben vor den Bienenkorböfen den Vorteil, daß man unter möglichst günstiger Ausnutzung des Raumes eine Anzahl zu einer Batterie vereinigen kann. Zwischen je zwei Öfen liegen dann die Verbrennungsräume für das Gas, welche die Verkokungskammern von allen Seiten umgeben und eine allseitige gleichmäßige Heizung gestatten, während selbst bei den oben beschriebenen verbesserten Bienenkorböfen lediglich eine Beheizung der Ofensohle möglich ist.

Die technische Entwickelung der letzten Jahrzehnte hat hauptsächlich das Ofensystem mit wagerechter Achse in den Vordergrund treten lassen, während die Öfen mit senkrechter Achse mehr und mehr verschwunden sind. Der einzige Typ dieser Ofenkonstruktion, der in der Praxis eine größere Bedeutung erlangt hat und noch heute besitzt, ist der in Abb. 10—12 in einer modernisierten Ausführung in mehreren Schnitten dargestellte

Appoltofen.

Die Kokskammern sind schmale Kammern von rechteckigem, sich nach oben hin verjüngendem Querschnitt; hierdurch soll die leichtere Entleerung des Ofens, welche nach unten hin durch Öffnen der Bodenklappe erfolgt, ermöglicht werden. Die Öfen werden in doppelreihigen Batterien dergestalt angeordnet, daß die senkrechten Wände aneinanderstoßen, während die durch die Verjüngung nach oben bedingten schrägen Wände beiderseits die Außenwände bilden.

Die Beschickung der Öfen geschieht durch die Öffnungen im Gewölbe aus Wagen, die auf über die Öfen gelegten Geleisen fahren.

Die Destillationsprodukte entweichen durch einen an der schrägen Außenseite liegenden senkrechten Kanal entweder direkt in die Heizkanäle oder wie im vorliegenden Falle in die zur Gasaufnahme bestimmte

Vorlage; dieser Kanal ist durch kleine Öffnungen mit der Verkokungskammer verbunden und so angeordnet, daß er von keiner Seite, abgesehen von der Verkokungskammer selbst, aus beheizt und von außen
her direkt gekühlt wird. Dadurch soll verhütet werden, daß sich die
Kohlenwasserstoffe zersetzen, was bei den höheren Temperaturen leicht
eintreten könnte.

Das Gas tritt durch die am unteren Ende außen gelegenen Düsen
in die Verbrennungskammern und trifft hier die aus dem Luftzuführungs-

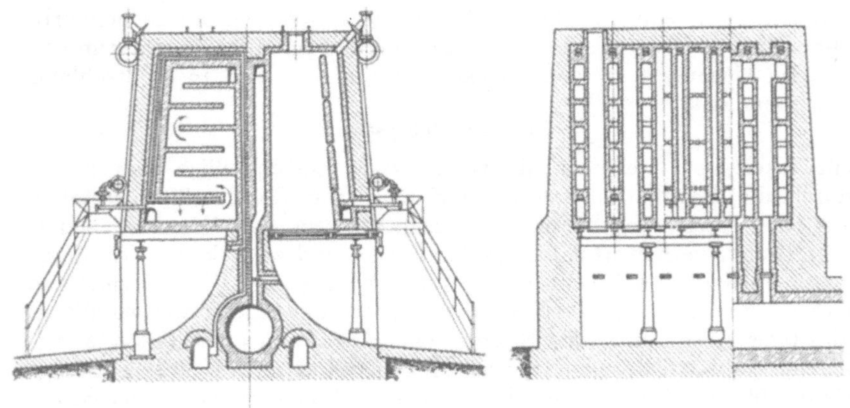

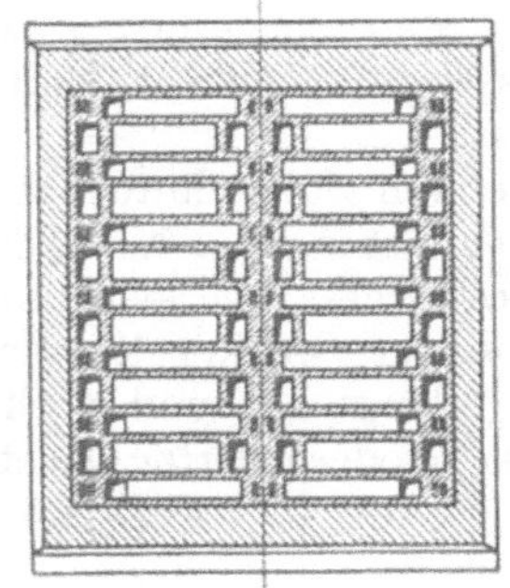

Abb. 10—12.   Appolt-Ofen.

kanal in der Richtung der kleinen
Pfeilchen in der linken Hälfte der
Abb. 10 eintretende vorgewärmte Verbrennungsluft; hier findet die Verbrennung statt, und die verbrannten
Gase steigen in den durch die Pfeilrichtung angegebenen durch Einschaltung einer Anzahl Quermauern
bedingten Windungen nach oben und
fallen von dort aus in den in der
Mitte des Unterbaus liegenden Abhitzekanal. Durch Anordnung von
Schiebern in den Abzügen kann der
Zug und damit der Ofengang reguliert werden.

Die Verbrennungsluft betritt den Ofen auf dem umgekehrten Wege:
Von den zu beiden Seiten des Abhitzekanals angeordneten Luftkanälen
geht sie in kleinen Kanälen nach oben, umspült die ganze Verbrennungs-
kammer und tritt, auf diesem Wege um einige hundert Grad erwärmt,
an der bereits oben bezeichneten Stelle in den Verbrennungsraum.
Die Entleerung der Öfen erfolgt, wie gesagt, nach unten; der Koks
fällt auf die abgeschrägte Fläche und wird dort gleich abgelöscht.
Diese Anordnung bedingt einen vollständig eisernen Unterbau der
ganzen Ofenbatterie.

Die Öfen werden in der Praxis in Höhe von etwa 4—5 m ausgeführt; der Hauptvorzug des Ofens soll darin bestehen, daß infolge des Gewichtes der hohen Kohlensäule der Koks unter starkem Druck steht, wodurch ein dichteres Gefüge auch bei schlechter backendem Koks herbeigeführt werden soll. Gerade aus diesem Grunde hat sich der Ofen in früheren Jahrzehnten insbesondere im Saarrevier, welches über keine sonderlich gute Kokskohle verfügt, eingeführt; er ist aber auch hier heute durch andere bessere Konstruktionen überholt, während der gleiche Zweck der Zusammenpressung durch vorheriges Stampfen der Kohle viel besser erreicht wird.

Nachteilig ist die ungleichmäßige Beheizung der Appoltschen Öfen, welche durch die unumgängliche Anordnung der Heizkanäle hervorgerufen wird. Die Verbrennung erfolgt an der Stelle, wo Gas und Luft zusammentreten, also am unteren Ende des Ofens; die oberen Partien werden daher nur durch die Abgase geheizt. Da der Koks durch den Boden entfernt werden muß, ist auch eine Sohlenheizung des Ofens nicht angängig.

Die Garungszeit in dem Appoltofen ist verhältnismäßig kurz; sie dauert im Durchschnitt nur 24 Stunden. Der Ofen kann also mehr ausgenutzt werden als andere Öfen; trotzdem sind seine Betriebskosten ebenso wie seine Anlagekosten höher als diejenigen anderer Öfen. Dieser Umstand hat ganz besonders zur Auflassung des Appoltofens an vielen Stellen geführt.

Eine Zwischenstufe zwischen den Öfen mit vertikaler und mit horizontaler Achse sind diejenigen mit geneigter Achse, die sog.

Schrägkammeröfen,

welche in neuerer Zeit für die Leuchtgasbereitung an Bedeutung gewinnen, für die Eisenindustrie dagegen wohl kaum in Betracht kommen.

Dagegen sind die

Öfen mit horizontaler Achse

heute wenigstens in der deutschen Koksindustrie allgemein vorherrschend. Bei diesen Öfen ist eine besondere Beheizung der Ofensohle möglich geworden. Die Sohlenheizung hat im Laufe der Jahre manche Wandlungen durchgemacht, bis sie bei modernen Öfen mehr unter die Verbrennungs- als unter die Verkokungskammern verlegt und bei einzelnen Ofensystemen sogar vollständig aufgegeben wurde.

Neben der Sohlenheizung wird die seitliche Heizung durch die Verbrennungskammern vorgenommen, welche in den verschiedenen Konstruktionen in unzähligen Varianten durchgeführt wird. Früher trat ein Hauptunterschied in der Art der Gasführung in den Wänden hervor und bedingte eine Unterteilung in Öfen mit senkrechten und mit wagerechten Heizzügen; bei modernen Öfen ist die letztere Art als weniger günstig vollständig aufgegeben worden.

Die älteren Öfen, bei denen an eine Gewinnung der Nebenprodukte nicht gedacht wurde, sind derart konstruiert, daß die Destillate aus der Verkokungskammer unmittelbar in die Wandkanäle treten und

dort verbrennen, während eben bei modernen Öfen mit Nebenprodukten
gewinnung die Destillate durch Steigerohre abgeführt werden und erst
nach eingehender Behandlung, bei der ihnen die gewinnbaren Nebenprodukte entzogen werden, zum Ofen in die Verbrennungsräume
zurückkehren.

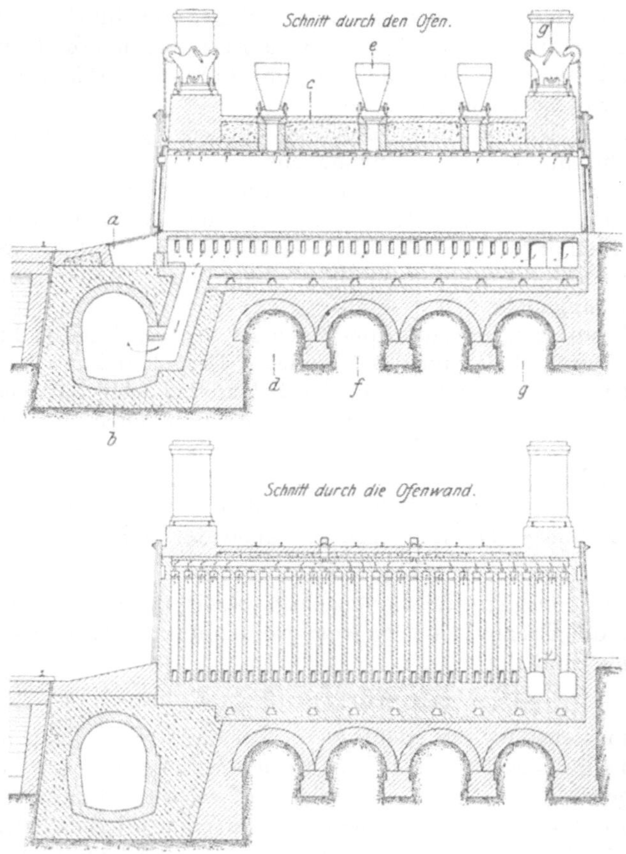

Abb. 13—14. Coppée-Ofen

Der wichtigste unter den älteren Verkokungsöfen ist der
Coppéeofen,
nicht nur seiner außerordentlich weiten Verbreitung wegen, die diejenige aller anderen Systeme, abgesehen von den Bienenkorböfen, heute
noch überragt, sondern vor allem deshalb, weil seine Konstruktionsgrundsätze sich bei fast allen modernen Koksöfen mehr oder minder
ausgesprochen wiederfinden. Abb. 13—15 zeigen in einer Anzahl Schnitte
die Konstruktion eines von Dr. Otto & Co. in Dahlhausen verbesserten

Coppéeofens. Die Destillate treten am oberen Ende der Verkokungskammer durch eine Anzahl kleiner auf die ganze Länge der Kammer
gleichmäßig verteilter Öffnungen in eine gleiche Anzahl senkrechter
Wandkanäle. Am oberen Ende dieser Kanäle tritt die Verbrennungsluft, wie aus den Schnitten c—d und e—f in Abb. 15 ersichtlich, hinzu,

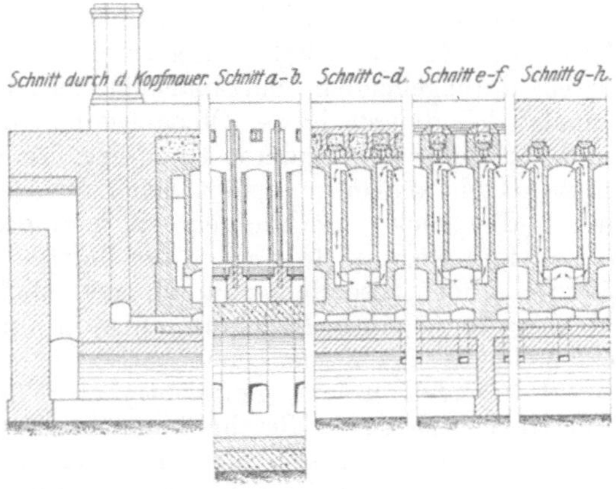

Abb. 15. Coppée-Ofen.

nachdem sie durch besondere in der Ofendecke liegende und durch
Schieber verschließbare Öffnungen, welche in Abb. 14 sichtbar sind,
eingetreten ist und sich durch den gleichfalls in dieser Abbildung
erkennbaren Luftkanal gleichmäßig über die ganze Ofenlänge verteilt
hat. In den senkrechten Wandkanälen findet also die Verbrennung
statt, und die verbrannten Gase treten von da aus in den Sohlkanal.
Je zwei nebeneinander liegende Öfen geben ihr Gas an einen gemeinsamen Sohlkanal ab, aus dem sie dann erst an dem einen Ende des
Ofens in den Sohlkanal der zweiten Kammer treten; aus diesem ziehen
dann die Gase in den gemeinsamen Gasabzugkanal und von da zur
Esse bzw. zu den Abhitzefeuerungen.

Die gemeinschaftliche Arbeit je zweier nebeneinander liegender
Öfen hat sich aus der abwechselnden Beschickung der beiden Öfen
ergeben. Eine frisch beschickte Kammer wird also infolgedessen durch
die Destillationsgase der Nachbarkammer geheizt, bis sie selbst im
Verkokungsprozeß so weit gekommen ist, daß sie durch ihre eignen
Abgase warm gehalten werden kann, und von da ab beginnt sie wieder
ihrerseits an der Beheizung der Nachbarkammer mitzuwirken.

Der Hauptherd der Wärmezuführung liegt beim Coppée-Ofen in
der kräftigen Sohlenbeheizung. Um den Sohlkanal gegen die Folgen
einer übermäßigen Beheizung zu schützen, sind direkt darunter noch
besondere Kühlkanäle angeordnet, welche sich der ganzen Länge nach
unter dem Sohlkanal des Ofens erstrecken und in Abb. 13 und 14 deutlich sichtbar sind. Die zum Kühlen erforderliche Luft tritt von unter-

halb durch die in den Ofenfundamenten liegenden Durchlässe nach oben und bestreicht durch die Verbindungen zwischen den einzelnen Kanälen den unteren Teil der ganzen Ofenbatterie. Besondere an deren 4 Ecken aufgestellte und in den Abbildungen sichtbare Kamine befördern den Luftzug in den Kühlkanälen.

Andere Koksöfen älterer Konstruktion unterscheiden sich von dem vorbeschriebenen hauptsächlich durch die Anordnung der Heizkanäle. Der Ofen von François-Rexroth hat z. B. statt eines in der ganzen Breite des Koksofens durchgehenden Sohlkanals einen solchen, der sich in mehreren schmalen Windungen in der Ofenachse einige Male unter dem Ofen hin und her zieht. Bei anderen Öfen sind die Wandkanäle anstatt senkrecht wagerecht angeordnet und ziehen in mehreren Horizontalwindungen hin und zurück; hierhin gehören u. a. die Öfen von Haldy, Hüssener und Semet-Solvay. Der letztgenannte Ofen zeichnet sich allerdings noch besonders dadurch aus, daß jeder Ofen für sich zu beiden Seiten je einen Heizkanal aufweist, und daß sich zwischen den beiden Heizkanälen zweier benachbarter Öfen eine kräftige massive Tragewand befindet, welche gleichzeitig als Wärmespeicher dienen soll. Von einer besonderen Beschreibung dieses Ofensystems kann hier abgesehen werden, weil sich diese Konstruktionsprinzipien in dem weiter unten ausführlich beschriebenen moderneren Brunck-schen Ofen wiederfinden.

Die Koksöfen mit horizontaler Achse können vermöge ihrer Bauart in unbeschränkter Anzahl nebeneinander angelegt werden; die Anzahl regelt sich daher in der Praxis lediglich durch Rücksichten auf die Bedienung der Ofenbatterien, d. h. auf die richtige Ausnutzung der Zeit zur Beschickung und Entleerung im Verhältnis zur Garungsdauer; sie pflegt heute zwischen etwa 45 und 60 Öfen zu schwanken. Die Beschickung erfolgt zumeist durch Öffnungen im Gewölbe aus darüberlaufenden Kohlenwagen; die Entleerung geschieht durch Ausdrücken des gesamten Kokskuchens nach einer Seite durch besondere Koks-ausdrückmaschinen. Die Dimensionen dieser Öfen sind heute allgemein fast gleich; sie bewegen sich innerhalb der Grenzen von 7 bis 10 m Länge, 400—600 mm Breite und 1,7—2,2 m Höhe.

Der Hauptnachteil der beschriebenen Öfen mit direkter Heizung der Gaszüge liegt nun, abgesehen davon, daß die wertvollen Nebenprodukte nicht gewonnen werden, in bezug auf den Ofengang darin, daß die Beheizung infolge der ungleichmäßigen Gasabgabe während der ganzen Dauer des Verkokungsprozesses ungleichmäßig wird, was noch dadurch verstärkt wird, daß die nebeneinanderliegenden Öfen voneinander abhängig sind. Wird z. B. ein Ofen einer Coppée-Batterie neu beschickt, so wird er von der einen Seite aus, an der der Gaskanal des Nachbarofens liegt, der schon in vollem Gange ist, sehr intensiv beheizt; auf der anderen Seite dagegen liegt der Gaskanal, der von seinen eigenen Destillationsprodukten geheizt werden soll, der aber während der ersten Stunden fast gar keine Destillate, sondern nur ausgetriebenen Wasserdampf erhält. Gleichzeitig soll von diesem kalten Kanal aus der dritte Ofen der Reihe beheizt werden, so daß auch er dadurch in Mitleidenschaft gezogen wird; er wird dann, anstatt vom Heizkanal aus Wärme zu empfangen, an ihn Wärme abgeben müssen. Ist endlich in dem neubeschickten Ofen die Destillation so weit gekommen, daß er kräftig Gase abgibt, so ist in dem mit ihm zusammen arbeitenden Ofen die Entgasung wieder zu Ende geführt, so daß nunmehr von der anderen Seite her eine mindere Beheizung erfolgt. Bezüglich der Sohlkanäle ist beim Coppée-Ofen durch das Zusammenarbeiten der beiden Öfen diesem Übelstand begegnet; aber auch hier macht sich immer noch die Unannehmlichkeit geltend, daß während der Zeit der geringeren Gaszufuhr infolge des in den Heizkanälen herrschenden Zugs mehr Luft, als zur Verbrennung erforderlich ist, angesaugt wird, während zur Zeit der großen Gasentwickelung infolge des Gasdrucks zu wenig Luft hinzutreten kann, so daß Teile des

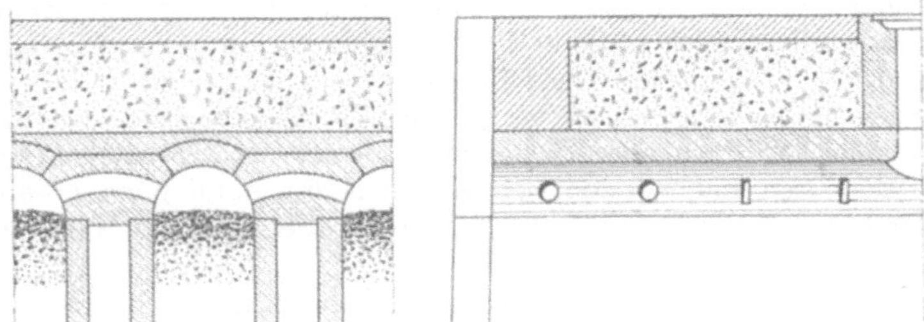

Abb. 16 u. 17.   Ottos Gasausgleichverfahren.

Destillationsgases ungenützt entweichen. Beide Extreme haben aber eine geringere Ausnützung des zur Verfügung stehenden Gases im Gefolge.

Die Frage einer zeitlich gleichmäßigen Beheizung der Koksöfen forderte also in den älteren Koksöfen noch besondere Vorrichtungen. Eine solche bietet das durch die Abb. 16—17 erläuterte Ottosche Gasausgleichverfahren, welches mit Rücksicht auf die älteren Koksöfen eingeführt wurde, sich aber auch bei moderneren Öfen bewährt hat. Zwischen je zwei Verkokungskammern sind, durch die die Heizkanäle enthaltenden Wände hindurchgeführt, eine Anzahl Kanäle rechteckigen oder runden Querschnitts angebracht, durch welche die beiden Kammern und dadurch auch mittelbar die sämtlichen Kokskammern einer Batterie miteinander verbunden werden. Entsteht nun in irgendeiner Kammer infolge der Beendigung des Verkokungsprozesses Gasmangel und damit Unterdruck, so strömt Gas aus den benachbarten Kammern dorthin, und die Heizkanäle können gleichmäßiger mit den Destillationsprodukten gespeist werden.

Einen vollständigen Umschwung in die Koksofenbeheizung brachte die erst in den letzten Jahrzehnten allmählich durchdringende Ge-

winnung der Nebenprodukte aus den Kohlendestillaten, weil
seit ihrer Einführung die Gase nicht mehr direkt aus den Verkokungskammern in die Heizkanäle treten können, um dort verbrannt zu werden
sondern in einer gemeinsamen Vorlage gesammelt werden müssen,
von wo sie in die Nebenproduktengewinnungsanlagen geführt werden,
und erst nach ihrer Behandlung darin zu den Öfen zurückkehren,
um als Brennstoffe zu dienen. Die auf diese Weise aus einer gemeinsamen Gasleitung zu den Verbrennungsräumen tretenden Gase können
mit Leichtigkeit so verteilt werden, daß eine stets gleichmäßige Beheizung auch ohne Rücksicht auf die zur Zeit von den geheizten Öfen
abgegebenen größeren oder geringeren Gasmengen möglich ist. Die
Beheizungsfrage kommt also im Grunde bei den modernen Öfen lediglich auf die Aufgabe hinaus, eine große rechteckige Wandfläche möglichst gleichmäßig zu beheizen. Hierfür eignet sich von vornherein die
Führung der Verbrennungsgase in horizontalen Zügen viel weniger
als die Führung in vertikalen Zügen, einmal weil die horizontale Führung
dem natürlichen Auftrieb der verbrennenden Gase nicht entspricht,
und anderseits, weil die Gase bei horizontaler Führung von der Verbrennungsstelle ab sich mehr und mehr abkühlen, so daß auf die ganze
Länge der Koksöfen keine gleichmäßige Temperatur zu erzielen ist.
Dieser Übelstand wurde bereits bei der Beschreibung des vertikalen
Appoltofens (Abb. 10) hervorgehoben; er muß bei der beträchtlichen
Länge der Öfen mit horizontalen Zügen selbst dann noch erheblich
schärfer hervortreten, wenn diese Länge ein oder mehrere Male unterteilt wird.

Aus diesem Grunde ist die Koksofenbeheizung durch horizontale
Züge in modernen Öfen fast ganz verschwunden; damit soll aber nicht
gesagt sein, daß die vertikalen Heizkanäle ohne weiteres eine ideale
Beheizung gestatten.

Aber nicht nur die Möglichkeit einer gleichmäßigen Beheizung der
Verkokungsräume, sondern auch die bessere Ausnutzung der zur Verfügung stehenden gasförmigen Brennstoffe durch eine rationelle Vorwärmung der Verbrennungsluft und auch des Gases ist durch die Konstruktionen der Öfen mit Nebenproduktengewinnung geboten worden.
Die Vorwärmung der Verbrennungsluft findet sich in bescheidenem
Maße schon bei den ältesten Öfen in der Weise, daß die Luftkanäle an
den Öfen selbst und den Heizkanälen vorbeigeführt werden und sich
hier vorwärmen; sie weiter auszubauen, war angesichts des Umstandes,
daß die erzeugten Wärmemengen für die Durchführung des Prozesses
ausreichten und man keine ausgiebige Verwendung für den Gas- und
Abhitzeüberschuß hatte, zwecklos. Erst die Erkenntnis, daß das ge-
reinigte Gas mit Vorteil als Leucht- und Kraftgas verwendet werden kann,
und daß bei der steigenden Bedeutung der Großgasmaschinen auch das
Gas neben den anderen Kohlendestillationsprodukten ein hochwertiges
Erzeugnis ist, gab dazu Veranlassung, auf eine möglichst weitgehende
Gasersparnis hinzuarbeiten, und diese konnte nur erreicht werden
durch eine ausgiebige Vorwärmung der Verbrennungsluft. Zum gleichen

Ziel der Vorwärmung der Verbrennungsluft mußte ferner der Umstand hinführen, daß die Destillationsgase nicht nur in den Nebenproduktengewinnungsanlagen bis auf die Lufttemperatur abgekühlt werden, so daß sie gegenüber den in den älteren Koksöfen direkt verbrannten heißen Destillaten einen ganz erheblichen Wärmefehlbetrag aufweisen, sondern daß ihnen auch mit den Nebenprodukten ein großer Teil wärmespendender Kohlenwasserstoffe, vor allem Teer und Benzol, entzogen wird. Als Ersatz für diese Wärmemengen kann die in der erwärmten Luft aufgespeicherte Wärme dienen, und als rationelle Wärmequelle für die Vorwärmung der Luft können nur die Abhitzegase in Betracht kommen.

Die Ausnutzung der Abhitze findet sich neben der Vorwärmung der Verbrennungsluft gleichfalls bei den ältesten Öfen; sie wurden hier meist zur Beheizung von Dampfkesseln verwendet, wobei der Dampf für verschiedene Kraftbetriebe gebraucht wurde.

Bei modernen Anlagen verfolgt man dagegen das Prinzip, die Abhitzegase möglichst dem Ofen selbst zugute kommen zu lassen; die in ihnen aufgespeicherte Wärmemenge soll für den Verkokungsprozeß nutzbar gemacht werden, so daß eine entsprechende Gasmenge gespart wird, welche für andere Zwecke verwendet werden kann.

Die durchschnittliche Temperatur, mit der die Abhitzegase den Koksofen verlassen, kann zu wenigstens 900^0—1000^0 angenommen werden. Eine einfache Überlegung zeigt schon, welch große Wärmemengen dadurch dem Ofen entführt werden, und wieviel Brennstoff, also Gas, gespart werden kann, wenn nur ein Teil davon im Ofen wieder nutzbar gemacht wird. Nehmen wir z. B. an, das Gas habe eine Zusammensetzung in Gewichtsprozenten von

8 Proz. Wasserstoff,

50 Proz. Methan,

19 Proz. Kohlenoxyd,

10 Proz. Äthylen,

4 Proz. Kohlensäure,

9 Proz. Stickstoff,

so hat das kg Gas einen Heizwert von 9870 Cal und verbrennt mit 13,33 kg Luft zu 14,33 kg Abgas. Diese Abgasmenge nimmt bei 900^0 eine Wärmemenge von 4330 Cal mit sich; gelingt es nun, nur die Hälfte hiervon zum Ofen wieder zurückzuführen, so können dadurch 21 Proz. des Gases gespart werden; in der Praxis sind Gasersparnisse durch Luftvorwärmung bis zu 32 Proz. nachgewiesen worden.

Die Luftvorwärmung kann nun in modernen Öfen, entsprechend der Entwickelung der Feuerungstechnik, worauf wir in späteren Kapiteln noch zurückkommen werden, nach zwei verschiedenen Prinzipien vorgenommen werden, und zwar nach dem Rekuperativ- oder dem Regenerativ-Prinzip. Ersteres besteht darin, daß die Luft in einer Anzahl von Kanälen dem Verbrennungsraum entgegengeführt wird, welche allseitig von dem abziehenden heißen Gas umspült werden, und zwar derart, daß Gas- und Luftwege entgegengesetzt gerichtet sind, so daß die Luft allmählich bis auf die Abgastemperatur angewärmt werden kann, während das Gas selbst den größten Teil seiner Wärme abgibt.

Beim Regenerativsystem dagegen geben die Gase ihre Wärme in besonderen Wärmespeichern oder Regeneratoren, welche mit feuerfesten Steinen gitterartig ausgemauert sind, an diese ab; während nun die Gaszufuhr abgestellt und zu einem zweiten Wärmespeicher geleitet wird, tritt die kalte Luft in den ersten auf hohe Temperatur gebrachten Wärmespeicher und wird dann bis auf dessen Temperatur vorgewärmt. Hierbei wird der Regenerator wieder abgekühlt, worauf Luft- und Gasweg wieder umgeschaltet werden, was durch besondere Wechselventile bewirkt wird, welche weiter unten besprochen werden.

Während die in Rekuperatoren vorgewärmte Luft auf eine konstante, wenn auch verhältnismäßig geringe Temperatur gebracht wird, bedingt die Luftvorwärmung in Regeneratoren ständige Schwankungen in der Temperatur zwischen einem Höchstwert bei Beginn des Luftdurchgangs und einem Mindestwert bei dessen Beendigung; in der Praxis schwankt die Temperatur etwa zwischen 700 und 1100°. Diese Temperaturschwankungen sind ein offensichtlicher theoretischer Nachteil der Regenerativfeuerung gegenüber der Rekuperativfeuerung; indessen gleicht sich dieses wieder dadurch aus, daß andere Verhältnisse die letztere ungünstiger machen. Diese Verhältnisse sind hauptsächlich durch die Schwierigkeit bedingt, die Ofenwände absolut dicht zu halten, wodurch leicht eine Mischung der Gase und der Luft herbeigeführt wird. Dieser Nachteil, der große Wärme- und Kraftverluste im Gefolge hat, tritt eben bei den Rekuperativöfen stark hervor, weil hier Gas- und Luftkanäle unmittelbar nebeneinander in der gleichen Wand angeordnet sind, während er bei den Regenerativöfen von geringerer Bedeutung ist, da Gas und Luft hier niemals gleichzeitig den Regenerator betreten.

Die vorstehend charakterisierten Grundsätze der Koksofenbeheizung sind ganz besonders von der um die Entwickelung der Koksofenindustrie hochverdienten Firma Dr. Otto & Co. in Dahlhausen a. d. Ruhr ergründet und in die Praxis übergeführt worden. Von ihr wurde der erste Regenerativkoksofen, der Otto-Hoffmann-Ofen. gebaut, der sich um die Mitte der neunziger Jahre schnell eine weite Verbreitung gesichert hat. Daneben baute Otto gleichzeitig einen andern Koksofen unter Verzicht auf Vorwärmung der Luft für solche Fälle, bei denen man für die überschüssigen Gase keine, wohl aber für die Abhitze Verwendung hatte, den Unterfeuerungsofen, welcher in bezug auf die gleichmäßige Beheizung der Ofenwände den idealsten Ofen darstellt. Die Unterfeuerung besteht darin, daß das Gas von der Nebenproduktenanlage in einem Rohr bis an die Seite der Koksofenbatterie herangeleitet und von dort durch ein Rohrnetz einer großen Anzahl von über die ganze Länge der Öfen verteilten und in den Heizkanälen zwischen je zwei Öfen angeordneten Bunsenbrennern zugeführt wird. Da jeder einzelne Brenner für sich regulierbar ist,

so läßt sich die Heizung an jedem Punkt der Ofenwand nach Bedarf
regeln; dadurch wird, abgesehen von der Möglichkeit der gleichmäßigen
Beheizung der Ofenwände, der Vorteil herbeigeführt, daß dem infolge
des wechselnden Drucks in den Gasleitungen entstehenden Hinübertreten von Gasen durch die Undichtigkeiten der Wände durch Regelung des Drucks leicht gesteuert werden kann.

Die neueste Entwickelung des Koksofenbaus hat nun noch einen
Schritt weiter geführt, indem man die Regenerativ- und die Unterfeuerungsöfen kombiniert, d. h. auch die Regenerativöfen mit Unter-
feuerungsbrennern versehen hat. Dadurch ergibt sich nur noch ein Unterschied zwischen dem Abhitze-Unterfeuerungsofen und dem
Regenerativ-Unterfeuerungsofen, von denen der erstere da gebaut wird, wo es auf Erzielung eines möglichst hohen Abhitze-Über-
schusses (z. B. für Dampfkesselheizung) ankommt, während der letztere
Verwendung findet, wo möglichst viel Gas für andere Zwecke frei gemacht werden soll. Eine Vorwärmung des Gases wird bei allen Unterfeuerungsöfen nicht vorgenommen, einmal weil diese bei den Bunsenbrennern zu hohe Temperaturen ergeben würde, und anderseits deshalb,
weil die Erwärmung des Gases schädlich auf die Haltbarkeit des Rohr-
systems einwirken würde.

Eine charakteristische Eigentümlichkeit sämtlicher Koksöfen mit
Nebenproduktengewinnung besteht darin, daß die Batterien zwecks
gleichmäßiger Gaszufuhr kontinuierlich betrieben werden müssen,
und ferner, daß zur Inbetriebsetzung, solange kein von Nebenprodukten
befreites Gas zur Verfügung steht, die Beheizung in gleicher Weise vorgenommen werden muß wie diejenige der gewöhnlichen Flammöfen.
Zu diesem Zweck müssen die Öfen mit Hilfsgasleitungen versehen sein,
welche nach Aufnahme des regelmäßigen Betriebs wieder ausgeschaltet
werden, und welche gewöhnlich mit den in der Ofendecke befindlichen
Beschickungsöffnungen verbunden sind.

Der Ottosche Abhitze-Unterfeuerungsofen,

dessen Konstruktion sich an diejenige des Otto-Coppée-Ofens an-
lehnt, ist in Abb. 18—20 in verschiedenen Schnitten dargestellt, welche
die Konstruktion deutlich zeigen. Die ganze Koksofenbatterie ruht
auf einer Anzahl miteinander verbundener gewölbter Fundamente,
welche von unten gangbar sind und den Zutritt zu den einzelnen
Brennern gestatten. In der vorliegenden Abbildung sind auf die Länge
der Koksofenwand 15 Brenner angeordnet. Die ersten Ottoschen
Öfen hatten deren nur acht (auf die gleiche Ofenlänge); allmählich ist
eine Steigerung auf 10, 12 und 15 Brenner erfolgt, lediglich zum Zweck
der Vergleichmäßigung der Beheizung. Die Gasrohre treten in ein feuerfestes Rohr hinein, an dessen unterem Ende auch die Luft angesaugt
wird. In den Brennern entzündet sich das Gas und geht durch die über
die ganze Wand verteilten Pfeifen seitlich von den Brennern abwärts
durch die in den Abb. 18 u. 19 zwischen den Brennern sichtbaren

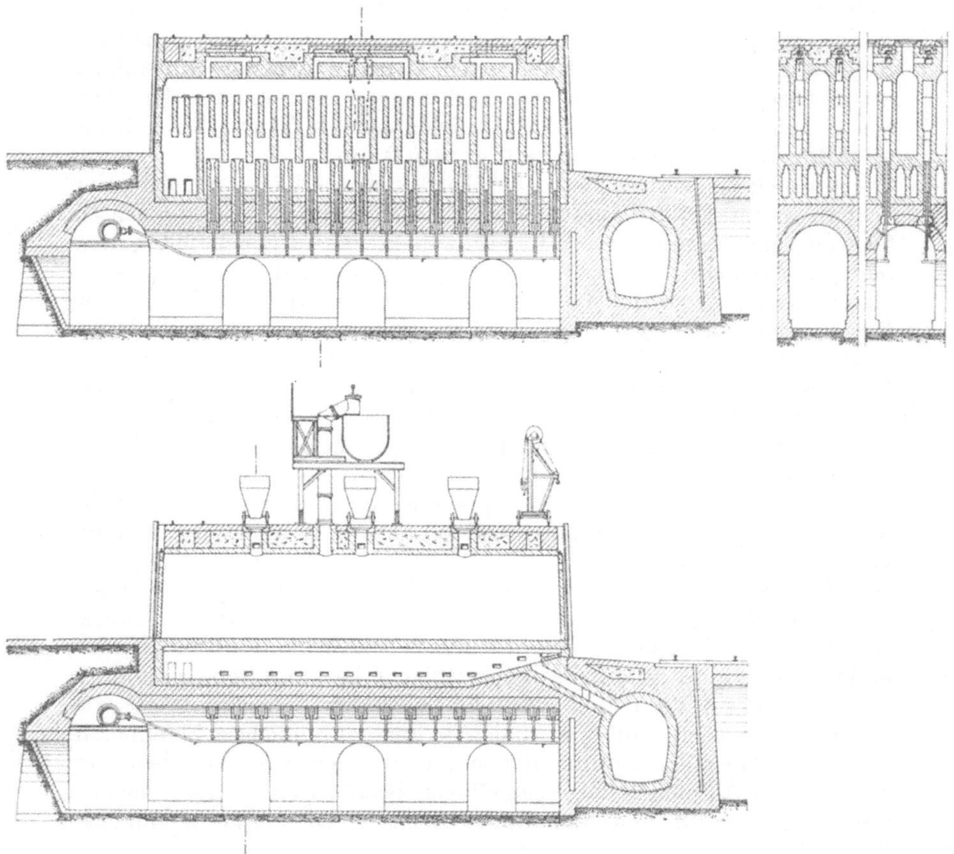

Abb. 18—20.   Ottoscher Abhitze-Unterfeuerungsofen.

Übergangskanäle in den Sohlkanal und von diesem zum Abhitzekanal
(ähnlich wie beim Coppée-Ofen).

Für die erste Zeit des Betriebs, wo noch nicht das von der Destillationsanlage kommende Gas zur Verfügung steht, werden die Öfen durch
eine Hilfsleitung in der Ofendecke beheizt, welche in Abb. 18 und 20
(Schnitt rechts) erkennbar ist.   Das Gas tritt dann durch Übertrittsöffnungen in den Füllöchern in die Heizwand und verbrennt dort genau
wie in den Coppée-Öfen.   Ist die Ofenbatterie in vollem Betrieb, so
werden diese Übertrittsöffnungen geschlossen.

Die Beschickung der Öfen geschieht durch die Füllöffnungen;
die Gase steigen durch den in Abb. 19 erkennbaren Abzugskanal in die
über den Öfen angeordnete Vorlage.   Diese Anordnung ist für die Öfen
mit Nebenproduktengewinnung typisch.

Abb. 21—23 zeigen den

Ottoschen Regenerativ-Unterfeuerungsofen,

der etwas komplizierter ist als der vorbeschriebene. Die Regeneratorkammern sind zu beiden Seiten der Ofenbatterie angeordnet und mit Zugumschaltventilen versehen, durch welche der Luftweg einmal von rechts nach links (in der Zeichnung) und das andere Mal von links nach rechts geführt wird. Das Rohrsystem muß in diesem Falle gleichfalls doppelt angeordnet werden, und zwar gehen von den beiden Rohren t_1 und t_2, welche abwechselnd je nach der Ofenschaltung durch einen Dreiwegehahn von dem Hauptgasrohr p aus gespeist werden, Brenner nach oben. Die Verbrennung in den Bunsenbrennern und die Gasführung durch die Pfeifen in den Ofenwänden erfolgt genau so wie in dem vor-

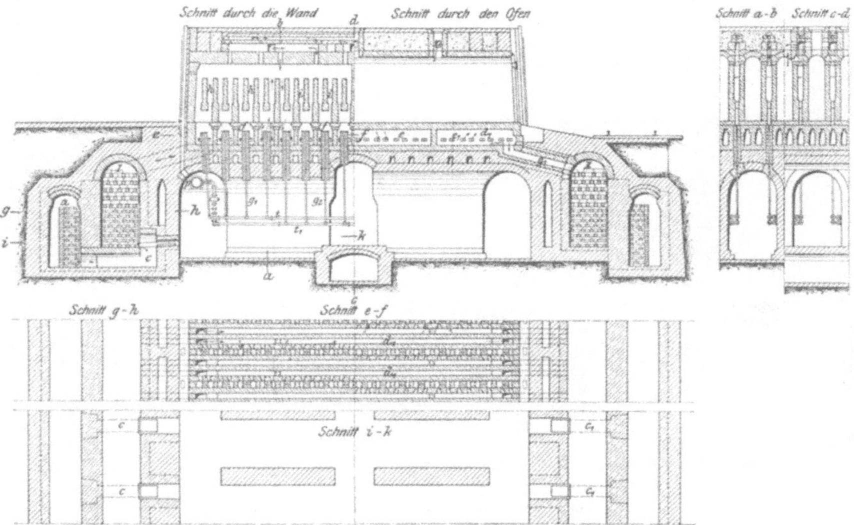

Abb. 21—23.   Ottos Regenerativ-Unterfeuerungsofen.

beschriebenen Abhitze-Unterfeuerungsofen. Dagegen ist die Zuführung der Verbrennungsluft, welche aus den Regeneratoren kommt, entsprechend anders. Sie tritt, nachdem sie durch die Regenerativkammern a und I und durch die Sohlkanäle d unter dem Ofen gestrichen ist, durch die Verbindungskanäle e bei f zum Gas, welches dann in den Pfeifen verbrennt. Die verbrannten Gase ziehen dann auf dem umgekehrten Wege durch die entsprechend ausgestalteten Kanäle in die auf der andern Ofenseite gelegenen Regeneratoren, welche sie erhitzen, und von dort zur Esse. Der Schieber zur Regelung der Luftzufuhr befindet sich zwischen den beiden Regenerativkammern a und I bei c, während die Gaszufuhr bei den Bunsenbrennern reguliert wird. Halbstündlich wird durch die außerhalb liegenden Umschaltventile die Zugrichtung gewechselt; die Luft nimmt nun aus den Regeneratoren a und II die dort

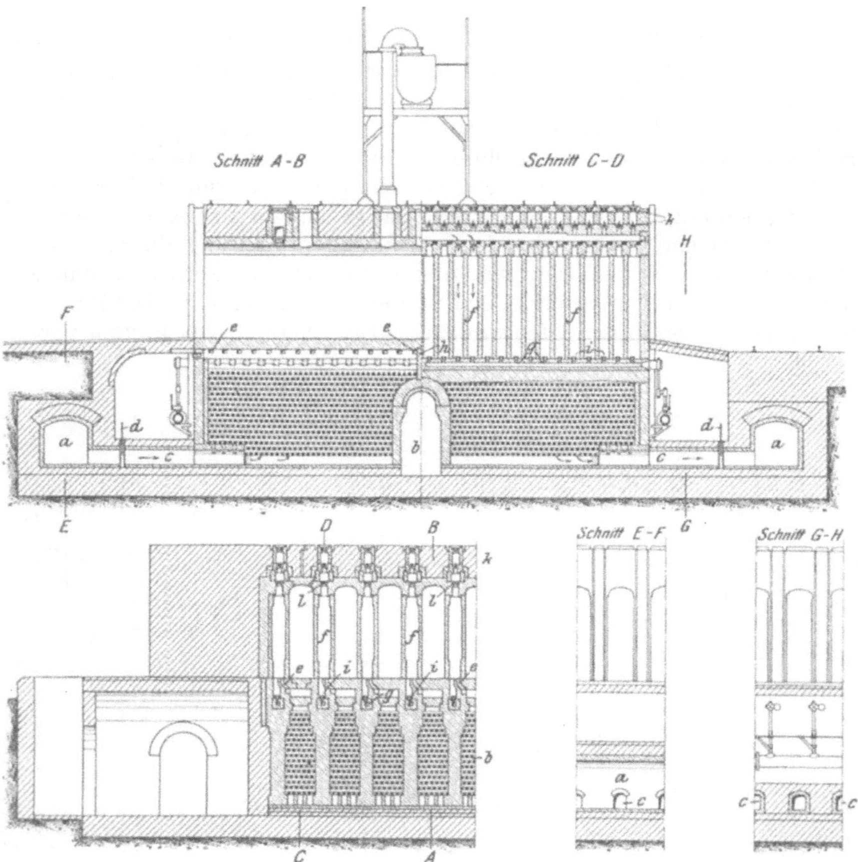

Abb. 24—27. Koppers Regenerativ-Ofen.

aufgespeicherte Wärme wieder zu den Öfen zurück, und die Abgase
heizen nunmehr die inzwischen abgekühlten Regeneratoren a und I.

Das Kanalsystem unter der Ofensohle ist bei diesem Ofen ziemlich
kompliziert; in Schnitt e—f ist seine Anordnung erkennbar. Die Hilfsgasleitungen für die Inbetriebsetzung sind analog denjenigen des Ab-
hitze-Unterfeuerungsofens und aus Abb. 21 und 23 ersichtlich.

Die ganze Ofenkonstruktion ist, wie aus den Zeichnungen hervorgeht, etwas kompliziert; desgleichen ist der Betrieb der Öfen nicht
einfach, da nicht nur die Luftwege, sondern auch die Gaswege ständig
umgeschaltet werden müssen. Diese Kompliziertheit ist wohl der Hauptnachteil der im übrigen in bezug auf Leistungsfähigkeit bewährten
Koksofenkonstruktion.

Ein Regenerativofen wesentlich einfacherer Konstruktion ist dagegen der in Abb. 24—27 dargestellte

Koperssche Regenerativ-Unterfeuerungsofen
von Heinrich Koppers in Essen. Diese Firma baut gleichfalls Ab-
hitze- und Regenerativkoksöfen je nach dem Bedarf an überschüssigem
Gas oder an Abhitze. Die Ofenkonstruktionen haben zunächst die
Eigentümlichkeit, daß die Anzahl der Unterbrenner gegenüber derjenigen der Ottoschen Öfen ganz erheblich größer ist; während bei
den Ottoschen Öfen jeder Brenner mehrere Pfeifen heizt, ordnet
Koppers für jeden einzelnen Heizzug einen besonderen Brenner an,
so daß die Gesamtzahl der Brennerstellen für eine Ofenlänge 28—30
(in dem abgebildeten Ofen 30) beträgt. Er verzichtet dafür allerdings
auf die Regulierung der Gaszufuhr zu jeder einzelnen Brennerdüse
und regelt nur die Zufuhr zu der Gesamtzahl der Brenner eines Ofens.

Der Hauptunterschied des Koppersschen Regenerativofens gegenüber dem vorbeschriebenen Ottoschen Regenerativofen besteht darin,
daß jeder Ofen seine eigenen Regenerativkammern hat, und daß diese
unterhalb des Ofens in seiner ganzen Länge angeordnet sind; durch
eine Scheidewand in der Mitte des Ofens erfolgt die Teilung in die beiden
Kammern. Die Verbrennungsluft wird durch den Kanal a herangeführt
und verteilt sich von da aus durch die mit Regulierungsschiebern d
versehenen Kanäle c auf die einzelnen Regeneratoren. Durch diese
steigt sie in der ganzen Länge der einen Ofenhälfte nach oben und tritt,
auf über 1000° erhitzt, durch die kleinen Kanäle e in die Heizzüge
der Ofenwände. Unmittelbar neben den Luftzutrittkanälen e sind die
Gasdüsen i angeordnet, und die Verbrennung erfolgt hier beim Zusammentreten von Gas und Luft in der Höhe der Ofensohle. Dadurch, daß für
jeden Heizkanal eine besondere Gas- und Luftdüse angeordnet ist, wird
die Beheizung sehr gleichmäßig. Das verbrennende Gas tritt nun durch
die Heizkanäle f nach oben in den gemeinsamen Sammelkanal und geht
von diesem in die andere Ofenhälfte, wo es auf dem umgekehrten Wege
durch die Heizzüge abwärts in die Regeneratoren und von da durch
die Kanäle c in den Hauptkanal a tritt, der mit dem Kamin in Verbindung steht. Halbstündlich erfolgt die Zugumschaltung. Die Beheizung
des Koppersschen Regeneratorofens charakterisiert sich also hauptsächlich dadurch, daß die Heizgase in der einen Ofenhälfte aufwärts
und in der andern Hälfte abwärts ziehen. Theoretisch ist das ein Nachteil, weil die Gase in der zweiten Hälfte ihres Weges schon kälter sind
als in der ersten; in der Praxis macht sich aber dieser Nachteil nur in
geringem Maße geltend, weil die Temperaturschwankungen infolge der
großräumigen Regeneratorkammern nur sehr gering sind. Demgegenüber liegt aber in der Einfachheit der Konstruktion ein beachtenswerter
Vorzug des Ofens.

Die Gasabführung aus den Verkokungskammern in die Vorlage,
welche aus der Abbildung leicht ersichtlich ist, bietet nichts besonders
Bemerkenswertes. Auch die Gasführung für die Inbetriebsetzung ist
ähnlich derjenigen der Ottoschen Öfen. Eine konstruktive Eigentümlichkeit der Koppersschen Öfen sind dagegen die kleinen Schieber l

oberhalb der Heizzüge, durch welche die Gasführung geregelt und gleichmäßig gestaltet werden kann, sowie die Durchbrüche k in der Ofendecke,
durch welche sowohl diese Schieber l als auch die sonst nicht zugäng-
lichen Gasdüsen i kontrolliert werden können.

Ein Koksofen moderner Konstruktion mit einer Art Rekuperativfeuerung ist der in Abb. 28—30 dargestellte

v. Bauer-Ofen

nach Dr. Theodor v. Bauer in Berlin, der übrigens der eigentliche Er-
finder der Otto-Hoffmann-Öfen ist. Bei diesem erfolgt die Beheizung
der Verkokungskammern genau wie bei den alten Coppée-Öfen in
Heizkanälen, in denen die verbrennenden Gase von oben nach unten
ziehen. Zur Zeit der Inbetriebsetzung, während der diese Heizkanäle
durch die Hilfsgaszuführung direkt von den Kokskammern aus gespeist werden, unterscheidet sich die Beheizung durch nichts von derjenigen der Coppée-Öfen. Während des regelmäßigen Betriebs erfolgt
dagegen die Gaszufuhr aus den zu beiden Seiten der Ofenbatterie liegenden Hauptgasleitungen durch im oberen Teile des Ofens befindliche
Zuführungskanäle, welche von beiden Seiten her schräg nach unten in
einen gemeinsamen Horizontalkanal münden, der wie die Schrägkanäle
gleichfalls von der Außenseite des Ofens durch eine Gasdüse gespeist
wird. Die Anordnung ist leicht aus Abb. 30 ersichtlich. Die Verbrennungsgase ziehen bei diesem Ofen im Gegensatz zu den Unterbrenneröfen
von oben nach unten; das soll den Vorzug haben, daß der obere Ofenteil kühler gehalten werden kann als bei den Unterbrenneröfen und
dadurch eine größere Haltbarkeit bekommt. Allerdings ist damit der
Nachteil verbunden, daß die Heizgase einen dem natürlichen Auftrieb
entgegengesetzten Weg einschlagen müssen, so daß ein stärkerer Kaminzug erforderlich ist.   Ein unverkennbarer Vorteil des Ofens liegt aber
darin, daß die Gasregulierungshähne außerhalb des Ofens und hier leichter
zugänglich angeordnet sind, als es bei den Unterfeuerungsöfen der Fall ist.

Die Luftvorwärmung erfolgt in Kanälen, welche zwischen den
Heizkanälen dem Gasstrom entgegengeführt werden. Die Luft tritt,
wie in den Abbildungen durch Pfeile angedeutet ist, durch die gewölbe-
artige Untermauerung des Ofens ein und streicht dann zunächst durch
Längskanäle hin und her; von hier aus verteilt sie sich in eine Anzahl
in den Verbindungsmauern zwischen je zwei Öfen liegende Vertikalkanäle, durch welche sie nach oben steigt, um dann in der Höhe des
Ofengewölbes in die Heizkanäle einzutreten und sich dort mit dem Verbrennungsgas zu vereinigen. Bei der allgemeinen Besprechung der
modernen Koksofenkonstruktionen wurde auf die Nachteile aufmerksam gemacht, welche durch Undichtigkeit der Ofenwände infolge Hin-
übertretens von Luft in die Heizkanäle entstehen können; bei dem
v. Bauerschen Ofen ist diesem Umstand durch eine besondere Konstruktion der die Kanäle enthaltenden Bindersteine Rechnung getragen,
welche ein Durchdiffundieren des Gases durch die Wände unmöglich
machen.

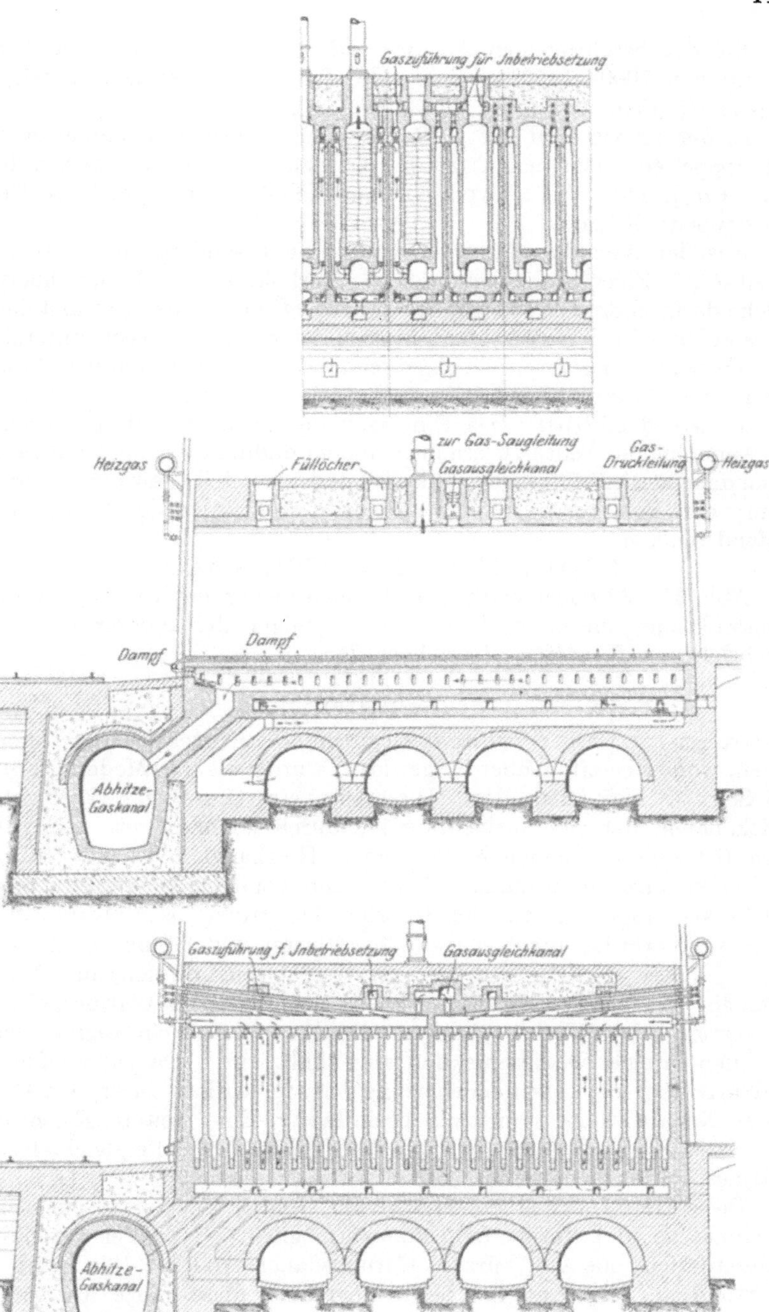

Abb. 28—30.   v. Bauer-Ofen.

Bei der beschriebenen Art der Luftvorwärmung wird eine Temperatur von 1000—1050⁰ erreicht, also die gleiche Temperatur wie in Regenerativöfen.

In der Praxis wird der v. Bauer-Ofen sowohl mit einfachen als mit doppelten Heizkanälen (zu beiden Seiten des Ofens) ausgeführt, und zwar je nach der zu verkokenden Kohle. Der abgebildete Ofen hat doppelte Kanäle.

Aus der Abbildung 29 geht noch eine besondere Dr. v. Bauer patentierte Eigentümlichkeit seines Verkokungsverfahrens hervor, welche darin besteht, daß er während der letzten Stunde des Garstehens Wasserdampf in den Koksofen einbläst, zu welchem Zweck unterhalb der Ofensohle ein Dampfrohr angebracht wird, aus welchem der Dampf durch eine Anzahl kleiner Öffnungen von 2—3 mm Durchmesser in den Koksofen eintritt. Das Einblasen des Dampfes hat den Zweck, die Ammoniakausbeute zu erhöhen, indem dadurch der an Kohlenstoff gebundene Stickstoff frei gemacht wird und gleichfalls gewonnen werden kann; den Vorgang kann man sich etwa nach folgender Formel verlaufend denken:

$$3\,H_2O + 2\,CN + C = 2\,NH_3 + 3\,CO.$$

Abb. 31—32 zeigen endlich noch einen modernen Koksofen, dessen Konstruktionsgrundsätze etwas von denjenigen der anderen oben bebeschriebenen Koksöfen abweichen, den

Brunck-Ofen,

konstruiert von Franz Brunck in Dortmund. Er stellt sich im wesentlichen, worauf bereits früher hingewiesen wurde, als eine Modernisierung des Semet-Solvay-Ofens dar. Dieser ist ein Ofen mit wagerechten Heizkanälen, der sich insbesondere dadurch kennzeichnet, daß jeder Ofen für sich zu beiden Seiten einen Heizkanal hat, und daß je zwei Öfen durch eine massive Mittelwand voneinander getrennt sind, welche als Tragewand für den Oberbau konstruiert ist. Durch diese Mittelwand werden die Kanalwände entlastet und können daher sehr dünn gehalten werden; in der Praxis bestehen sie nur mehr aus dünnen Kacheln; die massive Mittelwand dient gleichzeitig als Wärmespeicher, der schnell seine Wärme wieder an die dünnen Kacheln abgibt, wenn der Ofen infolge Neubeschickung abgekühlt wird. Da jeder Ofen zu beiden Seiten seine eigene Beheizung hat, so wird er durch den Gang seines Nachbarofens keinesfalls beeinflußt. Eine weitere Eigentümlichkeit ist die außerordentlich starke Ofendecke, welche gleichfalls als Wärmespeicher dienen soll.

Diese Umstände haben schon beim alten Semet-Solvay-Ofen eine gleichmäßige und stetige Beheizung ermöglicht, so daß er gegenüber anderen Öfen eine viel kürzere Garungsdauer erreichte (bis herab zu 24 Stunden). Brunck hat bei seinem Ofen diese ganze Anordnung des Semet-Solvay-Ofens beibehalten und nur die Gas- und Luftzuführung in den Heizkanälen geändert. Charakteristisch ist, daß die Beheizung der beiden Ofenhälften vollständig unabhängig voneinander

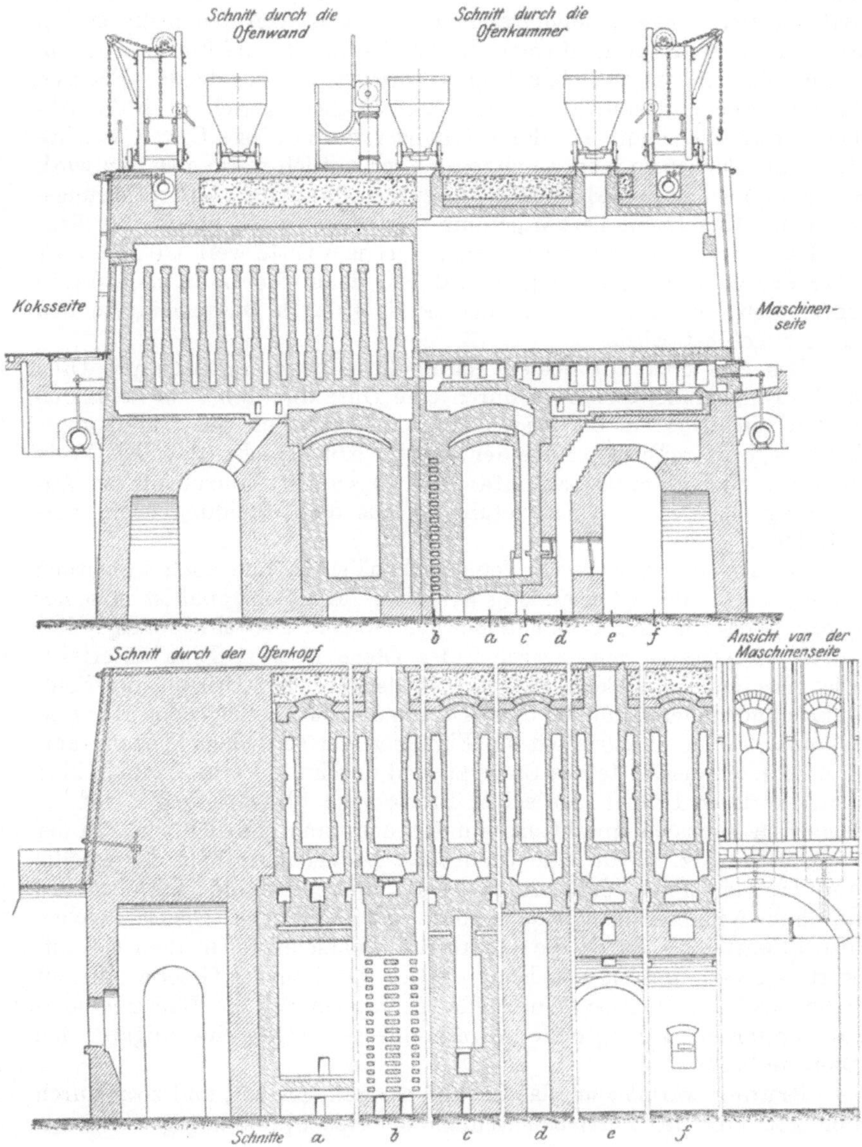

Abb. 31—32. Brunck-Ofen.

erfolgt, indem die Beheizungskanäle ihrer ganzen Höhe nach durch eine
mittlere Scheidungswand in zwei Teile geteilt sind. Der ganze Unterbau des Brunck-Ofens ist nun, wie aus den Abbildungen deutlich ersichtlich ist, von demjenigen der bisher besprochenen Öfen wesentlich

verschieden. Der Ofen ist auf vier in der Längsrichtung der ganzen Batterie sich erstreckenden Kanälen aufgebaut, von denen die beiden äußeren zur Luftzufuhr dienen, die beiden inneren als Füchse zur Ableitung der Abgase ausgebildet sind. Zwischen diesen beiden Füchsen befindet sich nun ein Gittermauerwerk, welches im Schnitt b der Abbildung 32 querschnittlich dargestellt ist; durch dieses Gitter, welches durch die Füchse zu beiden Seiten außerordentlich warm gehalten wird, steigt die Verbrennungsluft, nachdem sie bereits aus dem Luftzuführungskanal um den Fuchs herum geführt worden ist, nach oben; hier liegt der Hauptherd der Luftvorwärmung. Aus dem Gitterwerk tritt die Luft über das Gewölbe des Fuchses und von da in die Luftkanäle direkt unter dem Sohlkanal, von wo aus sie dem durch Düsen eintretenden Gase zugeführt wird.

Das Gas tritt auf beiden, Seiten durch je drei Düsen pro Ofen in die Heizkanäle, und zwar durch eine Düse direkt in den Sohlkanal und je eine Düse in die beiden Heizkanäle seitlich der Verkokungskammer, letztere Düse in Höhe der obersten Koksschicht. Bei allen Düsen tritt die Luft unmittelbar unter dem Gaseintritt hinzu. Diese Anordnung der Gas- und Luftzufuhr ist aus der Abbildung leicht verständlich.

Die Flammenführung in den Heizkanälen ist nun auch wesentlich anders als bei den Öfen anderer Systeme. Der Sohlkanal ist in seiner ganzen Länge in drei Teile geteilt; das mittlere Drittel ist noch weiter durch die Gesamttrennungswand des Ofens in zwei Teile unterteilt. Die Flammen entwickeln sich nun in den äußeren Dritteln des Sohlkanals und ziehen dann von da aus durch den darüberliegenden Horizontalkanal, der nunmehr auch die Flammen der seitlichen Heizung aufnimmt, nach der Mitte des Ofens zu und durch die Vertikalkanäle über dem mittleren Drittel, das seiner Breite nach übrigens dem darunterliegenden Fuchs entspricht, nach unten und dann in den Fuchs. In der Abb. 31 sind z. B. für jede Ofenhälfte 16 Vertikalkanäle dargestellt; die Flammen steigen darin durch die 11 äußeren Kanäle nach oben und durch die 5 inneren Kanäle nach unten und zum Fuchs. Die Gase ziehen also abwärts nur durch die Hälfte des Querschnitts, in dem sie aufwärts steigen, müssen also beim Abstieg die doppelte Geschwindigkeit haben als beim Aufstieg. Infolgedessen können sich die Flammen langsam entfalten, während die Abgase mit großer Geschwindigkeit den Ofen verlassen.

Brunck wärmt auch das Gas um ein geringes vor, und zwar durch den Abdampf der Betriebsmaschinen der Nebenproduktengewinnungsanlagen.

Abb. 33—34 zeigen noch eine besondere Konstruktion Bruncks, um auch diejenigen Gase zu gewinnen, welche sich während des Garstehens und des Füllens im Ofen entwickeln. Wie bereits erwähnt wurde, werden während der Ausgarungsperiode die Öfen von der Gasleitung abgesperrt; während dieser Zeit entwickeln sich nun aber doch noch Gase, wenn auch in geringem Maße und von geringerer Qualität als die während des regelrechten Betriebs gewonnenen. Vielfach verzichtet man noch auf diese Gase und läßt sie aus den Gasabführrohren in die freie Luft austreten, wo sie mit helleuchtender Flamme verbrennen, die man noch an vielen Kokereien namentlich bei Nacht in weitem Umkreis bemerkt. Die immer steigende Bedeutung des Gasüberschusses und damit die Notwendigkeit der rationellsten Ausnutzung des in dem Brennstoff enthaltenen Energiewertes führte zu der vorliegenden Konstruktion. Zwischen je zwei Steigerohren ist ein besonderes in die Heizkanäle führendes Gasabfallrohr angebracht, welches durch einen Rohrkrümmer mit einem daneben liegenden Stutzen der Steigerohre verbunden werden kann, wenn das Rohr von der Leitung abgesperrt wird.

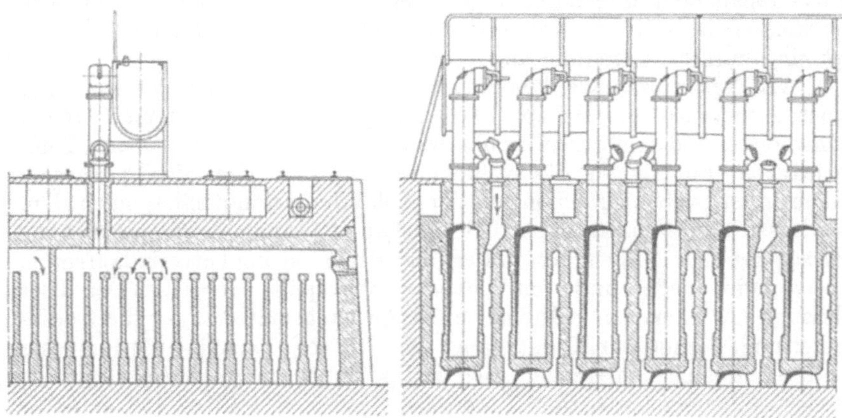

Abb. 33—34. Bruncks Gassparverfahren.

In diesem Falle treten die sich entwickelnden Gase direkt wieder in die Heizkanäle des Ofens und beteiligen sich hier an der Heizung. Da gewöhnlich zwei nebeneinander liegende Öfen abwechselnd betrieben werden, so steht dem abwechselnden Anschluß dieser Öfen an die Leitung nichts im Wege. Die Gase können auch, anstatt direkt in die Heizkanäle geführt zu werden, in einer besonderen Vorlage gesammelt und erst in der Nebenproduktengewinnungsanlage verarbeitet werden.

Zum Schlusse der Besprechung der verschiedenen Ofensysteme mag eine Aufstellung über die Verbreitung der besprochenen modernen Koksofensysteme hier folgen. Nach Angaben der betr. Ofenbaufirmen waren Ende 1908 insgesamt im Betrieb

8552 Otto-Coppée-Öfen,
3676 Otto-Hoffmann-Öfen,
1588 Ottos Regenerativ-Unterfeuerungsöfen,
9069 Ottos Abhitze-Unterfeuerungsöfen,
3490 Koppers Regenerativ-Öfen,
 961 Koppers Abhitze-Öfen,

1004 v. Bauersche Öfen,
1126 Brunck-Öfen.

Die Leistungsfähigkeit der oben beschriebenen modernen Koksöfen ist ungefähr gleich. Die Garungsdauer beträgt je nach Art der zu verkokenden Kohle 24—36 Stunden, der Inhalt durchschnittlich 4—6 Tonnen.

d) Die Gewinnung der Nebenprodukte.

Die Gewinnung der Nebenprodukte bei der Koksfabrikation fällt durchaus außerhalb des Rahmens der Eisenhüttenkunde; sie ist vielmehr ein Zweig der chemischen Technologie. Da sie indessen mit modernen Koksofenanlagen untrennbar verbunden ist und daher auf Eisenhüttenwerken vielfach Nebenproduktengewinnungsanlagen betrieben werden, ist eine kurze Darstellung angebracht.

Als Nebenprodukte kommen in Betracht, wie bereits erwähnt, Teer, Ammoniak und Benzol. Teer ist ein Gemisch von verschiedenen schwereren und leichteren Kohlenwasserstoffen, welches bei den Temperaturen, mit denen die Kohlendestillate den Koksofen verlassen, flüchtig ist, sich aber schon bei der Abkühlung unmittelbar nach dem Verlassen des Ofens zu einer dickflüssigen schwarzen Masse verdichtet. Er schlägt sich daher schon in der über der Koksofenbatterie laufenden Gasvorlage nieder und muß daraus abgespült werden. Der Teer dient in der chemischen Industrie als Ausgangsmaterial für die Anilinbereitung, ferner zur Darstellung von Benzol, Paraffin, Pyridin und anderen organischen Erzeugnissen und ist daher ein gesuchtes und wertvolles Nebenerzeugnis der Kokereien.

Ammoniak, NH_3, bildet sich aus dem Stickstoff und Wasserstoff der Kohle; es ist bekanntlich ein auch bei gewöhnlicher Temperatur nicht verdichtbares Gas, welches jedoch in Wasser in großen Mengen löslich ist und durch Berieseln des Gasstroms mit Wasser gewonnen wird. Das Ammoniakwasser wird in den meisten Fällen direkt mit Schwefelsäure versetzt, so daß sich Ammoniumsulfat, in der Industrie gewöhnlich kurzweg Sulfat genannt, bildet, welches ein ausgezeichnetes Düngemittel und daher sehr wichtig für die Landwirtschaft ist. Nach einem neueren von Koppers vorgeschlagenen Verfahren werden die ammoniakhaltigen Destillationsgase auch direkt mit Schwefelsäure behandelt, so daß direkt Ammoniumsulfat gewonnen wird.

Zu diesen beiden Nebenprodukten, deren Gewinnung seit dem Beginn der Nebenproduktengewinnung überhaupt datiert, ist in jüngster Zeit das Benzol als drittes und weitaus wertvollstes Nebenprodukt getreten. Wie bereits erwähnt, wird Benzol u. a. aus Teer hergestellt; indessen schlägt sich nicht alles Benzol mit dem Teer nieder, sondern ein großer Teil (0,4—1 Proz. vom Gewicht der eingesetzten trocknen Kohlen) ist noch in den Destillationsgasen enthalten und kann aus diesen ausgewaschen und abdestilliert werden.

Abb. 35 zeigt eine schematische Darstellung einer Nebenproduktengewinnungsanlage nach System Brunck. b ist der Koksofen, a die

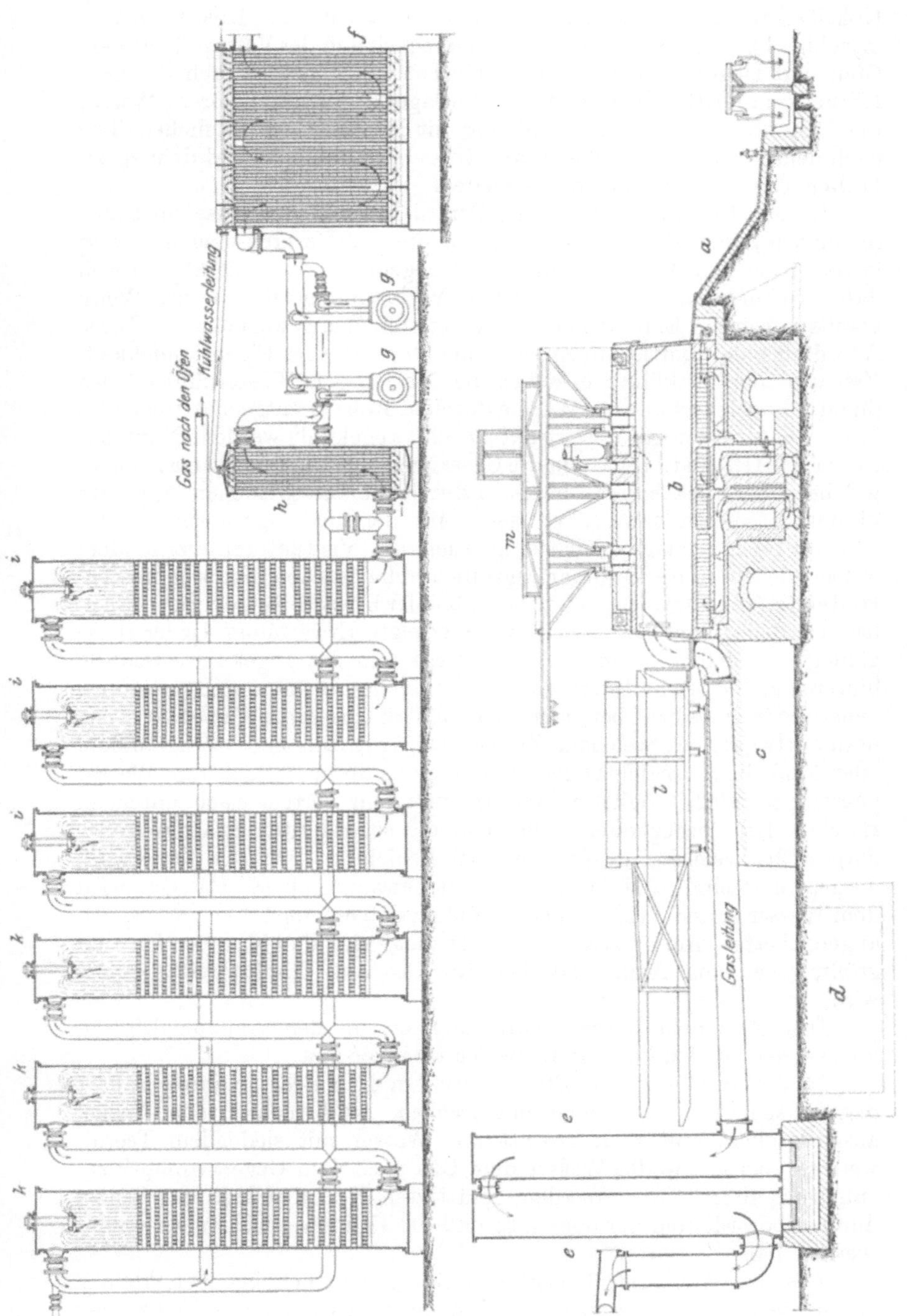

Abb. 35. Koksofenanlage mit Nebenprodukten-Gewinnung.

Kokslöschterrasse, c die Maschinenterrasse, auf der die Koksausdrück-maschine l bewegt wird. Die Gase sammeln sich in der Vorlage über dem Ofen und ziehen von dort, der Pfeilrichtung folgend, durch die Gasleitung zum Luftkühlturme. In der Vorlage scheiden sich bereits Wasser und Teer ab; durch ständige Spülung mit Teer unterstützt, fließen diese nach dem Teersammelbecken d ab, wo sie sich entsprechend dem spezifischen Gewicht voneinander scheiden.

In dem Luftkühlturm e umspülen die noch heißen Gase ein Rohr-schlangensystem, durch welches ihnen die zur Verbrennung der Gase in den Koksöfen dienende Luft entgegengeführt wird; sie kühlen sich dabei bis auf etwa 80^0 ab, während die Verbrennungsluft auf diese Weise bereits vor ihrem Eintritt in den Ofen erheblich angewärmt wird. Diese Anordnung des Luftkühlturms ist eine Brunck sche Eigentümlichkeit. Erst von dem Luftkühlturm ziehen die Gase zu dem Wasserkühler f, wo ihnen die noch vorhandene Wärme durch in Rohren entgegenströmendes Wasser entzogen wird, und sie auf $20—25^0$ abgekühlt werden. Nunmehr treten die Destillationsgase in die Gassauger g, große Gebläsemaschinen, welche den Zweck haben, die Gase durch die verschiedenen Apparate hindurchzusaugen bzw. zu pressen. Mit den Gassaugern sind in der Brunck schen Anlage gleichzeitig auch die Ventilatoren verbunden, welche die erwärmte Verbrennungsluft durch den Ofen hindurchpressen. Hinter die Gassauger ist nochmals ein Kühler h geschaltet, der den Zweck hat, die durch den Druck im Gebläse erfolgte Erwärmung wieder rück-gängig zu machen. Von hier aus betritt nun das abgekühlte Gas die hintereinander geschalteten Wascher i, in denen es von unten nach oben zieht und frisches bzw. bereits mit Ammoniak versetztes Wasser von oben heruntertropft, zu welchem Zweck die Apparate mit Reisigbündeln oder ähnlichen Vorrichtungen gefüllt sind, durch welche das Wasser gezwungen wird, möglichst langsam und fein verteilt nach unten zu rieseln. Im vorliegenden Falle sind die sogenannten Etagenwascher dargestellt, welche mit einer Anzahl Schichten (Etagen) Mauerwerk ausgemauert sind, und welche sich gut bewährt haben. Das Gas wird dem Wasser in der Weise entgegengeführt, daß es zuerst dem am meisten angereicherten Ammoniakwasser begegnet, und daß das bereits zum größten Teil von Ammoniak befreite Gas von Frischwasser bespült wird.

Das Ammoniakwasser wird nachher in der Ammoniakfabrik konzentriert und dann mit Schwefelsäure versetzt.

In den drei weiteren Etagenwaschern k, welche in ihrer Bauart den Waschern i vollständig entsprechen, wird sodann das Benzol ausgewaschen, und zwar anstatt mit Wasser mit siedendem Teeröl, welches ebenso wie das Wasser dem Gas nach dem Gegenstromprinzip entgegengeführt wird. Aus dem gesättigten Öl wird sodann das Benzol durch Abdestillieren gewonnen, so daß das Öl immer wieder verwendet werden kann.

Aus der Benzolfabrik geht das Gas gewöhnlich in einen kleinen Gasometer, der zum Druckausgleich dient, und von da zum Teil zu den

Öfen zurück, während der Gasüberschuß zur Beleuchtung oder zu motorischen Zwecken verwendet wird.

e) Der Betrieb der Kokereien.

Durch die Anordnung der Kammeröfen in großen Batterien von 60 und mehr Öfen nebeneinander gestaltet sich der Ofenbetrieb ziemlich einfach. Für gewöhnlich sind auf der Koksofenbatterie in der Richtung senkrecht zur Achse der Öfen eine Anzahl Geleise angeordnet, auf denen die Beschickungswagen, die Winden zum Heben und Senken der Türen, gegebenenfalls auch andere Vorrichtungen, hin und her gefahren werden

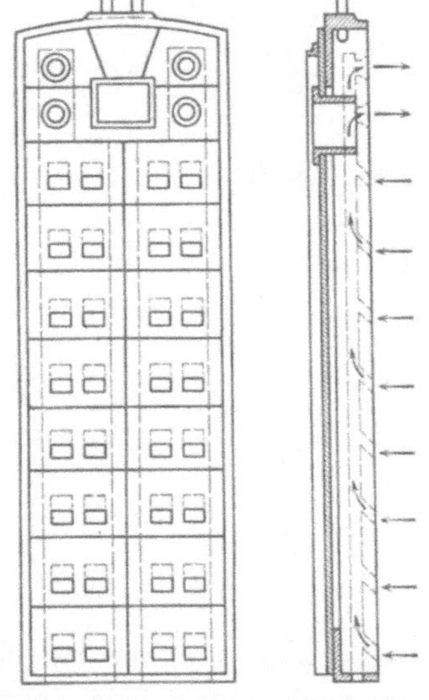

Abb. 36—37. Koksofentür Peters.

können. Auf der einen Seite der Koksöfen, der Maschinenseite, sind gleichfalls Geleise angebracht, auf denen die zum Betriebe erforderlichen maschinellen Einrichtungen hin und her bewegt und vor die einzelnen Öfen gebracht werden. Die andere Seite der Öfen, die Löschterrasse, ist bei modernen Anlagen gewöhnlich als schiefe Ebene ausgebildet, auf der der fertige noch glühende Koks herunterfällt und durch Aufspritzen von Wasser abgelöscht wird.

Die Koksofenbatterien sind sowohl auf der Maschinenseite wie auch auf der Löschseite etwas abgeschrägt, so daß ein trapezförmiger Querschnitt herauskommt, der in den verschiedenen bereits abgebildeten Zeichnungen von Koksöfen leicht erkennbar ist. Diese Anordnung ist einerseits aus baukonstruktionellen Rücksichten gewählt, andererseits dient sie dazu, den Koksofentüren auf beiden Seiten eine etwas bessere Auflage zu geben.

Die Koksofentüren selbst sind nichts weiter als mit feuerfesten Steinen ausgemauerte gußeiserne Rahmen, welche mit einem durch einen Stein verschließbaren Schauloch versehen sind. Sie werden einfach vor die beiden offenen Seiten der Kokskammern gelegt, durch Eisenstäbe fest angedrückt und verschmiert. In neuerer Zeit hat man vielfach auch die Koksofentüren heizbar konstruiert, damit der den Türen zunächst liegende Koks nicht infolge der unvermeidlichen Abkühlung ungar bleibt; indessen haben sich derartige Anordnungen noch verhältnismäßig wenig Eingang verschafft, obwohl der damit verbundene Vorteil klar auf der Hand liegt. Eine solche Koksofentür nach Patent P. Peters in Stolberg (Rhld.) wird durch Abb. 36 und 37 dargestellt. Die aus dem Kokskuchen austretenden Gase werden durch in der Tür

befindliche Längskanäle, die durch kleine schräg nach unten gerichtete
Löcher mit dem Ofen verbunden sind, in der Pfeilrichtung nach oben
geführt und treten oberhalb des Kokskuchens wieder in den Ofen zurück.

Das Öffnen der Türen geschieht durch Emporheben, zu welchem
Zweck in den meisten Fällen auf beiden Seiten der Koksofenbatterie
auf den Öfen auf Geleisen verschiebbare Winden angebracht sind, wie
sie z. B. in den Abb. 13 und 20 erkennbar sind. Abb. 38
und 39 stellen auch eine automatische Türhebevorrichtung nach Dr.
v. Bauer dar, welche in der Hauptsache aus einem Dampfzylinder besteht, dessen Hub der zu hebenden Türhöhe entspricht, und dessen

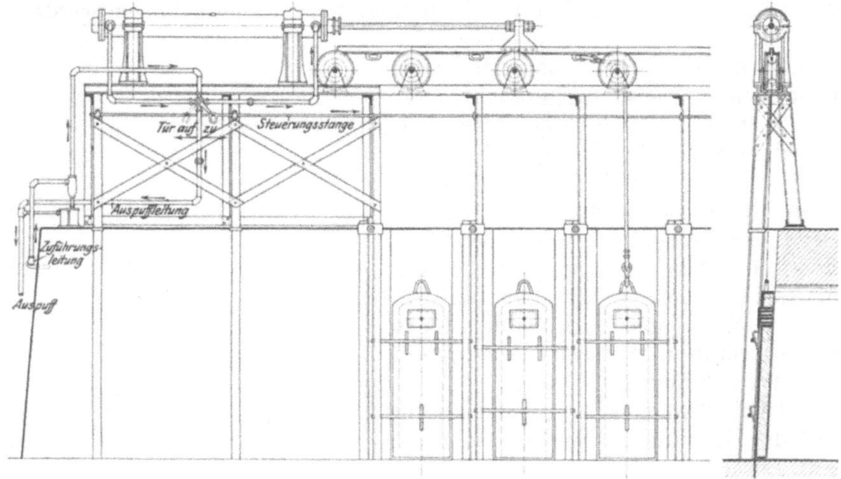

Abb. 38—39.   Automatische Türhebevorrichtung.

Plunger eine längs der Ofenbatterie geführte Stange bewegt; in diese
kann nach Bedarf jede einzelne Tür eingehängt und durch Einziehen
des Plungers gehoben werden. Auch die Steuerungsstange für den
Dampf-Ein- und Austritt ist an der ganzen Batterie entlang steuer-
bar, so daß jede Tür von Ort und Stelle aus gesteuert werden kann.

Das

Chargieren der Koksöfen

geschieht zumeist aus den über den Öfen auf Geleisen laufenden
Wagen durch die Füllöcher in der Ofendecke. Gewöhnlich sind drei
Füllöcher über die ganze Ofenlänge verteilt angeordnet. Natürlich
sammelt sich die Kohle unterhalb der Füllöcher zu Haufen, während
die dazwischen liegenden Stellen weniger oder nichts erhalten. Die
Kohle muß also planiert werden, was früher allgemein von Hand ge-
schah, und zwar mit Hilfe von langen Stangen, die durch die Schaulöcher
in den Koksofentüren eingeführt wurden. Diese Arbeit des Planierens
ist außerordentlich beschwerlich; sie wird daher auch heute zumeist
durch besondere Planiervorrichtungen ausgeführt, welche einfach

in einer in gleicher Weise mechanisch hin und her geführten Stange bestehen, und welche heute meist in Verbindung mit den Koksausdrück-maschinen gebaut werden. Die weiter unten in Abb. 41 und 42 dargestellte Koksausdrückmaschine ist mit einer solchen versehen; ihre Wirkungsweise ist an Hand der Zeichnung ohne weiteres verständlich.

Die Art der Koksofenbeschickung hat sich zum Teil etwas geändert, seitdem man dazu übergegangen ist, die Kohlen zu stampfen. Das Stampfen der Kohlen ist aus dem Bestreben hervorgegangen, auch magere Kohlen mit zu verarbeiten, welche dadurch eine höhere Backfähigkeit erlangen. Wie bereits erwähnt, ist die Kohlenstampfung für die oberschlesische und die Saar-Koksindustrie mit ihren schlecht backenden Kohlen nahezu eine Lebensfrage gewesen, indem es erst durch ihre Anwendung möglich wurde, einen Koks von hinreichender Festigkeit zu erzielen.

Die ersten Versuche, die Kohlen zu pressen, sind nun in der Weise gemacht worden, daß man die Kohlen im Ofen beschwerte, sei es durch Belastung mit Eisenmassen, sei es mittels hydraulischer Druckvorrichtungen. Auch hat man versucht, die Kohlen durch die Füllöcher hindurch mit Preßstempeln fest zu stampfen; in Abb. 35 ist z. B. eine derartige Stampfmaschine über dem Koksofen angedeutet.

Bei neueren Kohlenstampfmaschinen wird dagegen die Kohle schon vor dem Eintragen in den Ofen zu einem den ganzen Koksofen ausfüllenden Kuchen gestampft, der dann im ganzen maschinell in den Ofen hineingeschoben wird. Abb. 40 zeigt eine solche Kohlenstampf-maschine von Brinck und Hübner in schematischer Darstellung. Die Kohlenstampfmaschine ist in Verbindung mit der Koksausdrück-maschine gebaut; das hat seine Berechtigung, weil beide Maschinen unmittelbar nacheinander ihre Arbeit zu verrichten haben: ohne die Maschinen vor dem Ofen verschieben zu müssen, kann man so den fertigen Kokskuchen ausdrücken und gleich darauf den gestampften Kohlenkuchen in den Koksofen schieben, so daß die Pause zwischen Ausdrücken und Wiedereinfüllen auf ein Mindestmaß beschränkt und Wärmeverlust vermieden wird. Die Abb. zeigt unten rechts zwischen den beiden Rädern die Zahnstange des Koksausdrückstempels. Darüber befindet sich ein Gerüst mit einer Fahrbahn für die Kohlenwagen. Von diesen aus rutschen die Kohlen auf einer schiefen Ebene nach unten in den Stampfkasten hinein. Das Stampfen erfolgt durch einen Stempel, der durch Friktionsräder bis zu einer erwünschten Höhe gehoben wird und dann frei herunterfällt. Auf diese Weise kann man die Höhe, bis zu der der Stempel gehoben wird, bequem so regulieren, daß die Fall-höhe, auch wenn die Höhe des Kohlenkuchens beim Fortschreiten des Stampfens steigt, immer gleich bleibt. Der ganze maschinelle Teil der Stampfvorrichtung ist auf Rädern in der Richtung der Koksofen-achse verschiebbar; dadurch kann der Stempel über die ganze Länge des Kuchens hinweggeführt werden. Ist die Stampfung beendet, wozu je nach Größe des Ofens 10—15 Minuten erforderlich sind, so wird der

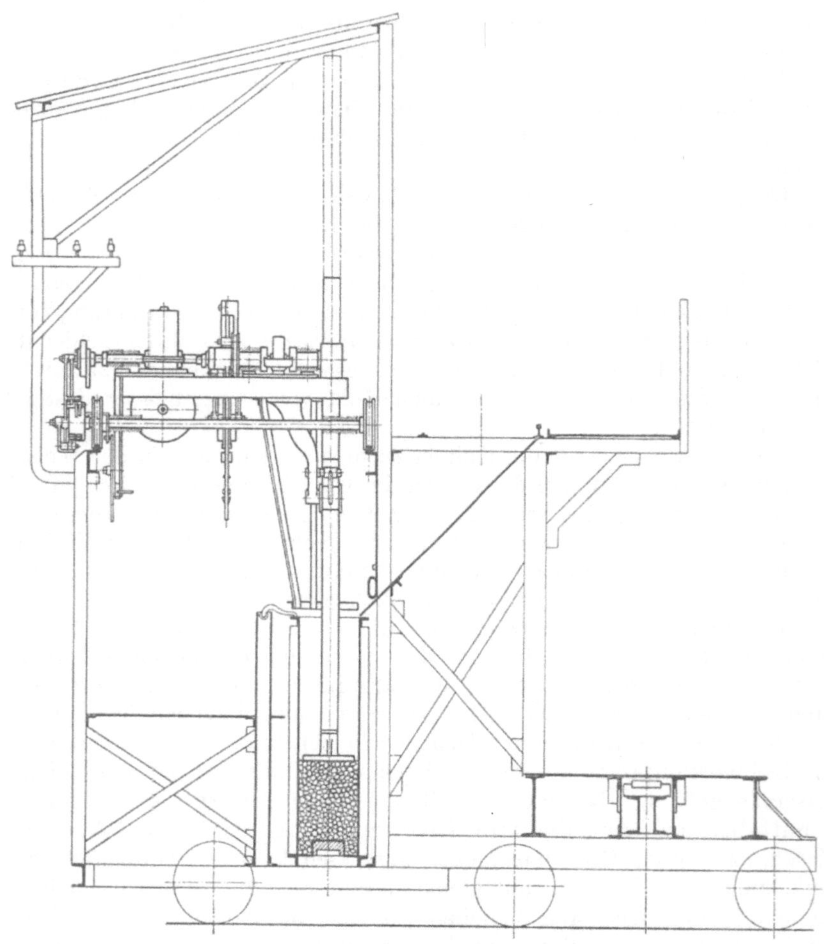

Abb. 40. Kohlenstampfmaschine Brinck u. Hübener.

ganze Kohlenkuchen mit der Unterlagsplatte in den Ofen hineingeschoben und die Platte wieder zurückgezogen.

Bei der Anordnung der Kohlenstampfmaschine fallen natürlich
die Füllöcher fort; auch ist die Arbeit des Planierens unnötig.

Das

Entleeren

des Koksofens erfolgt bei den Öfen mit horizontaler Achse allgemein
durch die schon mehrfach erwähnten Koksausdrückmaschinen. Diese
bestehen in der Hauptsache aus einem Stempel von etwas geringerem
Querschnitt als demjenigen des Koksofens, der mittels einer Zahnstange
durch den Ofen hindurchgedrückt wird und dabei den Kokskuchen durch
die entgegengesetzte Tür hinausdrückt. Um die Reibung des Kuchens

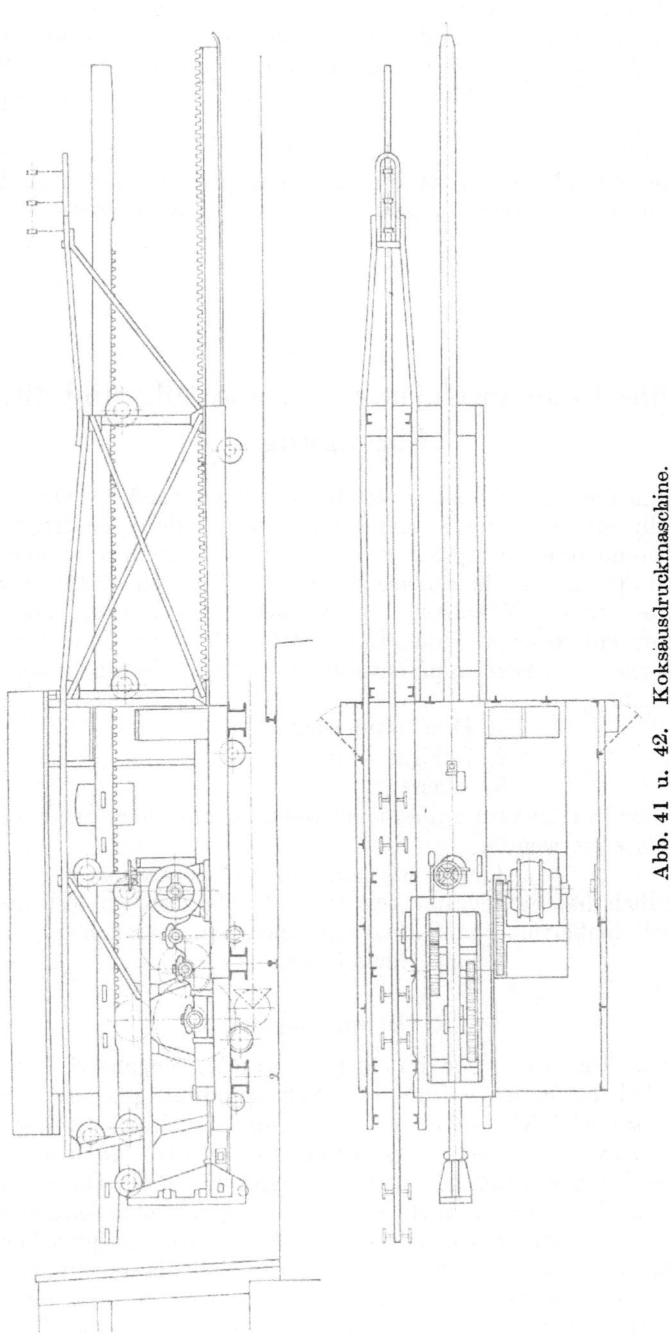

Abb. 41 u. 42. Koksausdruckmaschine.

an den Wänden zu vermeiden, sind diese nach der Kokslöschseite zu um ein geringes divergierend gebaut. Bei modernen Anlagen fällt der Koks auf der Löschseite über eine schiefe Ebene herunter und wird dort gleich durch Wasserstrahlen abgelöscht, damit eine Verbrennung vermieden wird.

In Abb. 41—42 ist eine elektrisch angetriebene Koksausdrückmaschine mit Planiervorrichtung der Baroper Maschinenfabrik dargestellt, deren Konstruktion aus der Abbildung ohne weiteres ersichtlich ist.

Zwanzigstes Kapitel.

Künstliche gasförmige Brennstoffe und ihre Erzeugung.

Die in der Eisenindustrie als Brennstoff verwendeten Gase werden hergestellt entweder durch trockene Destillation der gashaltigen natürlichen Brennstoffe (Entgasung) oder durch Überführung des festen Kohlenstoffs in das brennbare Kohlenoxyd durch Zuführung eines Oxydationsmittels (Vergasung), wobei der zur Vergasung notwendige Sauerstoff entweder aus der Luft allein oder auch aus zersetztem eingeblasenen Wasserdampf entnommen wird. Hiernach ergibt sich die Einteilung in

    1. Destillationsgas,
    2. Luftgas und
    3. Wassergas.

In der Praxis wird zumeist ein Gemisch aus einem oder mehreren dieser Gase verwendet,

    4. das Mischgas oder Generatorgas.

Endlich hat in neuester Zeit im Hüttenbetrieb ein Nebenprodukt des Hochofenbetriebs an Bedeutung gewonnen, nämlich

    5. das Hochofengas.

1. Destillationsgas.

Dieses Gas wird, wie im vorigen Kapitel eingehend beschrieben wurde, bei der Koksbereitung als Nebenprodukt gewonnen. Es besteht hauptsächlich aus schweren und leichten Kohlenwasserstoffen, sowie aus reinem Wasserstoff, etwas Kohlenoxyd und geringen Mengen Stickstoff und Kohlensäure; diese Gase sind zum größten Teil in den natürlichen rohen Brennstoffen enthalten und werden durch die trockene Destillation daraus ausgetrieben. Das Gas ist, namentlich wenn es von seinen Nebenbestandteilen befreit ist, was ja nach den Ausführungen im vorigen Kapitel ohnehin im wirtschaftlichen Interesse liegt, ein außerordentlich reines Gas, insbesondere frei von mechanischen Verunreinigungen, welche in anderen Gasen immer enthalten sind, und ist daher besonders gut geeignet zum Verbrauch in Gasmaschinen.

Wegen seiner guten Leuchtkraft, die es vor allem seinem Gehalt an schweren Kohlenwasserstoffen verdankt, ist es von jeher zur Beleuchtung verwendet worden (Leuchtgas). Zu dessen Fabrikation wurde allerdings immer der Hauptwert auf die Gaserzeugung gelegt und der Koks nur als Nebenprodukt gewonnen; zur Gaserzeugung wurden ganz besonders gasreiche Kohlen verwendet, die ein besonders äthylenreiches Gas ergaben. Heute wird infolge der Erfindung des Gasglühlichtes, wodurch nicht mehr die eigene Leuchtkraft des Gases, sondern die Leuchtkraft der zur Weißglut erhitzten Glühkörper zur Beleuchtung dient, weniger Wert auf die Zusammensetzung des Leuchtgases gelegt, und werden die Destillate der Kokereien ohne weiteres als Leuchtgas verwendet.

Als Heizgas spielt dagegen das reine Destillationsgas eben wegen seiner guten Eignung für die erwähnten anderen Zwecke, welche eine bessere wirtschaftliche Ausnutzung gestatten, eine geringere Rolle, obwohl sein Heizwert, der je nach der Zusammensetzung zwischen 8000 und 10000 Cal pro kg schwankt, gegenüber demjenigen der weiter beschriebenen Gase außerordentlich hoch ist.

Als Heizgas kommt das Destillationsgas in erster Linie in Betracht zur Beheizung der Koksöfen selbst, welche im vorigen Kapitel eingehend genug besprochen wurde. In seltenen Fällen und nur da, wo eine Verwendung zu Beleuchtungs- und zu motorischen Zwecken ganz ausgeschlossen ist, findet das Destillationsgas auch in modernen Hütten noch Verwendung zur Heizung von metallurgischen Öfen und Feuerungen.

2. Luftgas.

Das Luftgas entsteht durch unvollkommene Verbrennung von Kohlenstoff zu Kohlenoxyd unter Zuführung von atmosphärischer Luft, welchem Vorgang die chemische Formel zugrunde liegt

$$C + O = CO.$$

Da nun aber die Verbrennungsluft einen sehr hohen Prozentsatz an Stickstoff enthält, so daß mit 1 kg Sauerstoff immer gleichzeitig 3,255 kg Stickstoff zugeblasen werden müssen, so ergibt sich, daß sich der Vorgang stöchiometrisch berechnet, wie folgt abspielt:

$$12 \text{ kg C} + 16 \text{ kg O} + 53 \text{ kg N} = 28 \text{ kg CO} + 53 \text{ kg N},$$

so daß die theoretische Zusammensetzung des Luftgases unter der Voraussetzung, daß reiner Kohlenstoff (Koks) zu reinem Kohlenoxyd verbrannt wird, rund 35 Gewichtsprozente Kohlenoxyd und 65 Proz. Stickstoff beträgt; man erhält dann aus 1 kg Kohle ungefähr 6,6 kg Gas mit einem Heizwert von 831 Cal pro kg.

In der Praxis spielt sich nun der Vergasungsvorgang nicht so einfach ab, und zwar hauptsächlich deshalb, weil es nicht möglich ist, den Kohlenstoff zu reinem Kohlenoxyd zu verbrennen, und sich immer ein gewisser Gehalt an Kohlensäure bildet. Dieser Kohlensäuregehalt ist einerseits abhängig von dem Luftüberschuß, mit dem der Generator betrieben wird, und der mechanischen Anordnung der Kohle und der Verbrennungsluft zueinander, und anderseits und zwar hauptsächlich von der Temperatur des Generators bzw. dem bei den verschiedenen Temperaturen verschiedenen Gleichgewicht zwischen Kohlenoxyd und Kohlensäure. Es wurde bereits erwähnt, daß die Verbrennung um so mehr zu reinem Kohlenoxyd stattfindet, je höher die Temperatur ist; bei Temperaturen oberhalb etwa 1050° bildet sich nur reines Kohlenoxyd, während der Gehalt an Kohlensäure um so höher wird, je niedriger die Vergasungstemperatur ist. Theoretisch müßte es daher auch vorteilhaft sein, die Temperatur im Gaserzeuger so hoch zu halten, daß sich nur Kohlenoxyd bilden kann, d. h. also die Temperatur, mit der die Gase den Ofen verlassen, dürfte 1050° nicht unterschreiten. Tatsächlich entspricht auch die bei der Verbrennung von Kohlenstoff zu Kohlenoxyd in der atmosphärischen Luft erzeugte Temperatur, welche sich nach der Zahlentafel 5 auf Seite 104 zu 1300° ergibt, einem Zustand, bei dem unter normalen Verhältnissen nur Kohlenoxyd bestehen kann.

In der Praxis ist es aber nun doch nicht angängig, den Gasgenerator so heiß gehen zu lassen, weil das verschiedene Unzuträglichkeiten mit sich bringen würde. In erster Linie ist es der Aschegehalt der zu vergasenden Kohle, der dazu führt, die Temperatur so niedrig zu halten, daß die schlackenbildenden Bestandteile der Asche nicht bei ihr schmelzen, weil sich die schmelzende Schlacke in den unteren Teilen des Generators leicht festsetzt und seinen Weiterbetrieb unmöglich macht. Sodann führt auch der Umstand, daß die Generatorgase in vielen Fällen nicht direkt im Gasofen verwendet werden können und auf dem Wege dahin sich sehr stark abkühlen, dazu, die Wärmeverluste beim Abkühlen dadurch möglichst gering zu machen, daß man die Gase schon mit einer möglichst geringen Temperatur den Ofen verlassen läßt. Diese geringere Abgangstemperatur der Gase übt natürlich auch eine Einwirkung aus auf die Temperatur im Reaktionsraum des Generators.

Das Mittel, durch welches man nun den Gasgenerator in rationeller Weise kühlen kann, ist die Erzeugung endothermischer Reaktionen. Diese kann man dadurch hervorrufen, daß man den zum Vergasen des Kohlenstoffs nötigen Sauerstoff nicht der atmosphärischen Luft entnimmt, sondern Sauerstoffverbindungen, welche durch glühenden Kohlenstoff unter Wärmeaufwand zerlegt werden, und als solche kommen in Betracht Wasserdampf und Kohlensäure. Die entsprechenden Reaktionen sind durch folgende Formeln dargestellt:

$$H_2O + C = CO + H_2.$$
$$CO_2 + C = 2CO.$$

Im erstgenannten Falle entsteht ein Gasgemisch aus Kohlenoxyd und Wasserstoff, welches als Wassergas bezeichnet und welches weiter unten eingehend besprochen werden wird. Im zweiten Falle dagegen bildet sich genau wie beim Einblasen von Luft nur Kohlenoxyd; die Zusammensetzung des Gases erleidet also keine Veränderung.

Die Umsetzung von Kohlensäure in Kohlenoxyd nach der obigen Formel durch glühende Kohle erfordert einen Wärmeaufwand von 3134 Cal für das kg vergaster Kohle; dieser Wärmebetrag kann der durch die Verbrennung von Kohle zu Kohlenoxyd durch Luft erzeugten Wärme entnommen werden, so daß dadurch eine Abkühlung des Gasgenerators herbeigeführt wird. Da nun aber bei der vollständigen Verbrennung einer bestimmten Menge Kohlenstoff immer genau dieselbe Wärmemenge erzeugt wird, gleichgültig in welchen Abstufungen die Verbrennung erfolgt, so ergibt sich hieraus schon, daß die Wärmemenge, welche auf diese Weise dem Generator entzogen wird, nachher der eigentlichen Gasfeuerung zugute kommt.

Durch die Herabsetzung der Vergasungstemperatur wird nun allerdings die Neigung zur Kohlensäurebildung erheblich gesteigert; indessen ist dieser Nachteil nicht ganz zu vermeiden, da eben aus Betriebsrücksichten die Temperatur niedrig gehalten werden muß; das Bestreben des Betriebsleiters kann also nur dahin gehen, den Kohlensäuregehalt des Gases auf ein zulässiges Maß zu beschränken.

Anderseits bietet nun aber auch die Verwendung der durch Kohlenstoff zersetzbaren Oxydationsmittel den Vorzug, daß der daraus gewonnene Sauerstoff frei von Stickstoff ist, und daß also durch eine entsprechende Verminderung des Stickstoffgehaltes die durch den vermehrten Kohlensäuregehalt hervorgerufene Verschlechterung des Gases mehr oder weniger ausgeglichen wird.

Ein Beispiel mag diese Verhältnisse erläutern. Wird 1 kg Kohle lediglich durch Luft vergast, so ergibt sich eine Wärmeentwickelung von 2473 Cal und eine theoretische Temperatur von 1300° (wobei von den Wärmeverlusten des Generators abgesehen ist). Es entstehen ca. 6,6 kg Gas von 831 Cal Heizwert pro kg und ein Gesamtheizwert des erzeugten Gases von 5607 Cal. — Wird dagegen die gleiche Menge Kohlenstoff zu 80 Proz. durch Luft und zu 20 Proz. durch Kohlensäure vergast, so ergibt sich

$$\text{eine Wärmeentwickelung von } 0,8 \cdot 2473 = 1978,4 \text{ Cal}$$
$$\text{ein Wärmeverbrauch von } \quad 0,2 \cdot 3134 = \underline{\quad 626,8 \quad}$$
$$\text{also eine Wärmeentwickelung von } \qquad 1351,6 \text{ Cal}$$

und eine theoretische Temperatur der Gase von rund 800°. Aus 1 kg Kohle entstehen $6^1/_3$ kg Gas mit einem Heizwert von 1062 Cal und ein Gesamtheizwert von 6728 Cal. — In beiden Fällen ist die durch Verbrennung der Kohle erzeugte Gesamtwärme, im ersten Falle 2473 + 5607, im zweiten Falle 1352 + 6728 Cal, gleich 8080 Cal. Bei dem durch die endothermische Reaktion abgekühlten Vorgang ergibt sich aber für den eigentlichen Heizvorgang ein Wärmeüberschuß von 6728 — 5607 = 1121 Cal pro kg vergaste

Kohle; soll anderseits durch vermehrte Entwickelung von Kohlensäure nicht mehr als dieser Wärmegewinn verloren gehen, so dürften

$$\frac{1121}{2403} = 0{,}466 \text{ kg Kohlenstoff im Generator zu Kohlensäure ver-}$$

brannt werden; das würde einem Kohlensäuregehalt des Gases von
7,4 Proz. entsprechen; tatsächlich ist es aber in der Praxis sehr
wohl möglich, bei niedrigen Generatortemperaturen Gas mit geringerem Kohlensäuregehalt zu erzielen; es zeigt sich also, daß diese
aus Betriebsrücksichten erforderliche Erniedrigung der Generatortemperatur durchaus nicht eine Verringerung des Gaswerts im Gefolge haben muß, sondern daß sogar bei gut geleitetem Betrieb ein
thermischer Vorteil in der Abkühlung liegen kann.

Für die Praxis spielt noch folgender Vorgang eine Rolle: Kohlensäure steht im Hüttenbetrieb in reichlichem Maße zur Verfügung
in den Abgasen der Öfen. Diese Gase ziehen selbst bei rationellster
Ausnutzung ihres Wärmewertes immer mit einigen hundert Grad
zum Kamin; leitet man sie in den Gasgenerator zurück, so bringen
sie also immer noch einen gewissen Wärmevorrat mit, der bei
dem thermischen Vorgang im Gaserzeuger wieder ausgenutzt
werden kann, und der wiederum die Verwendung größerer Mengen
des Abgases zur Wiedergewinnung brennbaren Gases gestatten kann.
Diese ganzen Verhältnisse werden in ihrer gegenseitigen Einwirkung
aufeinander ziemlich verwickelt und lassen sich nicht mehr allgemein theoretisch behandeln; die vorstehenden Ausführungen zeigen
aber deutlich, wie sehr für eine Luftgaserzeugungsanlage eine ständige Überwachung des Betriebes und die Regelung des Zuflusses von
Luft und Abgas auf Grund fortlaufender Gasanalysen eine unerläß-
liche Vorbedingung eines geregelten und wirtschaftlichen Betriebs ist.

Die Verbrennung der Kohle zu Kohlenoxyd kann nun direkt
oder indirekt vor sich gehen; im letzteren Falle würde die Kohle
im eingeblasenen Luftstrom zu Kohlensäure oxydiert werden, welche
ihrerseits dann wieder beim Hinaufsteigen durch weitere Mengen
glühender Kohle nach der oben erwähnten Formel zu Kohlenoxyd
reduziert wird. Ob der Vorgang sich in der einen oder andern
Weise abspielt, hängt ganz von der Temperatur an den verschiedenen
Stellen des Gaserzeugers ab; der thermische Effekt ist in jedem
Falle der gleiche, ob die Verbrennung direkt oder indirekt erfolgt;
jedoch kann er von Bedeutung für die Zusammensetzung des Gases
sein, je nachdem dabei eine größere oder geringere Menge von bereits entstandener Kohlensäure reduziert wird. Hierauf übt vor
allem die Höhe der Kohlensäule im Generator einen großen Einfluß
aus, deren richtige Bemessung daher gleichfalls von größter Bedeutung ist.

3. Wassergas.

Der bereits oben durch die Formel $C + H_2O = CO + H_2$ dargestellte Vorgang, der sich abspielt, wenn man Wasserdampf durch

glühende Kohlen hindurchbläst, wird gleichfalls zur Erzeugung von technischem Gas benutzt, welches man als Wassergas bezeichnet. Dieses ist demnach ein Gemenge aus gleichen Raumteilen Kohlenoxyd und Wasserstoff mit 93,3 Gewichtsprozenten Kohlenoxyd und 6,6 Proz. Wasserstoff, dessen Heizwert sich auf 4143 Cal pro kg beläuft.

Beim Durchleiten des Wasserdampfs durch die glühende Kohle kann sich nun allerdings auch ähnlich wie beim Einblasen von Luft Kohlensäure statt Kohlenoxyd bilden nach der Formel

$$C + 2H_2O = CO_2 + 2H_2,$$

wodurch eine erhebliche Verringerung des Heizwerts des Gases herbeigeführt würde. Ein Hinweis auf die bereits besprochenen Vorgänge bei der Erzeugung von Luftgas genügt, um darzutun, daß die Neigung zur Kohlensäurebildung begünstigt wird durch zu kalten Gang des Gasgenerators, und daß sie verringert wird durch die Gegenwart von glühendem reaktionsfähigen Kohlenstoff im Überschuß. Auch hier ist also darauf zu achten, daß der Wassergasgenerator nicht zu kalt geht.

Die Reaktion, nach der sich Wassergas bildet, ist aber, wie bereits erwähnt, endothermisch, und zwar werden dabei pro kg vergaster Kohle 2277 Cal verbraucht; die Wassergasdarstellung kann also auf die Dauer nicht ohne weiteres durchgeführt werden; sondern es muß für einen Ersatz der verbrauchten Wärme gesorgt werden. Dieser kann nun geschaffen werden durch Verbrennung eines Teiles des im Generator vorhandenen Kohlenstoffes, was durch Einblasen von Luft herbeigeführt wird. Diese Verbrennungsluft kann nun entweder gleichzeitig mit dem Wasserdampf eingeblasen werden, oder — und das ist bei der Herstellung von gewöhnlichem Wassergas der Fall — es kann abwechselnd Wasserdampf und atmosphärische Luft in den Generator eingeblasen werden, so daß durch das Einblasen von Luft ein gewisser Wärmevorrat aufgespeichert wird, der beim nachfolgenden Kaltblasen wieder verbraucht wird. In diesem Falle sind sowohl Umschaltvorrichtungen in der Blaseleitung erforderlich als auch Vorrichtungen zum Fortleiten der während der verschiedenen Blaseperioden gebildeten Gase. Die Temperatur eines derart intermittierend betriebenen Gasgenerators schwankt ständig, je nachdem er heiß oder kalt geblasen wird; um die Schwankungen, die auf die Zusammensetzung des erzeugten Wassergases nicht ohne schädlichen Einfluß sind, auf ein Mindestmaß zu beschränken, muß man das Umschalten in möglichst kurzen Zwischenräumen vornehmen; in der Praxis finden die Umschaltungen in Zwischenräumen bis herab zu einer halben Minute statt; die Heißblaseperiode dauert dabei zwei- bis dreimal so lange wie die Kaltblaseperiode.

Beim Heißblasen der Wassergasgeneratoren kann man nun auch noch auf zweierlei Weise vorgehen, indem man nämlich den Kohlenstoff zu Kohlenoxyd oder zu Kohlensäure verbrennt. Im ersten

Falle wird neben dem Wassergas noch brennbares Luftgas erzeugt, welches in einem besonderen Gasbehälter aufgefangen werden muß; im zweiten Falle, der von der Dellwik-Fleischer-Wassergas-Gesellschaft in die Praxis eingeführt worden ist, wird ein weiter nicht mehr brennbares Gas erzeugt; dagegen wird entsprechend weniger Kohlenstoff verbraucht. Man ist bei der Ausarbeitung des letzteren Verfahrens von der Erwägung ausgegangen, daß man da, wo Wassergas erzeugt wird, keines zweiten Gases von geringerem Heizwert mehr bedarf, daß es vielmehr darauf ankommt, die verbrannte Kohle möglichst ganz für die Erzeugung von Wassergas auszunutzen.

Stöchiometrisch berechnet ergibt sich folgendes: Zu decken ist in jedem Falle ein Wärmefehlbetrag von 2277 Cal für das kg durch Wasserdampf vergaster Kohle.

a) Der Fehlbetrag soll durch Verbrennung von C zu CO ausgeglichen werden.

1 kg C entwickelt bei der Verbrennung zu CO — 2473 Cal; soll nun mit Rücksicht auf möglichst geringe Bildung von Kohlensäure die Temperatur im Generator auf 1000° gehalten werden, so nehmen die bei der Erwärmung entwickelten Gase 1847 Cal mit sich, und es bleibt für den Prozeß im Generator selbst ein Wärmevorrat von 626 Cal pro kg verbrannter Kohle, d. h. es müssen für jedes kg durch Wasser vergaster Kohle 3,6 kg Kohle durch Luft zu Kohlenoxyd verbrannt werden. Hierbei entstehen also

aus 1 kg C — 2,5 kg Wassergas,
aus 3,6 kg C —. 23,70 kg Luftgas

oder für 1 kg vergaster Kohle

0,54 kg Wassergas mit 2237 Cal,
5,17 kg Luftgas mit   4296 Cal,

insgesamt   5,71 kg Gas mit   6533 Cal Heizwert.

b) Der Wärmefehlbetrag soll durch Verbrennung von Kohlenstoff zu Kohlensäure ersetzt werden.

1 kg C ergibt 8080 Cal; bei einer Temperatur von 1000° werden von den abziehenden Gasen dem Generator 3423 Cal entzogen, so daß pro kg verbrannter Kohle 4657 Cal zur Verfügung stehen, also nur 0,49 kg Kohle zur Aufrechterhaltung der Temperatur verbrannt werden müssen. In diesem Falle werden also aus 1 kg Kohle

$$\frac{2,5}{1,5} = 1,67 \text{ kg Wassergas mit 6905 Cal. entwickelt.}$$ Die Dellwik-Fleischersche Methode zur Wassergasgewinnung bietet also nicht nur eine höhere Ausbeute an Wassergas für die Einheit vergaster Kohle sondern auch eine rationellere Ausnutzung des Brennstoffs.

Da, wo es weniger auf die Erzeugung der durch Wassergas erreichbaren Temperaturen ankommt, kann man bei der Erzeugung von Wassergas und Luftgas die beiden Gase zur Vereinfachung der Anlagen in einem Gasometer sammeln; derartiges Mischgas heißt

Dowson-Gas und besteht, wie bereits oben berechnet, aus 90,4 Proz. Luftgas und 9,6 Proz. Wassergas, würde also theoretisch 40,6 Proz. CO, 0,64 Proz. H und 58,76 Proz. N enthalten.

Das Wassergas ist ein Gas von besonders hohem Heizwert, mit dem sich Temperaturen erreichen lassen, die mit keinem anderen technischen Gas erzielt werden können. Die theoretisch erreichbare Temperatur bei Verbrennung mit atmosphärischer Luft beträgt etwa 1875°; vergleicht man diese Zahl mit den in Zahlentafel 5 auf Seite 104 errechneten Temperaturen, so ergibt sich, daß sie nur von reinem Kohlenstoff und reinem Kohlenoxyd, die zu Kohlensäure vollständig verbrennen, überschritten werden könnte; vor diesen Gasen hat das Wassergas den Vorzug, daß es in fast theoretischer Reinheit technisch hergestellt werden kann, was beim Kohlenoxyd nicht zu erreichen ist. Es muß aber an dieser Stelle noch ganz besonders betont werden, daß das Wassergas seinen hohen Heizwert und die Möglichkeit, hohe Temperaturen zu erzeugen, nicht seinem Wasserstoffgehalt verdankt — eine Anschauung, der man oft begegnet —, sondern lediglich dieser Reinheit, also der Freiheit von Stickstoff, der in anderen technisch erzeugten Gasen die erreichbare Temperatur immer herunterdrückt. Daß der Wasserstoffgehalt trotz seiner hohen Verbrennungswärme niemals die Flammentemperatur erhöht, wurde bereits früher betont und geht auch klar aus der angezogenen Zahlentafel 5 hervor.

Das Wassergas findet wegen der erzeugbaren hohen Temperatur im Hüttenbetrieb weniger in Feuerungen Verwendung, dagegen hauptsächlich zum Schweißen, zum schnellen Wegschmelzen von Teilen eiserner Werkstücke und für ähnliche Zwecke, wo es auf Erreichung hoher Temperaturen ankommt.

In der Praxis wird es meistens erzeugt aus Koks oder doch wenigstens aus möglichst gasfreiem Anthrazit, damit seine Heizkraft nicht durch die bei gasreichen Kohlen entstehenden Kohlenwasserstoffe beeinträchtigt wird.

4. Mischgas.

In der technischen Praxis wird nun zumeist keins von den drei vorbeschriebenen Gasen rein erzeugt, sondern ein Gemisch davon. Wie bereits besprochen wurde, ist es von Vorteil, die Gasgeneratoren nicht so heiß zu halten, wie es der Verbrennung von Kohlenstoff zu Kohlenoxyd entspricht, und daher werden sie entweder durch Einblasen von Kohlensäure oder von Wasserdampf gekühlt. Die Verwendung von Wasserdampf zu diesem Zweck ist gebräuchlicher als diejenige von Kohlenstoff, und es ergibt sich daraus ein Gemisch aus Wassergas und Luftgas. Ein solches Gemisch von bestimmter Zusammensetzung ist uns bereits in dem Dowson-Gas begegnet, demjenigen Gas, welches entsteht, wenn man bei der Erzeugung von Wassergas genau den zur Aufrechterhaltung der Generatortemperatur erforderlichen

Wärmebedarf durch Verbrennung von Kohle zu Kohlenoxyd erzeugt und die beiden entstehenden Gase gemeinsam auffängt. Bei der technischen Gaserzeugung wird nun lediglich die dem jeweiligen Bedarf entsprechende Wasserdampfmenge dem Gasgenerator zugeführt und auf diese Weise ein Gas erzeugt, welches je nach dem zu vergasenden Brennstoff, der Generatorkonstruktion, dem Verwendungszweck des Gases und der Leitung des Betriebs in seiner Zusammensetzung erheblichen Schwankungen unterworfen ist.

Reines Luftgas und Wassergas entstehen nun, wie erwähnt, nur dann, wenn Luft bzw. Wasserdampf über glühenden Koks geleitet wird. Benutzt man dagegen Rohkohle, so muß diese im Generator zuerst von den gasförmigen Bestandteilen befreit werden, ehe die Vergasung des festen Kohlenstoffs vor sich gehen kann: die Produkte der Entgasung, das Destillationsgas, mischen sich dann gleichfalls mit dem Luft- und Wassergas, und wir erhalten so das technische Mischgas als ein Gemisch aus Destillationsgas, Luftgas und Wassergas. Die Zusammensetzung des technischen Mischgases schwankt demzufolge etwa zwischen folgenden Grenzen in Volum-Prozenten:

$$20\text{—}32 \text{ Proz. Kohlenoxyd,}$$
$$2\text{— }5 \text{ Proz. Kohlensäure,}$$
$$2\text{— }3 \text{ Proz. Kohlenwasserstoffe,}$$
$$8\text{—}14 \text{ Proz. Wasserstoff,}$$
$$46\text{—}60 \text{ Proz. Stickstoff.}$$

Der Heizwert des Gases schwankt je nach der Zusammensetzung zwischen etwa 1000 und 1500 Cal für das kg.

Die technische Leistungsfähigkeit eines Gasgemisches, welche in erster Linie durch seinen Heizwert und die Erreichbarkeit hoher Temperaturen bedingt ist, hängt fast ausschließlich von seiner Zusammensetzung ab. Von den oben genannten Bestandteilen des Gases sind Kohlensäure und Stickstoff als unverbrennbare Gase unerwünschte Bestandteile, welche lediglich als Ballast durch den Gasofen durchgeschleppt werden müssen und die Entfaltung der vollen thermischen Leistungsfähigkeit des Gases hindern.

Einen Vorteil können diese Gase nur bieten, bzw. die Leistungsfähigkeit wird weniger herabgedrückt, insofern, als sie bei Feuerungen mit vorgewärmtem Gas infolge ihrer Wärmekapazität dem Verbrennungsvorgang eine größere Wärmemenge zuführen können, als es mit dem reinen Gas mit Rücksicht darauf möglich wäre, daß die Temperatur des Gases nicht über eine gewisse Grenze hinaus gesteigert werden kann. Diese Gase, insbesondere der Stickstoff, bilden nun allerdings den Hauptbestandteil des Gases und sind, entsprechend dem Wesen des Gaserzeugungsverfahrens, unvermeidliche Bestandteile. Ihre Bildung hängt, wie bereits oben dargetan wurde, in gewissem Sinne eng zusammen, indem durch diejenigen Mittel, welche zur Verminderung des Stickstoffgehalts führen, nämlich die Herabsetzung der Temperatur durch die endothermischen Reaktionen der Zersetzung von sauerstoffabgebenden chemischen Verbindungen, die Neigung zur Bildung von Kohlensäure vermehrt wird. Hierdurch ist ein Mittel gegeben, den Gesamtgehalt des Gasgemisches an Kohlensäure und Stickstoff auf ein Mindestmaß zu beschränken. Da der Stickstoffgehalt des Gases durch den Gehalt der eingeblasenen Luft gegeben ist, so geht man mit dem Einblasen von Kohlensäure oder Wasserdampf so weit, als die Erzeugung von Kohlensäure infolge der Abkühlung nicht zu hoch getrieben wird. Um das beurteilen zu können, muß man das entstandene Gas ständig auf Kohlensäure untersuchen; diese Aufgabe wird sehr leicht gemacht durch das Bestehen sicher arbeitender selbsttätiger Kohlensäurebestimmungs - Apparate (Ados - Apparat), welche daher in keiner Gaserzeugungsanlage fehlen sollten.

In der Praxis sind Temperaturen der abziehenden Gase von 500—600° am meisten gebräuchlich; jedoch richtet sich das nach dem zu vergasenden Brennstoff und der Konstruktion des Generators.

Der Gehalt des Gases an Kohlenwasserstoffen ist lediglich bedingt durch die Menge der in dem zu vergasenden Brennstoff enthaltenen Kohlenwasserstoffe. In früheren Zeiten legte man großen Wert auf einen hohen Gehalt des Brennstoffes an diesen Gasen; daher wurden in erster Linie gasreiche Kohlen vergast und als Generatorkohlen bezeichnet. Heute legt man auf die Zusammensetzung des Brennstoffes weniger Wert, und die Vergasungsprodukte werden den Entgasungsprodukten gegenüber zum mindesten als gleichwertig angesehen. Ein bei der Auswahl des Brennstoffs heute sehr schwer mit in die Wagschale fallender Gesichtspunkt ist seine Billigkeit, nachdem man erkannt hat, daß sich aus minderwertigen, sonst nicht verwendbaren Brennstoffen, wie z. B. Koksklein, Holzabfällen, Sägespänen, ein gleich gutes Gas erzeugen läßt wie aus besten Gaskohlen, und daß daher wirtschaftliche Momente auf die Verwendung dieser billigeren Ausgangsmaterialien hindrängen. Es werden daher heute gasreiche und gasarme Brennstoffe in gleicher Weise verwendet.

Bei der Vergasung gasreicher Brennstoffe muß nun aber ein Punkt besonders berücksichtigt werden, der auf den Bau und Betrieb der dafür verwendeten Generatoren von großem Einfluß ist. Es ist die Möglichkeit der Kondensation der Kohlenwasserstoffe bei verhältnismäßig hoch liegenden Temperaturen. Die Abscheidung von Teer aus den Gasen wurde bereits bei der Besprechung der Koksofendestillate erwähnt; kommt es bei einer Gaserzeugungsanlage in den Gaskanälen zu einer Abscheidung von Teer, so ist nicht nur der Teer an sich verloren, sondern auch die Heizkraft der Gase wird um den Brennwert der im Teer enthaltenen Bestandteile vermindert. Der Nachteil der Abscheidung von Teer wird am besten dadurch vermieden, daß man ihm Gelegenheit gibt, sich noch im Generator zu zersetzen, und zwar in leichten Kohlenwasserstoff und freien Kohlenstoff, was nach der allgemeinen Formel geschieht:

$$C_n H_{2n} = \frac{n}{2}\, CH_4 + \frac{n}{2}\, C.$$

Das entstehende Methan ist ein nicht unerwünschter Bestandteil des Gases; der frei werdende Kohlenstoff aber schlägt sich innerhalb des Brennstoffs nieder und wird im weiteren Verlauf des Prozesses mit diesem vergast.

Die Zersetzung geht um so leichter vor sich, je höher die Temperatur ist, und auch aus diesem Grunde soll bei Vergasung gashaltiger Brennstoffe die Temperatur nicht allzusehr erniedrigt werden. Anderseits wieder muß auch dahin gewirkt werden, daß die Teerzersetzung nicht erst im Gaskanal stattfindet, weil dann der Kohlenstoff sich hier als Ruß niederschlägt, für die Verbrennung verloren geht und den Kanal verunreinigt. — Diese Erwägungen zeigen, wie vielerlei Verhältnisse für die rationellste Ausnutzung des Brennstoffs maßgebend sind, und wie notwendig eine unausgesetzte Überwachung der Gaserzeugungsanlagen ist.

Es bleiben nun noch die beiden hauptsächlichen brennbaren Bestandteile des Gases, das Kohlenoxyd und der Wasserstoff, deren Verhältnis zueinander leicht durch die einzublasende Menge an Wasserdampf geregelt werden kann. Die Ansichten über das beste Verhältnis der beiden Gase zueinander gehen sehr weit auseinander. Mit Rücksicht auf einen guten Gang des Generators ist ein erheblicher Wasserstoffgehalt immer empfehlenswert, nicht aber mit Rücksicht auf den Verwendungszweck des Gases. Die außerordentlich hohe Verbrennungswärme des Wasserstoffs mag manchen dazu verleiten, in einem hohen Wasserstoffgehalt ein willkommenes Mittel zur Erreichung hoher Temperaturen zu sehen; jedoch ist diese Ansicht, wie schon mehrfach betont wurde, unrichtig; vielmehr läßt sich durch Verwendung reinen Kohlenoxyds unter normalen Verhältnissen immer eine höhere Temperatur erreichen als durch Wasserstoff, weil eben zur Verbrennung des Wasserstoffs außerordentlich große Mengen Luft erforderlich sind, und weil die Wärmekapazität des entstehenden Wasserdampfs so sehr hoch ist. Anderseits kann aber da, wo das Gas vor der Verbrennung vorgewärmt wird, ein erheblicher Ausgleich geschaffen werden, weil der Wasserstoff wiederum bei Erwärmung zu einer bestimmten Temperatur ganz erheblich größere Wärmemengen aufzunehmen vermag als das Kohlenoxyd; z. B. beträgt bei Vorwärmung auf 900^0 die Wärmekapazität von 1 kg Kohlenoxyd 240 Cal., diejenige von 1 kg Wasserstoff dagegen 3452 Cal.; die stark wasserdampfhaltigen Verbrennungsprodukte des Wasserstoffs vermögen natürlich in diesem Falle auch entsprechend mehr Wärme an die zu erhitzenden Gase abzugeben. Der Wasserstoff wirkt in dieser Richtung ähnlich wie der Stickstoff. Jedenfalls zeigen die vorstehend geschilderten Verhältnisse deutlich, daß man nicht allgemein von einer thermischen Überlegenheit des kohlenoxyd- oder wasserstoffreichen Gases reden kann, sondern die obwaltenden Verhältnisse von Fall zu Fall prüfen muß.

Für die Erhitzung von Eisenbädern darf ferner die Beziehung nicht unterschätzt werden, in welche das glühende bzw. flüssige Eisen zu dem Wasserdampf des verbrannten Gases treten kann. Wasserdampf zersetzt sich bei Gegenwart von glühendem Eisen nach der Formel $H_2O + Fe = H_2 + FeO$.

Es ist in diesem Falle leicht möglich, daß der entstehende Wasserstoff bei seiner großen Löslichkeit im Eisen sich im Metallbad auflöst und später ungünstige Einflüsse auf die Güte des erzeugten Eisens ausübt. Natürlich ist diese Wirkung um so stärker, je mehr Wasserstoff die Gase enthalten; aus diesem Grunde sollte schon in Eisenhüttenbetrieben auf einen möglichst geringen Wasserstoffgehalt im Generatorgas hingearbeitet werden. Es mag dabei nicht außer acht gelassen werden, daß die erwünschte Kühlung der aus dem Generator abziehenden Gase ebensogut wie durch Einblasen von Wasserdampf auch durch Kohlensäure erreicht werden kann, wenn auch deren Verwendung in der Praxis bisher viel weniger gebräuchlich ist als die Verwendung von Wasserdampf.

Das Einblasen der Luft erfolgte bei den älteren Anlagen, welche ohne Zufuhr von Wasserdampf arbeiteten, durch den Zug eines Kamins; bei größer werdenden Generatoren ging man dann dazu über, die Luft durch einen Ventilator einzublasen. Bei den durch Einblasen von Wasserdampf gekühlten Generatoren wurden zum Einblasen der Luft vielfach Körtingsche Dampfstrahlgebläse benutzt, deren Prinzip bekanntlich darin besteht, daß durch das beim Einblasen des Dampfes durch entsprechend konstruierte Düsen entstehende Vakuum gleichzeitig Luft angesaugt und mit dem Dampf eingeblasen wird. Das Dampfstrahlgebläse schien also vor anderen den Vorzug zu bieten, daß mittels eines Apparats gleichzeitig Dampf und Luft eingeblasen wurden. Indessen hat es sich in der Praxis nicht sonderlich bewährt, weil es wohl die Regelung der Dampf- und Luftzufuhr gleichzeitig, nicht aber auch für sich einzeln gestattet; bei neueren Anlagen erfolgt daher meist die Zufuhr der Luft durch einen Ventilator, diejenige des Dampfes durch eine gewöhnliche Dampfdüse.

In neuerer Zeit ist auch der Vorschlag gemacht worden, die gepreßte Luft über Wasser hinwegzuführen, wobei sie sich mit Wasserdampf sättigt; die Regelung der Wasserdampfaufnahme soll dann geschehen durch größere oder geringere Erwärmung der Gebläseluft, da mit der Erwärmung der Luft ihr Aufnahmevermögen für Wasserdampf steigt, und daher jeder bestimmten Temperatur der Luft ein bestimmter Gehalt an Wasserdampf entspricht, wenn nur der Luft Gelegenheit gegeben wurde, sich mit Feuchtigkeit zu sättigen. Besondere praktische Bedeutung hat das Verfahren allerdings bis heute noch nicht erlangt.

Die technische Erzeugung von Generatorgas.

Ehe die Vorrichtungen zur technischen Gaserzeugung beschrieben werden, müssen noch einmal kurz die Vorzüge gewürdigt werden, welche die Vergasung der Brennstoffe bietet, und welche zu dem Verfahren geführt haben, aus den Kohlen, anstatt sie direkt zu verbrennen, durch unvollkommene Verbrennung ein brennbares Gas von viel geringerem Heizwert, als die Kohle selbst hat, zu erzielen. Der erste Grund ist der, daß trotz der unvollkommenen Ausnutzung des Brennstoffs bei der stufenweisen Verbrennung der Kohle die Ausnutzung doch noch höher wird als bei direkter Verbrennung, weil eben mit wesentlich geringerer Luftzufuhr gearbeitet werden kann (vgl. Seite 107). Sodann ist eine bessere Möglichkeit zur Erhöhung der Verbrennungstemperatur bei der sekundären Verbrennung dadurch gegeben, daß man dem Gas durch Vorwärmung einen erheblichen Wärmevorrat für den Verbrennungsprozeß zuerteilen kann. Endlich kann man, wie schon erwähnt, durch Vergasung auch minderwertige Brennstoffe, die anderweitig nicht verwendbar sind, rationell ausnutzen (es ist z. B. schon nachgewiesen, daß Brennstoffe, welche nur ca. 30 Proz. Kohlensubstanz enthielten, noch mit Vorteil zur Gaserzeugung verwendet werden konnten).

Soweit die thermischen Vorzüge der Gaserzeugung; aus betriebstechnischen Rücksichten empfiehlt sich die Gasfeuerung wegen ihrer größeren Sauberkeit und ihrer rußfreien Verbrennung, wegen ihrer großen Gleichmäßigkeit und Regelmäßigkeit und endlich wegen der Möglichkeit, die Verbrennung des Brennstoffs auf großen Hüttenwerken zu zentralisieren und den Gasleitungen an der Verbrauchsstelle nach Bedarf das Gas zu entnehmen.

Der einfachste Gasgenerator ist ein Schacht von zylinderförmigem oder ähnlichem Querschnitt, dem die Kohle durch den oberen Beschickungstrichter zugeführt und aus dem die bei der Vergasung zurückbleibende Asche unten auf irgendeine Weise entfernt wird. Die Luft und der Wasserdampf werden am unteren Ende eingeblasen; das Gas wird durch ein besonderes Gasableitungsrohr, das sich am Kopfende des Generators befindet, abgeführt.

Es ist also zunächst von Bedeutung, sich die Vorgänge, welche in einem solchen einfachen Gaserzeuger stattfinden, zu vergegenwärtigen. Wird einem im Betrieb befindlichen und daher in seinem untersten Teile mit glühenden Kohlen gefüllten Generator neuer Brennstoff zugeführt, so wird dieser durch die nach oben steigenden heißen Gase, welche ihre Wärme daran abgeben, vorgewärmt. Zunächst beginnt daher die Verdampfung des mit dem Brennstoff mitgeführten Wassers, wodurch ein Teil der Wärme verbraucht wird, während der Wasserdampf mit den Gasen entweicht. — Sodann beginnt die Entgasung des Brennstoffs. Die Destillationsgase vereinigen sich mit dem von unten emporsteigenden Gasgemisch aus Kohlenoxyd, Kohlensäure, Stickstoff und eventuell Wasserstoff.

Wenn die Temperatur an der Stelle des Generators, in dem die Entgasung vor sich geht, hoch genug ist, können nun auch noch Umsetzungen innerhalb des Gasgemisches vor sich gehen: Schwere Kohlenwasserstoffe zerfallen in leichte, und der dabei frei werdende Kohlenstoff reduziert einen Teil der Kohlensäure zu Kohlenoxyd.

Der Vorgang der Entgasung des aufgegebenen Brennstoffs ähnelt so in mancher Beziehung den Vorgängen bei der Verkokung von Kohle; jedoch spielt er sich nicht in solch einfacher Weise ab wie diese, weil die Kohlen nicht einer gleichmäßigen Temperatur ausgesetzt sind, sondern allmählich nach unten, dem Herd der größten Erwärmung entgegen, sinken, von wo aus ihnen noch vor der Beendigung der Verkokung ein reaktionsfähiges Gasgemisch entgegenströmt, durch welches ein Teil des Kohlenstoffs vergast wird. Im übrigen ist gerade diejenige Eigenschaft, welche man von einer guten Kokskohle verlangt, die Backfähigkeit, im Gaserzeuger nicht sonderlich erwünscht, weil durch das Backen der Kohle in den oberen Teilen des Generators mechanische Schwierigkeiten entstehen können.

Der Hauptbestandteil des Gasgemisches, welches auf die herabsinkende Kohle einwirkt, ist die Kohlensäure, welche durch die glühende Kohle zu Kohlenoxyd reduziert werden und diese dabei selbst in Kohlenoxyd verwandeln soll. Es ist durch zahlreiche Versuche nachgewiesen, daß im untersten Teile des Generators die Kohle durch die eingeblasene Luft zum größten Teile zu Kohlensäure und nicht zu Kohlenoxyd oxydiert wird, und daß die Kohlensäure erst auf dem weiteren Weg durch den darüber lagernden glühenden Kohlenstoff wieder reduziert wird. Dieser endothermische Vorgang erfordert daher, soll die Kohlensäure nicht unreduziert aus dem Generator entweichen, eine möglichst hohe glühende Kokssäule, und es ist daher die erste Anforderung, welche an einen guten Gasgenerator gestellt werden muß, diejenige, daß er eine möglichst große Schütthöhe der Kohlensäule bietet, welche möglichst hoch hinauf die Einhaltung der Temperaturen gestattet, bei denen die Kohlensäure noch zu Kohlenoxyd reduziert wird. Andernfalls sind Brennstoffverluste durch vollständige Verbrennung eines Teils der Kohle unvermeidlich.

Eine unvollkommene Ausnutzung des aufgegebenen Brennstoffs kann nun auch erfolgen, wenn der entgegengesetzte Fehler gemacht wird, d. h. wenn die beiden Reagenzien, der Brennstoff und die Luft, nicht vollständig aufeinander einwirken, so daß entweder mit der Asche noch unverbrannter Brennstoff oder mit den Gasen noch freier Sauerstoff den Generator verläßt. Im letzteren Falle entstehen dadurch Brennstoffverluste, daß der Sauerstoff unmittelbar nach dem Verlassen des Gasgenerators im Gaskanal eine Verbrennung von Gas und damit eine Verringerung seines Brennwertes herbeiführt.

Der freie Durchgang geringer Mengen Sauerstoff durch die glühende Kokssäule des Gaserzeugers hindurch ist nicht unbedingt ausgeschlossen; er kann bei zu heißem Gang und zu reichlicher Luftzufuhr insbesondere dann stattfinden, wenn die Konstruktion des Gasgenerators an einzelnen Stellen, z. B. an der Generatormauer, der Luft zu einer Art Kanalbildung Anlaß gibt und dadurch schnelleren Durchgang gestattet als in seinem übrigen Querschnitt. Hierauf kann die Zerreibbarkeit des Brennstoffs an den Generatorwänden einen ungünstigen Einfluß ausüben; jedenfalls liegt die Gefahr des Durchgangs von freiem Sauerstoff mehr vor bei grobstückigem als bei feinkörnigem, mulmigem Brennstoff, weil dieser viel weniger zu Kanalbildungen neigt. Bei ersterem läßt sich die Gefahr vermeiden durch Anordnung von mechanischen Beschickungsvorrichtungen, durch welche eine gleichmäßige Verteilung des Brennstoffs herbeigeführt wird.

Auch der andere Fehler, der Durchgang unverbrannter Kohlen, läßt sich durch mechanische Vorrichtungen zur Entfernung der Asche vermeiden. Die Asche sammelt sich auf dem Rost des Generators und muß davon fortlaufend entfernt werden. Bei den älteren Generatoren wurden zu diesem Zweck die Roste täglich mehrere Male von Hand entschlackt. Bei dieser primitiven Arbeitsweise, die zudem für die der strahlenden Hitze der glühenden Kohlensäule ausgesetzten Arbeiter außerordentlich beschwerlich ist, läßt sich infolge der Unvollkommenheit der Roste ein Durchfall noch unverbrannter Kohlen nicht vermeiden, und es sind vielfach Konstruktionen von selbsttätigen Rosten oder mechanischen Abschlackvorrichtungen entstanden, wodurch diesem Übelstand abgeholfen werden sollte. Die Anforderungen, welche man an einen modernen Gas generator stellen muß, charakterisieren sich also nach vorstehenden Ausführungen einerseits dadurch, daß er ein Gas mit möglichst geringem Stickstoff- und Kohlensäure-Gehalt liefern muß, und daß die Brennstoffe möglichst vollständig vergast werden, und anderseits dadurch, daß er eine große Leistungsfähigkeit mit möglichst geringer Notwendigkeit der Handarbeit verbindet, also eine möglichst weitgehende Ausnutzung mechanischer Hilfsmittel gestattet. Die ersterwähnten Bedingungen für die Zusammensetzung des Gases werden im allgemeinen schon durch das richtige Verhältnis zwischen Schütthöhe und Generator-Durchmesser, zwischen Wind- und Dampfdruck und der Regulierbarkeit der Dampfmenge erfüllt. Die konstruktiven Abänderungen, welche die modernen Generatoren auszeichnen, beziehen sich danach also in erster Linie auf solche Vorrichtungen, welche zur Lösung der mehr mechanischen Schwierigkeiten der Beschickung und der Schlackenentfernung dienen.

Im nachfolgenden sollen nur eine geringe Anzahl Gaserzeuger verschiedener Konstruktion, die gewissermaßen als Typen für gewisse Gattungen dienen, besprochen werden.

Der älteste der in der Praxis gebräuchlichen Generatoren, der

Siemens-Generator,

der in Abb. 43 abgebildet ist, hat allerdings eine den oben ent-

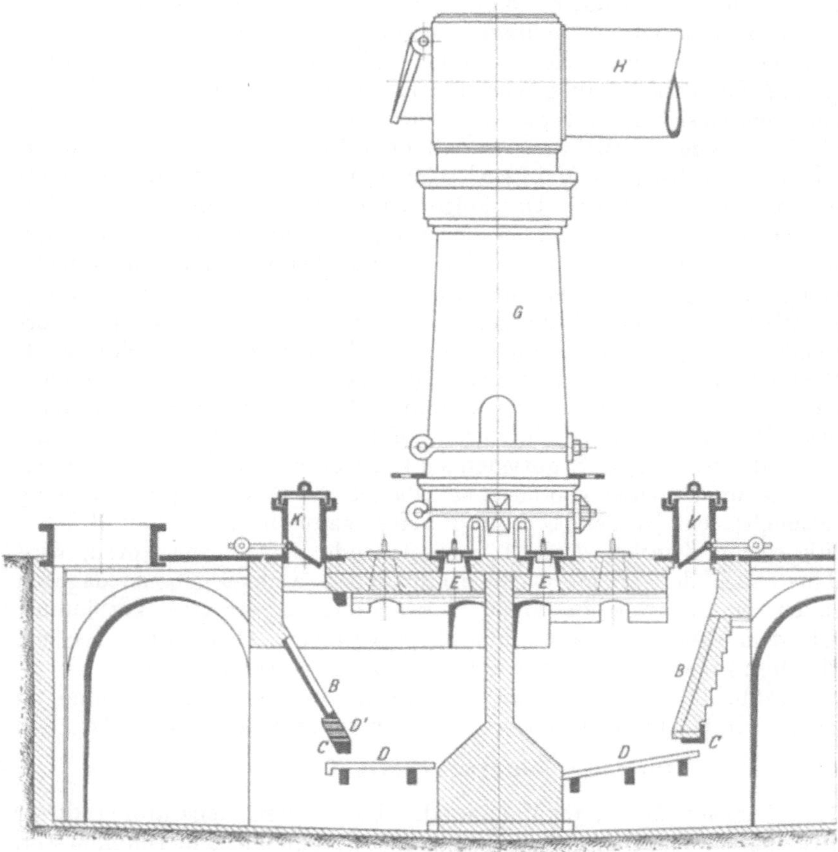

Abb. 43. Siemens-Generator.

wickelten Konstruktionsgrundsätzen nicht ganz entsprechende Form,
insbesondere bezüglich seines nicht schachtförmigen Aufbaus.

Der Vertikalschnitt der ursprünglichen Siemens-Generatoren
war fast vollkommen dreieckig, indem die eine Wand, welche als
Tragewand für den Brennstoff dient, stark geschrägt war; unten geht
sie in einen treppenförmig angeordneten Rost über. Bei den neueren
Konstruktionen, wie in Abb. 43 dargestellt, ist man den Schacht-
generatoren etwas näher gekommen; dagegen ist die schräge Vorder-
wand B, aus feuerfestem Material hergestellt, beibehalten worden.
Die Beschickung wird durch die Füllvorrichtung K mit doppeltem
Verschluß aufgegeben; von dort aus fällt sie auf die schräge
Wand B mit dem am unteren Ende befindlichen Treppenrost D′ und
bedeckt sie in einer verhältnismäßig dünnen Schicht. Den unteren
Abschluß des Generators bildet ein Planrost D, durch den hindurch

die Asche durchfallen muß. Die neu aufgegebenen Kohlen rutschen nun an der schrägen Wand allmählich nach unten und bedecken den Planrost D. Daraus ergibt sich eine außerordentlich geringe Schütthöhe; in gewissem Sinne war diese berechtigt, nämlich von dem Gesichtspunkt aus, daß der Generator zuerst ausschließlich für Kaminzug gebaut war, so daß dem Durchgang der Luft durch die Brennstoffschicht nur ein sehr geringer Widerstand entgegengesetzt werden durfte. Die Folge der geringen Schütthöhe ist aber immer ein erhöhter Kohlensäuregehalt, da die zuerst entstehende Kohlensäure auf dem kurzen Weg über glühende Kohlen nicht mehr Gelegenheit genug findet, sich zu reduzieren. Da, wo das Gas unmittelbar nach der Erzeugung, ohne sich vorher abzukühlen, verwendet wird, ist das schließlich kein Fehler, da dann die durch Verbrennung zu Kohlensäure erzeugte Wärme in der latenten Wärme des Gases dem Ofen zu gute kommt. Wird aber das Gas erst noch gekühlt, wie das z. B. in der Abbildung der Fall ist, in der die durch das Gasrohr G H abziehenden Gase erheblich abgekühlt werden, ehe sie in den Ofen kommen, so arbeitet der Gaserzeuger sehr wenig rationell; sein Nutzeffekt beträgt dann kaum mehr als 50—60 Proz. Für solche Zwecke, d. h. für freistehende Zentralgeneratoren, wird daher auch der Siemens-Generator immer weniger gebaut; dagegen findet er in größerem Maße Verwendung in direkter Verbindung mit dem Ofen bzw. auch mit einer geringen Abänderung als sog. Halbgasofen, der weiter unten besprochen werden wird.

Abb. 44 stellt eine etwas abgeänderte Konstruktion eines in modernen Hüttenwerken sehr viel verbreiteten Generators dar, den

Poetter-Generator mit Polygonrost

von Poetter & Co. in Dortmund. Die älteren Generatoren dieser Art sind einfache Zylinder von etwa 4 m Höhe und 2 m Durchmesser, unten durch einen Polygonrost (gewöhnlich sechseckig) abgeschlossen. Die treppenförmig übereinander angeordneten Rostplatten ruhen auf 6 dreieckigen Konsolen, die an den zum Tragen des Mauerwerks bestimmten Säulen angebracht sind. Bei der älteren Konstruktion stießen die Rostpolygone in der Mitte zusammen; die Luftzufuhr erfolgte durch die hohlen Säulen durch darin angebrachte Schlitze. Bei dem in Abb. 44 dargestellten Generator sind die Rostpolygone nur im äußeren Teil des Querschnitts angeordnet; unter dem Polygonrost befindet sich noch ein einfacher Planrost. Im mittleren Teil unter dem Planrost befindet sich eine gleichfalls rostartig ausgebildete Schutzhaube für das darunter befindliche Luftzuleitungsrohr, durch welches die Gebläseluft zentral eingeblasen wird; ähnliche Vorrichtungen sind bei vielen modernen Generatoren gebräuchlich. — Auch das Profil des Generators ist nicht mehr einfach zylindrisch, sondern die Form ist etwas den Volumveränderungen angepaßt, welchen die Kohle unterworfen ist, da sie sich zuerst bei der Verkokung etwas aufbläht und dann mit zunehmender Vergasung mehr und mehr ihr

Volumen verringert. Der ganze untere Teil des Generators ist durch
einen in der Abbildung erkennbaren Blechmantel mit Wasserverschluß
luftdicht abgeschlossen. Beim Abschlacken wird der Mantel einfach
hochgehoben.

Durch diesen Rost werden zwar die Brennstoffverluste beim
Abschlacken nicht vollständig vermieden — sie betragen immer noch

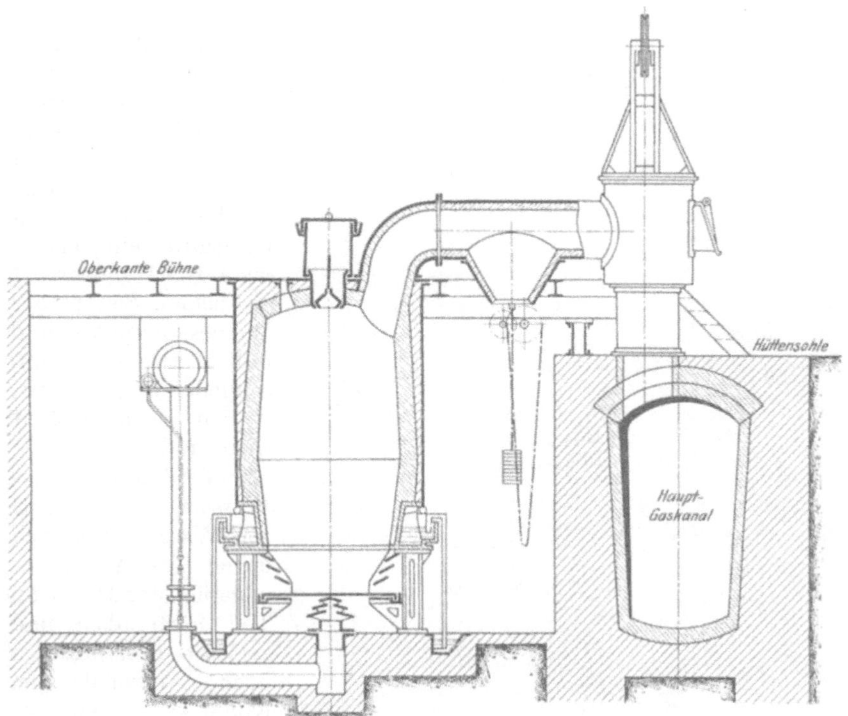

Abb. 44. Poetter-Generator mit Polygonrost.

3—5 Proz. — es ist aber immerhin eine wesentliche Verringerung
erzielt worden, die zur Zeit der Einführung dieser Generatoren als
ein bedeutender Fortschritt bezeichnet werden mußte.

Die Beschickung dieses Generators geschieht wie diejenige des
Siemens-Generators und aller Generatoren, welche nicht mit
mechanischer Beschickungs-Vorrichtung versehen sind, durch einen
Beschickungstrichter mit doppeltem Verschluß; die Art und Weise
der Anordnung der Doppelverschlüsse ist verschieden und ohne
weiteres aus den Abbildungen der einzelnen Generatoren zu ersehen.
Die Vergasungsfähigkeit des Poetter-Generators mit Polygonrost
beträgt 10—12 Tonnen Förderkohle innerhalb 24 Stunden.

Der Duff-Generator.

Die Schwierigkeiten, welche das Abschlacken von Hand bereitete, haben nun zunächst zu einer Anordnung von Generatoren geführt, bei denen überhaupt auf einen Rost verzichtet und der Generator am unteren Ende einfach mittels eines Wasserverschlusses abgeschlossen wurde. Duff, welcher als erster diesen Gedanken praktisch durchgeführt hat, ordnete einfach in der Mitte des Generators aus zwei durchlöcherten Eisenplatten ein Dach an (Abb. 45 bis 46 nach Schmidt & Desgraz), durch welches die Verbrennungsluft eingeblasen wird. Die Asche rutscht zu beiden Seiten des Daches herunter und fällt in das abschließende Wasser, in dem sie abgelöscht wird und gleichzeitig eine Verdampfung des Wassers verursacht. Das Wasser saugt sich durch die Verbrennungsrückstände zum Teil nach oben und zersetzt sich mit den noch verbleibenden Kohlenstoffresten, sobald die Temperatur dafür hoch genug ist. Derartige Generatoren sollen natürlich nicht noch besonders mit Wasserdampf geblasen

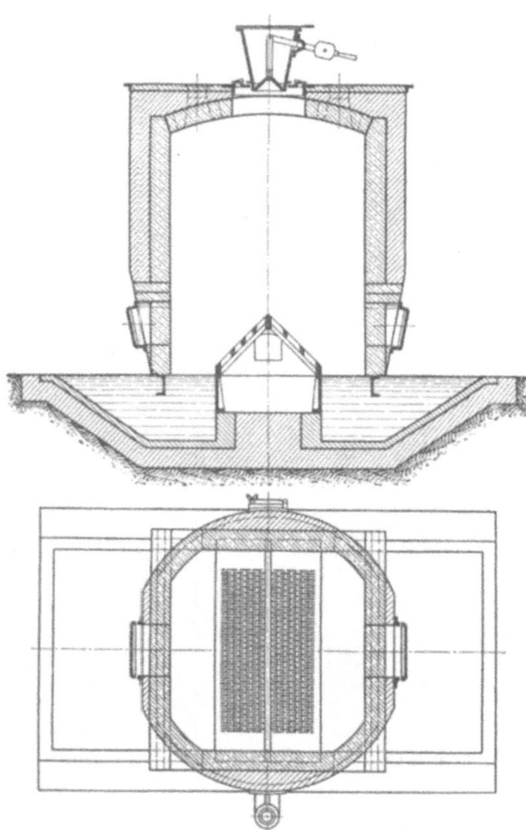

Abb. 45 u. 46.　Duff-Generator.

werden, da durch diese Anordnung des Wasserverschlusses eine viel intensivere und gleichmäßigere Wasserzufuhr stattfindet. Bei dieser Zersetzung wird das Brennmaterial gänzlich zermürbt und fällt in das Wasserbecken, aus dem es von Zeit zu Zeit oder auch beständig herausgeschöpft werden kann. Die Brennstoffverluste werden bei dieser und ähnlichen Anordnungen auf ein Minimum beschränkt und betragen meist weniger als 1 Proz.

Ein Nachteil der Duffschen Anordnung liegt darin, daß die

Form des Daches nicht im richtigen Verhältnis zu dem Querschnitt
des Generators steht, und daß die Verbrennungsluft nicht genügend
gleichmäßig auf den Querschnitt des Ofens verteilt werden kann.
Anderseits war der Rost in dieser Form für Kohlen mit zur Schlackenbildung neigenden Tendenzen nicht gut zu verwenden, weil die
verhältnismäßig kleinen Luftdurchgangslöcher zu leicht verschlackten.
Die Weiterentwicklung des Duff-Generators mußte also zunächst
dazu führen, daß an Stelle des dachförmigen Sattels ein zentraler

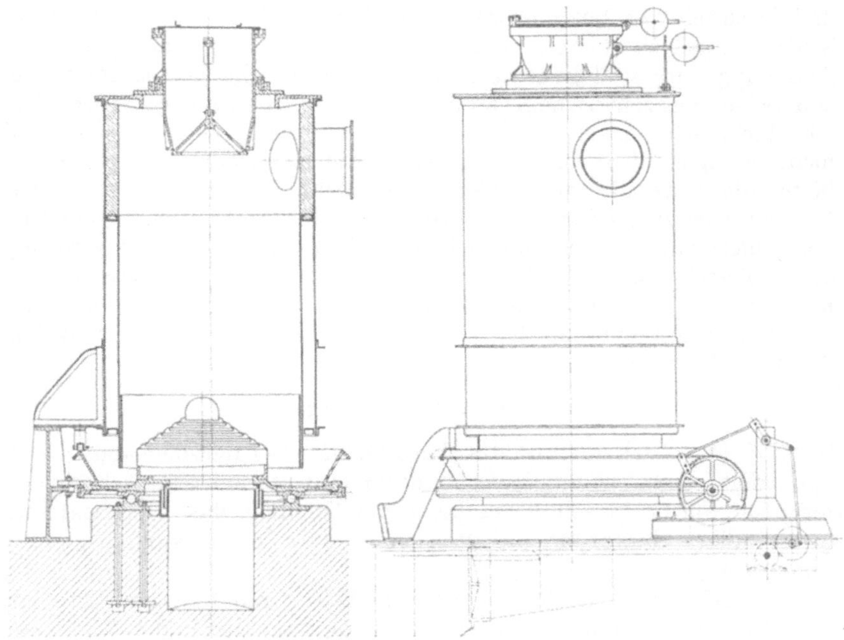

Abb. 47 u. 48. Kerpely-Generator.

Kegel angeordnet wurde, und um die Verschlackung der Windlöcher
zu vermeiden, kam man schließlich dazu, das obere Blech des Kegels
nicht zu durchlöchern, sondern es lediglich als Schutzhaube für die
darunter liegende Windzuführung zu benutzen. So entstand die für
eine Anzahl Generatoren gebräuchliche Windhaube, wie sie z. B. bei dem
weiter unten beschriebenen Morgan-Generator (Abb. 50) angeordnet ist.

Bei einer ganzen Anzahl neuerer Generatorkonstruktionen ist
man, um die Schwierigkeiten der Aschenentfernung zu bewältigen, zu
mechanischen Abrostvorrichtungen übergegangen, welche durchweg
mit einem durch maschinelle Vorrichtungen drehbaren Unterteil
(vereinzelt auch mit drehbarem Generatorkörper und feststehendem
Unterteil) ausgestattet sind. Ein typisches Beispiel eines solchen
Generators mit drehbarem Untersatz ist der in Abb. 47—48 dargestellte,
heute ziemlich weit verbreitete

Kerpely-Generator.

Der Generator selbst ist ein einfacher zylindrischer Schacht, dessen unterer Teil in das drehbare Wasserschiff eintaucht. Auf diesem fest montiert und gleichzeitig mit ihm drehbar ist der Aufsatz angeordnet, der zum Einblasen der Luft dient und in seinem oberen Teil aus gußeisernen aufeinander gelegten Platten besteht, zwischen denen die Luft durchtritt. Der Aufsatz hat bei den ursprünglichen Konstruktionen rhombischen oder ähnlichen Horizontalquerschnitt, so daß durch seine Drehung die im unteren Teil des Generators befindlichen Schlacken gelockert und zermahlen werden. Bei dem durch die Abbildung dargestellten Generator wird der gleiche Zweck durch die zum Schacht exzentrische Anordnung des drehbaren Aufsatzes erreicht. Die Asche wird beim Drehen des Ofens durch einen höher und niedriger einstellbaren Aschenabstreifer kontinuierlich entfernt. Sonst bietet die Konstruktion des Generators nichts Bemerkenswertes. Der Generator ist zuerst für die Bedürfnisse der steiermärkischen Industrie konstruiert worden und hat sich ganz besonders für die Vergasung der Leobener Kohle bewährt; in neuerer Zeit findet er indessen auch mehr und mehr Verwendung zur Vergasung westfälischer Steinkohlen.

Der Kerpelyschen Konstruktion ähnlich ist die Konstruktion des Unterteils des

Poetter-Generators

in Abb. 49. Auch hier ist das Wasserschiff als Drehteller konstruiert und trägt einen fest damit verbundenen Aufsatz mit einer schraubenförmigen Fläche, durch deren langsame Drehung das Brennmaterial in ständiger Bewegung erhalten und die Schlackenbildung verhindert wird.

Der Generator, welcher für große Leistungen bestimmt ist, hat eine doppelte Luftzufuhr; einerseits erfolgt sie durch die Mitte wie bei dem Poetter-Generator in Abb. 44; außerdem sind aber an der Ofenwand, und zwar in einem direkt oberhalb der Windhaube gelegenen Ring, eine Anzahl Winddüsen angeordnet, so daß der Wind gleichzeitig am Umfang des Generators und durch die Mitte zugeführt wird. Bei diesem Generator liegt die Windzuführung verhältnismäßig sehr hoch über der Generatorsohle; das bedingt naturgemäß auch eine hohe Lage der Asche und hat den Vorteil, daß darin etwa noch vorhandene Kohlenrestchen noch vergast werden können, ehe die Asche entfernt wird. Sehr sinnreich und einfach ist die bei diesem Generator gezeichnete Beschickungs-Vorrichtung. Der Beschickungstrichter ist genau so ausgeführt wie bei der Mehrzahl der ohne automatische Beschickungs-Vorrichtung arbeitenden Generatoren; dagegen ist direkt unterhalb des Trichters noch ein Ring mit einer hohlkegelförmigen inneren Begrenzungsfläche angebracht. Ist der Beschickungstrichter gefüllt, und senkt man den Verschlußkegel bis in die punktierte Stellung, so fällt die Beschickung zwischen

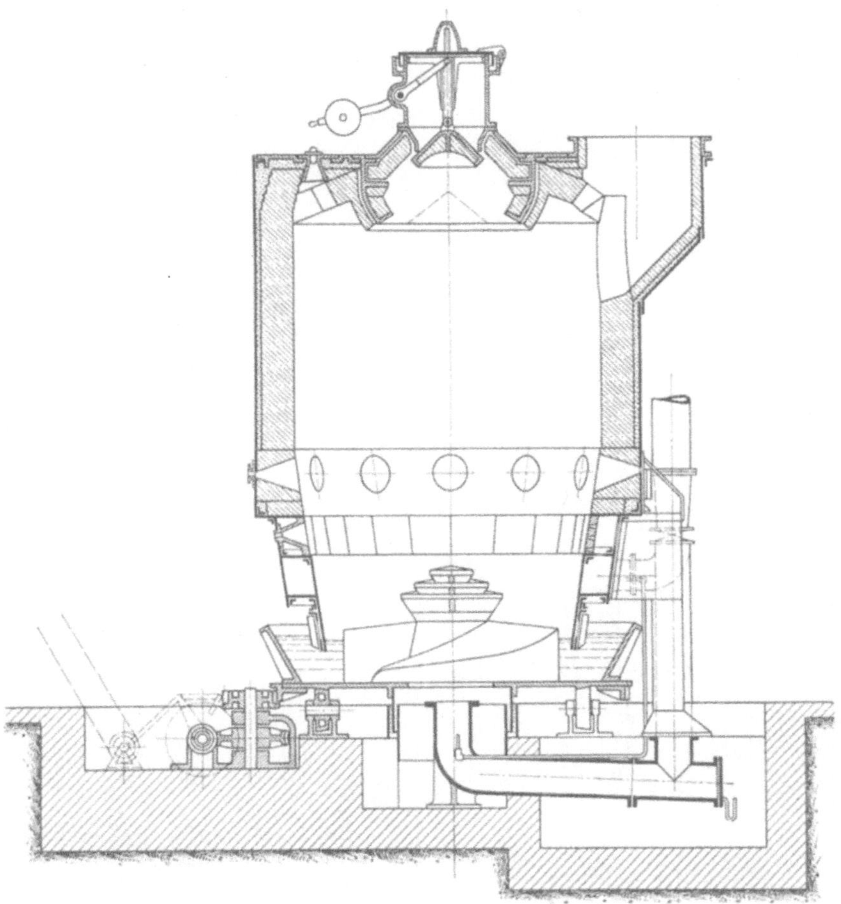

Abb. 49.   Poetter-Generator.

dem Kegel und dem äußeren Ring durch und wird zum größten
Teil an den Umfang des Generators geworfen. Senkt man dagegen
den Verschlußkegel nur bis zu einer Mittelstellung zwischen seiner
Ruhestellung und der punktierten Stellung, so stößt die Beschickung
erst gegen die inneren Flächen des Hohlkegels und wird nach der
Mitte des Generators hin abgelenkt. Durch diese einfache Vor-
richtung ist man also in der Lage, durch höheres oder geringeres
Senken des Kegels den ganzen Querschnitt des Generators gleichmäßig zu beschicken.

In Abb. 50 ist als Typus eines Generators mit mechanischer
Beschickung der

Morgan-Generator

dargestellt, der, amerikanischen Ursprungs, sich auch auf europäischen

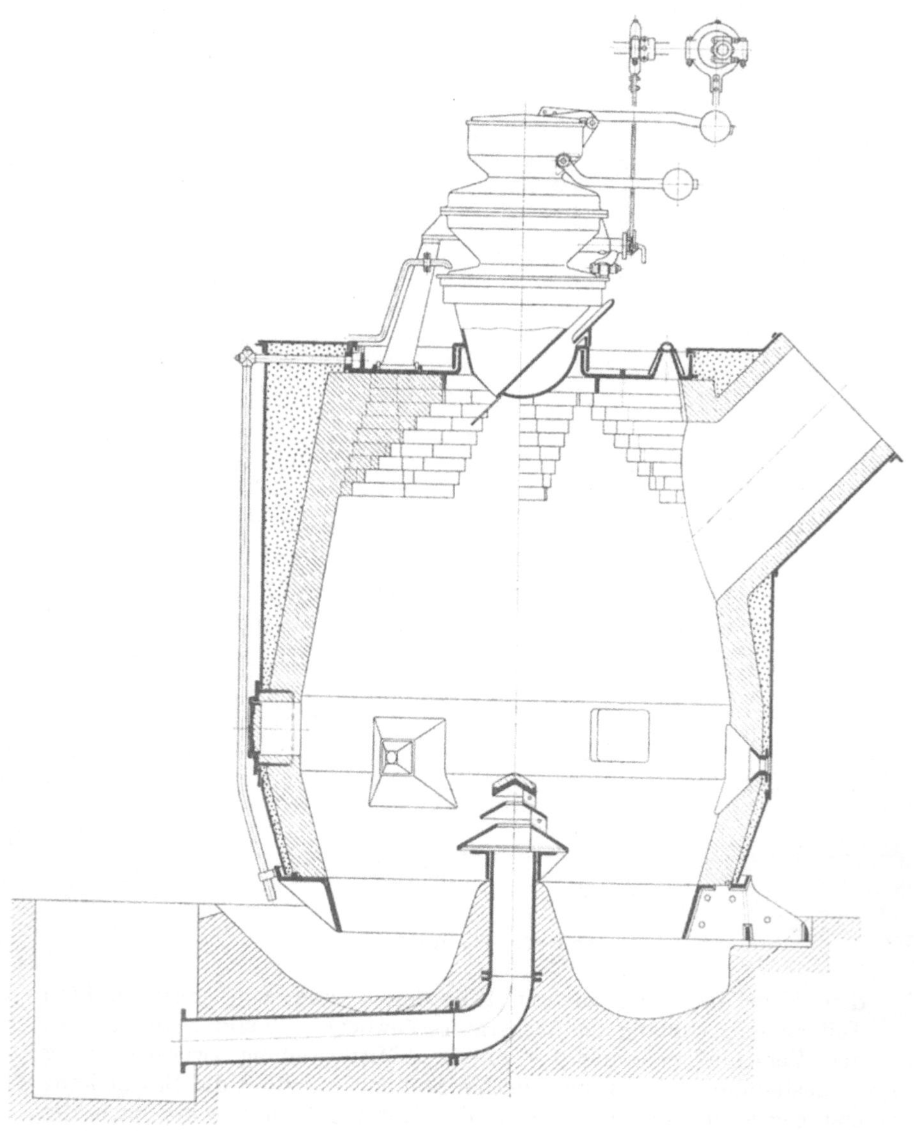

Abb. 50.   Morgan-Generator.

Werken im letzten Jahrzehnt weite Verbreitung gesichert hat. Der
Querschnitt des Generators ist im Verhältnis zu seiner Höhe außer-
ordentlich groß, und dieser Umstand allein verlangt schon besondere
Vorrichtungen, um die Beschickung gleichmäßig über den ganzen
Querschnitt zu verteilen. Gleichzeitig wird auch durch die auto-

matische Beschickungs-Vorrichtung des Morgan-Generators ein ununterbrochener Betrieb ermöglicht. Die Beschickungs-Vorrichtung besteht in der Hauptsache aus einem Trichter mit doppeltem Verschluß, innerhalb dessen sich ein langsam rotierender Streutrichter bewegt. Aus dem oberen Trichter fällt das von Hand oder mechanisch eingefüllte Beschickungsmaterial in stets gleichbleibender Menge auf den Streutrichter, dessen Fläche derart konstruiert ist, daß das Brennmaterial sich bei jeder Stellung des Streutrichters gleichmäßig unter die darunter befindliche radiale Fläche des Generators verteilt; durch die langsame Drehung wird ein fortwährendes Umgehen der beschickten radialen Fläche bewirkt, so daß nach erfolgter einmaliger Umdrehung eine gleichmäßig dicke Schicht über den Querschnitt des Generators aufgetragen ist. Durch Regelung der Drehungsgeschwindigkeit des Streutrichters kann man die Durchsatzmenge pro Zeiteinheit in ziemlich weiten Grenzen verändern.

Der untere Teil des Generators bietet gegenüber dem oben Ausgeführten nichts Bemerkenswertes; der Morgan-Generator gehört zur Gattung derjenigen Generatoren, bei denen die Asche selbsttätig über die zentrale Windzuführungshaube ununterbrochen nach unten in das Wasserschiff fällt, aus dem sie dann von Zeit zu Zeit entfernt wird. Der Vertikal-Querschnitt des Generators ist seiner Grundform nach zylindrisch, jedoch mit einer Erweiterung direkt oberhalb des Luftzutrittes, also in der Hauptreaktionszone, wodurch ein gutes Nachrücken der Beschickung und damit verbunden eine Verhinderung der Verschlackung herbeigeführt werden soll.

Die zuletzt beschriebenen drei Generatoren sind speziell für den Großbetrieb bestimmt und mit Erfolg darin verwendet worden; sie vergasen innerhalb 24 Stunden 10—15 Tonnen Steinkohle, in manchen Anlagen auch 15—20 Tonnen, vereinzelt sogar bis zu 25 Tonnen. Allen wird nachgerühmt, daß der Höchstgehalt an unvergastem Brennstoff sich in ihnen auf 1 Proz. der Beschickung beläuft, und daß in ihnen Gas erzeugt wird mit maximal 3—4 Proz., in den meisten Fällen aber mit weniger als 2 Proz. Kohlensäuregehalt.

Bisher wurden nun hauptsächlich solche Generatoren besprochen, die zur Vergasung normaler Kohlen dienen; es wurde indessen bereits wiederholt darauf hingewiesen, daß das Streben der modernen Industrie dahin geht, auch minderwertige Brennstoffe zu vergasen, und das gerade darin ein großer Vorzug der Brennstoffvergasung liegt, daß man auch den Brennwert solcher Materalien ausnutzen kann, die sonst unverwendbar sind. Allerdings lassen sich derartige Brennstoffe nicht ohne weiteres in gewöhnlichen Generatoren vergasen; sondern es muß der Eigenart des Brennstoffs durchaus Rechnung getragen werden; dann sind aber gute Resultate mit Leichtigkeit erzielbar.

Als Beispiel eines solchen Spezialgenerators für minderwertigen, billigen Brennstoff sei der in Abb. 51 dargestellte

Feinkohlen-Generator

der Gasgenerator G. m. b. H., Hainsberg-Dresden, erwähnt. Bei dem feinkörnigen, fast staubförmigen Brennstoff, welcher dem Durchgang der Luft bzw. des eingeblasenen Wasserdampfs einen großen Widerstand entgegensetzt, muß besonders Wert darauf gelegt werden, daß die Brennstoffschicht nicht zu stark wird und vor allem immer auf gleichmäßiger Höhe erhalten werden kann. Diesem Umstande ist bei der vorliegenden Konstruktion dadurch Rechnung getragen, daß der Gasabzugstrichter im Verhältnis zu dem Durchmesser des ganzen Generators außerordentlich groß gewählt ist. Die Beschickung fällt von dem Beschickungstrichter auf die Außenwand des Gasabzugstrichters und staut sich dort gewissermaßen in einem Sammelraum, von dem sie am untern Ende des Kegels, wie aus der Abbildung leicht ersichtlich ist, in einer gleichmäßigen Schicht nach Maßgabe des Verbrauchs auf den treppenförmigen Rundrost fällt. In der Mitte des Rundrosts befindet sich noch ein durch Wasser unten verschlossener und mit Wasser gekühlter Durchfall, der gewissermaßen als Sicherheitsventil dient für den Fall, daß aus irgend einem Grunde die Beschickungshöhe doch größer werden sollte; in diesem Falle fällt das überstehende Material einfach nach unten durch. Die beschriebene Anordnung des Gasabzugstrichters hat m übrigen den Erfolg, daß das auf dem Trichter lagernde Brennmaterial von seiner Feuchtigkeit, deren es mitunter sehr viel enthält, befreit wird, indem das Wasser verdampft, wodurch einerseits der obere Teil des Generators kühl gehalten und anderseits auch das aus dem Generator entweichende Gas bis auf geringe Temperaturen abgekühlt wird. Der ausgetriebene Wasserdampf wird aus dem oberen Generatorraum durch das außenliegende in der Abbildung sichtbare Rohr unter den Rost geführt und gibt in dem Reaktionsraum zur Bildung von Wassergas Anlaß. Wo trockener Brennstoff verarbeitet wird, wird der obere Teil des Generatormantels mit Wasser gekühlt, wie in der Abbildung zu erkennen ist. Das Entschlacken des Generators erfolgt durch die untere Tür.

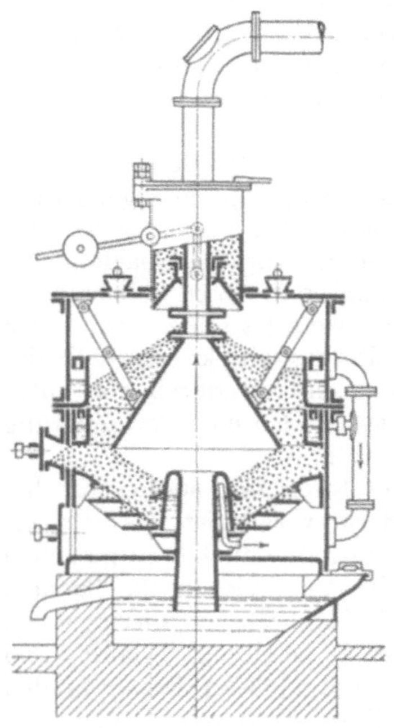

Abb. 51.   Feinkohlen-Generator.

Zum Schluß müssen noch einige Bestrebungen erwähnt werden, dahingehend, auch bei der Vergasung von Brennstoffen die gewinnbaren Nebenprodukte ähnlich wie bei der Koksdarstellung nutzbar zu machen. Schon Duff beabsichtigte, mit seinem Generator auf eine Gewinnung der Nebenprodukte hinzuarbeiten; indessen haben seine Vorschläge nach dieser Richtung hin niemals praktische Bedeutung gewonnen. Wichtiger ist dagegen das Verfahren der Mondgas-Gesellschaft, mittels dessen aus den Generatorgasen Nebenprodukte, in erster Linie Ammoniak gewonnen werden; es eignet sich natürlich in erster Linie für die Vergasung der stickstoffreicheren Brennstoffe, also Braunkohle und Torf. In ähnlicher Richtung bewegt sich das schon erwähnte Verfahren von Caro zur Gewinnung des Stickstoffs bei der Vergasung von Torf. (Vgl. S. 112.) Diese Verfahren haben bei dem Stickstoffhunger der chemischen Industrie zweifellos eine große Zukunft.

5. Das Hochofengas

wird als Nebenprodukt des Hochofenbetriebs gewonnen. Wie im 13. Kapitel gezeigt wurde, ist es nicht möglich, bei der Reduktion von Eisenerzen durch Kohlenstoff oder Kohlenoxyd allen Kohlenstoff in die höchste Oxydationsstufe, die Kohlensäure, überzuführen; vielmehr entweicht aus der Gicht des Hochofens ein Gas, welches noch erhebliche Mengen an brennbarem Kohlenoxyd enthält.

Vom rein wärmetechnischen Standpunkt aus betrachtet, ist der Hochofen nichts weiter als ein Schachtgenerator, in dem ein Teil des zur Vergasung des Kohlenstoffs notwendigen Sauerstoffs den zu reduzierenden Eisenoxyden entnommen wird. Man wird natürlich im Hochofen immer darauf hinarbeiten, daß möglichst viel Kohlenstoff direkt zu Kohlensäure oxydiert wird; die Möglichkeit dazu ist auch dadurch gegeben, daß man durch Aufgabe hoher Beschickungssäulen die Temperatur der aus dem Hochofen entweichenden Gase möglichst gering hält, so daß keine Neigung der Kohlensäure zur Zersetzung zu Kohlenoxyd vorliegt. Ein Teil der im Hochofengas enthaltenen Kohlensäure entstammt auch direkt den Erzen oder dem als Zuschlag aufgegebenen kohlensauren Kalk. Dementsprechend enthält das Hochofengas durchschnittlich 15—25 Proz. Kohlensäure neben 20—25 Proz. Kohlenoxyd. Außerdem enthält das Gas allen Stickstoff der durchgeblasenen Luft, jedoch ist der Stickstoffgehalt etwas geringer als im Luftgas, eben weil ein Teil des Sauerstoffs durch Zersetzung von Oxyden gewonnen wird, ferner geringe Mengen Wasserstoff, entstanden durch Zersetzung des in der Gebläseluft enthaltenen Wasserdampfs, zuweilen auch geringe Mengen Kohlenwasserstoffe, welche bei der Koksbereitung noch nicht ausgetrieben waren und erst bei der Weißglut im Hochofengestell entfernt werden.

Der Heizwert des Hochofengases schwankt je nach seiner Zusammensetzung zwischen etwa 800 und 1200 Cal. pro kg; jedoch liegt der Durchschnitt näher an 800 Cal.

Das Hochofengas, welches in frühesten Zeiten vollständig unausgenutzt den Ofen verließ, erwarb sich im Laufe des verflossenen Jahrhunderts Verwendung zum Heizen der zur Vorwärmung der Gebläseluft dienenden Apparate. Erst im letzten Jahrzehnt hat die Verwendung dieses brennstoffreichen Materials bedeutend zugenommen, und zwar in gleicher Weise zu wärmetechnischen wie zu mechanischen Zwecken. Auf die einzelnen Verwendungszwecke wird im II. Band bei der Besprechung des Hochofenprozesses näher eingegangen werden.

III. Die Verbrennungsluft.

Einundzwanzigstes Kapitel.

Eigenschaften, Aufbereitung und Bewegung der Luft für den Verbrennungsprozeß.

Der zur Herbeiführung einer Verbrennung erforderliche Sauerstoff wird da, wo nicht die Reduktion eines oxydierten Körpers, also seine Trennung vom Sauerstoff, Zweck des Verbrennungsvorgangs ist, in den weitaus meisten Fällen der atmosphärischen Luft entnommen. Die wenigen Fälle, in denen auch Wasserdampf und Kohlensäure als Sauerstoffspender dienen, wurden bereits im vorigen Kapitel eingehend besprochen.

1. Zusammensetzung und Eigenschaften der Luft.

Die Luft, oder, wie sie bei hüttenmännischen Prozessen vielfach genannt wird, der Wind, ist ein Gasgemisch aus ungefähr 79 Volumteilen Stickstoff und 21 Volumteilen Sauerstoff, oder in Gewichtsprozenten 76,5 Proz. N und 23,5 Proz. O. Neben diesen beiden Hauptbestandteilen sind noch geringe Mengen Wasserdampf und Kohlensäure in der atmosphärischen Luft aufgelöst. Ein Kubikmeter trockener Luft wiegt bei 0° und 760 mm Barometerstand 1,293 kg.

Für den Verbrennungsvorgang kommt natürlich nur der Sauerstoffgehalt der Luft in Betracht. Es wurde bereits wiederholt darauf hingewiesen und rechnerisch dargelegt, inwieweit der geringe Gehalt der Luft an dem aktiven Sauerstoff die Erzielung höherer Temperaturen hindert. In erster Linie spielt hierin der Stickstoffgehalt der Luft eine Rolle. Der Stickstoff geht unter allen Umständen unverändert durch den Verbrennungsprozeß hindurch und bildet den Hauptbestandteil der Verbrennungsgase. Wenn nun auch sein Einfluß auf die Herabdrückung der bei der Verbrennung erreichbaren Höchsttemperatur sehr

groß ist, so darf man doch den Stickstoff nicht zu sehr als schädlichen
Bestandteil der Luft ansehen, weil es in den wenigsten Fällen notwendig
ist, noch höhere Temperaturen zu erreichen, als sie sich durch die Gegenwart von Stickstoff bei der Verbrennung ergeben. Der Stickstoff dient
dann wie die anderen Verbrennungserzeugnisse lediglich als Wärmeübertragungsmittel. Es darf hierbei der Unterschied zwischen Wärme
und Temperatur nicht außer acht gelassen werden; wenn auch die
Temperatur der Verbrennungsgase geringer ist, so ist doch die von ihnen
transportierte Wärmemenge in allen Fällen die gleiche, und eine geringere Wärmeausnutzung entsteht durch den Stickstoffgehalt der Luft
nur dann, wenn die Temperatur, mit der die Abgase den Ofen endgültig
verlassen, zu hoch ist; d. h. auf das Konto des Stickstoffs ist bei unvollkommener Ausnutzung der Wärme immer nur diejenige Wärmemenge zu setzen, welche mit der Abgangstemperatur der Abgase durch
den Stickstoff entführt wird. — Ein Bedürfnis zur Verringerung des
Stickstoffgehalts in der Verbrennungsluft kann also nur dann vorliegen,
wenn es sich um die Erreichbarkeit hoher Temperaturen handelt.

In anderer Beziehung ist der Stickstoff allerdings ein weniger er-
wünschter Bestandteil der Luft, d. h. in dem Falle, wo die stickstoff-
haltigen Verbrennungsgase oder die Luft mit flüssigen Eisenbädern
direkt in Berührung kommen. Wir wissen, daß flüssiges Eisen Stickstoff
löst, wie er ja auch in den Gasblasen in Flußeisenblöcken nachgewiesen
worden ist. Wenn auch der Einfluß aufgelösten Stickstoffs auf die Eigenschaften des Eisens noch nicht einwandfrei nachgewiesen ist, so ist er
jedenfalls — schon mit Rücksicht auf die Gasblasenbildung — ein
unangenehmer Gast bei der Stahlerzeugung; Mittel, um dieser Wirkung
des Stickstoffs entgegenzutreten oder ihn aus dem Stahlerzeugungs-
prozeß auszuschalten, sind allerdings bisher nicht bekannt geworden.

Die Wirkung des in der atmosphärischen Luft aufgelösten Wasserdampfs ist in mancher Beziehung ähnlich derjenigen des Stickstoffs.
Allerdings geht er nicht wie der Stickstoff unverändert durch den Verbrennungsvorgang hindurch; sondern beim Zusammentreffen mit
glühendem Kohlenstoff zersetzt er sich, wie im vorigen Kapitel besprochen wurde, zu Wassergas, welches dann später wieder verbrennt.
Thermisch ist dieser Vorgang fast ohne Bedeutung, da die gleiche Wärmemenge, welche zur Zersetzung des Wasserdampfs verbraucht wird, bei
der Verbrennung des Wassergases wiedergewonnen wird; es wird also
höchstens die Temperatur in der Feuerung etwas erniedrigt durch die
Bindung derjenigen Wärme, die später wieder frei wird. Tatsächlich
geht also schließlich der Wasserdampf in gleicher Menge durch den
Ofen hindurch, wie er ursprünglich in der Luft enthalten war. Die
Wärmeabfuhr durch den Wasserdampf ist nun aber im Verhältnis viel
höher als diejenige durch den Stickstoff, insbesondere bei hohen Temperaturen. Bei 275° ist z. B. die Wärmekapazität des Wasserdampfs ungefähr doppelt, und bei 1500° ist sie etwa dreimal so groß als diejenige
des Stickstoffs.

Während nun der Stickstoffgehalt der atmosphärischen Luft praktisch konstant ist, schwankt ihr Wasserdampfgehalt in ziemlich weiten Grenzen. Die Aufnahmefähigkeit der Luft für Wasserdampf hängt in erster Linie von der Temperatur ab. Bei 0⁰ beträgt z. B. der Wassergehalt der gesättigten Luft 0,38 Proz., bei 15⁰ — 0,9 Proz., bei 25⁰ fast 2 Proz., bei 56⁰ — 10 Proz. und bei 100⁰ über 62 Proz. in Gewichtsprozenten. Diese Zahlen zeigen deutlich, wie hoch der Wassergehalt der Luft schon bei Temperaturen sein kann, welche im Sommer durchaus normal sind, und wie sehr er bei geringen Temperaturdifferenzen schwanken kann. Eine einfache Berechnung ergibt z. B., daß die Wärmemenge, welche durch den Wassergehalt von bei 25⁰ gesättigter Luft von dem Wasserdampf der Verbrennungsgase abgeführt wird, bei 300⁰ Abgangstemperatur derjenigen von 4 Proz., bei 1000⁰ Abgangstemperatur derjenigen von 5,13 Proz. Stickstoff entspricht, daß also der Wassergehalt der Luft namentlich im Sommer von nicht zu unterschätzender Bedeutung ist.

Es dürfen daher auch hier die Verhältnisse nicht außer acht gelassen werden, welche durch die Einwirkung des Wassergehalts beim Hinzutreten der Luft oder der Verbrennungsgase zu flüssigen Eisenbädern entstehen können. Wie schon im vorigen Kapitel bei Besprechung des Wasserstoffgehalts des Mischgases erwähnt wurde, kann in diesem Falle eine Zersetzung des Wasserdampfs erfolgen, und der entstehende Wasserstoff sich im Eisen lösen. Auch hierin wirkt also der Wasserdampf ähnlich wie der Stickstoff der Luft, nur mit dem Unterschied, daß der Stickstoff selbst sich im Eisen löst, vom Wasserdampf dagegen nur der durch Zersetzung mit dem Eisen entstandene eine Bestandteil, der Wasserstoff, dessen Neigung zur Auflösung aber eben wegen des Status nascendi, in dem er sich befindet, wesentlich größer ist als diejenige des Stickstoffs.

Auch der Kohlensäuregehalt der Luft ist im Verlauf des Verbrennungsprozesses verschiedenen Wandlungen unterworfen, ähnlich wie der Wasserdampf: Erst erfolgt Zersetzung unter Bildung von Kohlenoxyd und nachher wieder dessen Verbrennung. Indessen ist keine dieser Reaktionen für den Verbrennungsprozeß unerwünscht; anderseits ist aber auch der Kohlensäuregehalt der Luft so unbedeutend (etwa 0,04 Proz.), daß der Einfluß dieser Reaktionen überhaupt nicht in die Wagschale fällt.

2. Aufbereitung der Luft.

Die moderne Technik hat nun Mittel gefunden, die Luft für den Verbrennungsprozeß geeigneter zu gestalten, als die Natur sie bietet. Diese Mittel, welche darauf hinausgehen, den thermischen Effekt beim Verbrennungsvorgang zu erhöhen, bestehen entweder in einer Entfernung der unwirksamen Bestandteile der Luft (chemische Aufbereitung) oder in der Vorwärmung der Luft (thermische Aufbereitung).

a) Chemische Aufbereitung.

Die unter Punkt 1 erörterten Verhältnisse mögen den Gedanken nahe gelegt haben, durch gänzliche oder auch nur teilweise Entfernung der unwirksamen Bestandteile der Luft den thermischen Effekt bei der Verbrennung zu erhöhen.

Um den Stickstoffgehalt der Luft zu verringern, hat Prof. v. Linde in München ein Verfahren ausgearbeitet, welches im wesentlichen darin besteht, daß durch Abkühlung der Luft eine fraktionierte Destillation herbeigeführt wird, bei der beide Bestandteile der Luft für sich gesondert aufgefangen werden können. Die Herstellung von Luft mit bis auf ca. 50 Proz. angereichertem Sauerstoffgehalt soll nach diesem Verfahren zu wirtschaftlich günstigen Bedingungen möglich sein; indessen hat das Verfahren, wenigstens für die Eisenindustrie, noch keine praktische Bedeutung erlangt.

Dagegen ist ein Verfahren zur Verminderung des Wasserdampfgehalts, das Gayleysche Windtrocknungsverfahren, im letzten Jahrzehnt verschiedentlich praktisch durchgeführt worden. Das Verfahren beruht auf dem oben dargelegten Gesetz, daß das Sättigungsvermögen der Luft für Wasserdampf mit der Temperatur steigt und fällt. Gayley leitet demgemäß die Luft in Kühlräume, welche durch Kältemaschinen auf — 5° gehalten werden; bei dieser Temperatur kann die Luft nicht mehr als 0,25 Proz. oder etwa 3,5 g im Kubikmeter, entsprechend ihrem Sättigungsgrad, in Lösung behalten, und aller überschüssige Wasserdampf schlägt sich in Form von Eis nieder. Der Vorteil dieses Verfahrens liegt nicht nur in der Entfernung des größten Teiles des Wasserdampfs, sondern vor allem in der Erzielung eines stets gleichmäßigen Wassergehalts.

b) Thermische Aufbereitung.

Die thermische Aufbereitung der Luft, bestehend in einer Vermehrung ihrer latenten Wärme, unterscheidet sich ihrem Wesen nach hauptsächlich dadurch von der chemischen Aufbereitung, daß bei ihr dem Verbrennungsprozeß tatsächlich eine größere Wärmemenge zugeführt wird; während also die chemische Aufbereitung nur da Zweck hat, wo man hohe Temperaturen erreichen will, ist die Vorwärmung der Luft unter allen Umständen von Vorteil für einen Verbrennungsvorgang irgendwelcher Art.

Die ältere Art der Luftvorwärmung, welche auch heute noch bei vielen Öfen gebräuchlich ist, bei denen es nicht gerade auf die Erreichung hoher Temperaturen ankommt, besteht darin, daß man die Luft durch eine Anzahl von im Ofenherd oder in den Seitenwänden der Feuerung oder in der Feuerbrücke angeordneten Kanälen zum Brennstoff führt, in denen sie sich um einige hundert Grad je nach der Länge und der Lage der Kanäle erwärmt. Besonders gern ordnet man derartige Kanäle an solchen Stellen in den Öfen an, welche gekühlt werden müssen, um nicht unter dem Einfluß der hohen Temperatur allzu schnell zerstört

zu werden. Derartigen Anordnungen zur Vorwärmung der Luft werden
bei wir Besprechung industrieller Feuerungen häufiger begegnen, und
nach dieser Richtung hin ist dem Ofenkonstrukteur die Möglichkeit
einer freien Betätigung gegeben; nur muß dabei besondere Aufmerk-
samkeit darauf verwendet werden, daß die Vorwärmung der Luft
nicht auf Kosten der Feuerung selbst geschieht, daß sie also nicht an
solchen Stellen des Ofens vorgenommen wird, wo ihm keine Wärme entzogen werden darf.

Systematischer ist die Luftvorwärmung durchgeführt in den moderneren Winderhitzungssystemen, welche uns bereits bei der Besprechung
der Koksöfen begegnet sind, der sog. Rekuperation und Regeneration, durch welche Windtemperaturen von über 1000⁰ mit Leichtigkeit
erreicht werden können. Beide Arten der Luftvorwärmung beruhen auf
dem Prinzip der Ausnutzung der Wärme der bereits verbrannten Abgase
des Ofens, welche die ihnen noch innewohnende Wärmemenge durch Vermittelung von feuerfestem Steinmaterial an die in umgekehrter Richtung
strömende Verbrennungsluft abgeben. Ihr Unterschied besteht darin,
daß bei der Rekuperation diese Wärmeübertragung ununterbrochen in
einem zweiräumigen Apparat erfolgt, wobei die feuerfeste Masse nur als
Scheidewand zwischen Abgas und Luft dient; diese strömen in einander entgegengesetzter Richtung dergestalt, daß die kalte Luft zuerst
auf die am meisten abgekühlten Gase trifft und auf ihrem weiteren Weg
immer heißeren Gasen begegnet, deren Wärme sie an sich zu nehmen vermag. Bei der Regeneration wird dagegen die Erwärmung der Luft und
die Abkühlung der Gase in einem einzigen Raum abwechselnd vorgenommen. Das feuerfeste Material dient in diesem Falle als Wärmespeicher, in dem die durchströmenden Gase ihre überschüssige Wärme
ablagern, und die einströmende kalte Luft sie wieder aufnimmt. (Die
Bezeichnung „Wärmespeicher" ist daher auch viel mehr zu empfehlen
als das durchaus unrichtige Fremdwort „Regenerator".) Die Natur der
Sache bedingt es, daß im ersteren Falle die Menge des feuerfesten Materials
möglichst gering sein soll, während im letzteren Falle die Wärmeaufnahmefähigkeit des Wärmespeichers mit der Menge des darin enthaltenen
Steinmaterials wächst. Daß die Regenerativfeuerung einen ständigen
Wechsel der Gas- und Luftrichtung bedingt und besondere Umschaltventile notwendig macht, wurde schon bei der Besprechung der Re-
generativ-Koksöfen erwähnt; bei dieser Gelegenheit wurden auch Vorteile und Nachteile beider Lufterwärmungsarten eingehend besprochen.
In der Praxis hat das Regenerativsystem eine viel weitere Verbreitung
gefunden als das Rekuperativsystem; letzteres findet sich vielfach ausgeprägt in Gestalt von Verbesserungen der oben beschriebenen primitiven Luftvorwärmung älterer Öfen.

Für die Bemessung der Rekuperatoren sind in erster Linie praktische Erfahrungen maßgebend; exakte Berechnungen haben für die
Praxis wenig Bedeutung. Die Querschnitte der Abgas- und Luftdurch-
gänge müssen entsprechend deren Geschwindigkeit bemessen werden.
Man wird eine um so größere Wirkung erzielen, je mehr man die ein-

zelnen Kanäle unterteilt; eine besonders gute und gleichmäßige Erwärmung wird man daher erzielen, wenn man als Konstruktionselemente des Rekuperators besondere Formsteine mit möglichster Verminderung des Steinquerschnitts verwendet. Im übrigen ist bei gegebenem Querschnitt die Länge des Rekuperators maßgebend für die Endtemperatur der Luft und entsprechend auch für die Erniedrigung der Abgastemperatur; je länger der Gas- und Luftweg im Rekuperator ist, desto besser findet der Wärmeausgleich statt bis zu einer Abgastemperatur, unterhalb deren eine weitere Wärmeabgabe an die Luft mit Rücksicht auf das zwischenliegende Steinmaterial ausgeschlossen ist; für diese Verhältnisse gibt die praktische Erfahrung am besten Auskunft.

Eine exakte Berechnung der Regeneratoren ist dagegen auf Grund der folgenden Erwägungen leicht möglich, obwohl auch hierbei in der Praxis sehr viel mit Erfahrungstatsachen gerechnet wird. Der Luftbedarf der Feuerung sei z. B. 1 cbm für die Sekunde (Luft von 0^0); alle halben Stunden soll umgeschaltet werden, und die Temperaturschwankungen im Regenerator sollen sich zwischen den Grenzen von 800 und 1000^0 halten. Während der halben Stunde gehen dann 1800 . 1,293 kg Luft durch den Winderhitzer, die auf eine mittlere Temperatur von 900^0 gebracht werden sollen, wofür eine Wärmemenge von

$$1800 . 1{,}293 . 900 . 0{,}2642 \, \text{Cal} = 553409 \, \text{Cal}$$

erforderlich ist. Soll nun diese Wärmemenge durch die Abkühlung des feuerfesten Gitterwerks um nicht mehr als 200^0 aufgebracht werden, so müssen, wenn die spezifische Wärme des Mauerwerks 0,208 ist,

$$x = \frac{553409}{200 . 0{,}208} = \text{rund } 13300 \, \text{kg}$$

feuerfestes Mauerwerk vorhanden sein, wenn die entstehenden Wärmeverluste außer acht gelassen werden. Selbstverständliche Voraussetzung ist hierbei, daß die Feuerung die Erhöhung der Regeneratortemperatur auf über 1000^0 gestattet. — Die Temperatur in den Regeneratoren ist natürlich auch nicht überall gleichmäßig hoch, wie bei der vorstehenden Berechnung vorausgesetzt wurde; sie ist am höchsten da, wo die Flamme direkt von der Feuerung her einwirkt, und nimmt nach dem Gasabzugkanal hin, wo ja auch die kalte Luft eintritt, ab, ähnlich wie bei den Rekuperatoren; dieser Umstand sowie die unvermeidlichen Wärmeverluste machen es notwendig, den Regenerator gegenüber dem rechnerischen Ergebnis noch etwas größer zu machen. — Für die Dichtigkeit der Aussetzung der Kammern mit Gittermauerwerk kann man im allgemeinen annehmen, daß Mauerwerk und Zwischenräume ungefähr den gleichen Rauminhalt einnehmen.

Im Zusammenhang mit vorstehendem müssen noch die Winderhitzer der Hochöfen erwähnt werden, welche im Gegensatz zu den bisher beschriebenen nicht mit Abgasen, sondern mit überschüssigem Hochofengas direkt durch dessen Verbrennung geheizt werden. Sie sind infolgedessen regelrechte Öfen zur Vorwärmung der Verbrennungsluft, welche außerhalb der eigentlichen metallurgischen Öfen liegen. Die Erwärmung erfolgt aber in ihnen genau wie in anderen Winderhitzern, entweder in zweiräumigen Apparaten ähnlich den Rekuperatoren, oder in einräumigen, in gewissen Zeiträumen umschaltbaren Apparaten, ähnlich den Regeneratoren. Auch die Grundsätze für die Berechnung dieser Apparate sind die gleichen wie für die oben beschriebenen. Eine eingehende Besprechung dieser Winderhitzungsapparate wird im II. Band bei der Besprechung des Hochofenbetriebs erfolgen.

3. Die Vorrichtungen zum Transport der Luft zur Verbrennungsstelle.

Die regelmäßige Unterhaltung des Verbrennungsprozesses in dem metallurgischen Ofen oder der Feuerung erfordert nun in erster Linie die gleichmäßige Heranführung der notwendigen Menge Verbrennungsluft. Daß die Bedingungen hierfür nicht ohne weiteres vorhanden sind, ergibt sich aus der Erwägung, daß die natürlichen Bewegungen der Luft lediglich durch die durch ungleichmäßige Erwärmung hervorgerufenen Gewichtsunterschiede bedingt sind, als deren Folge eine Aufwärtsbewegung der erwärmten Luft resultiert. Die in den Feuerungen erforderliche Bewegung der Luft zur Verbrennungsstelle entspricht nun aber in den meisten Fällen durchaus nicht diesem natürlichen Auftrieb; zudem treten noch eine Menge Reibungswiderstände beim Vorbeistreichen an den Kanalwänden und beim Durchgang durch die Brennstoffschicht hinzu, welche gleichfalls besondere Luftbewegungsvorrichtungen erforderlich machen.

Bei den in der Praxis gebräuchlichen Luftbewegungsvorrichtungen wird nun die Luft entweder angesaugt — Kamine — oder durch die Feuerung hindurchgepreßt — Gebläse verschiedener Art. Die ersteren, beruhend auf dem eben erwähnten Prinzip der Aufwärtsbewegung der Luft bzw. der Verbrennungsgase infolge ihres Auftriebs durch Erwärmung, sind die älteren und einfacheren; sie sind heute noch vorwiegend bei einfacheren Feuerungen gebräuchlich, bei denen die Luft keine großen Widerstände zu überwinden hat; die letzteren, welche zum Unterschied von den Luftsaugern auch als Unterwindgebläse bezeichnet werden, weil sie den Wind unter den Rost blasen, sind erst in jüngerer Zeit allgemeiner eingeführt worden und in erster Linie dort gebräuchlich, wo größere Widerstände auf dem Luftwege zu überwinden sind.

Der Winddruck, mit dem die Luft unter den Rost tritt, wird allgemein gemessen in mm Wassersäule (wobei 10,33 m einer Atmosphäre entsprechen.) Ein einfaches, an beliebiger Stelle in die Windleitung eingesetztes U-förmig gebogenes Glasröhrchen, welches mit (gefärbtem) Wasser angefüllt ist, genügt, um auf einer darunter befindlichen Skala mit Millimeterteilung den Druck als Differenz im Höhenstand des Wassers in beiden Schenkeln des Röhrchens abzulesen.

Der Winddruck schwankt bei den metallurgischen Verbrennungs-apparaten mit künstlicher Luftzufuhr zwischen ganz erheblich verschiedenen Grenzen, von etwa 10—15 mm Wassersäule bei einfachen Rostfeuerungen bis zu einem Druck von $1\frac{1}{2}$—2 Atmosphären und darüber bei den mit Gebläsemaschinen betriebenen metallurgischen Groß-Apparaten (Hochöfen, Konverter).

Der älteste und einfachste Luftansauger ist der Schornstein, ein Hohlkörper von rundem oder eckigem Querschnitt, innerhalb dessen durch Erwärmung des Inhalts ein Auftrieb erzeugt wird. Seine Wirkungsweise erklärt sich am einfachsten durch folgende Betrachtung: Denken wir uns einen Schornstein von 30 m Höhe (über dem Rost), so wiegt die darin enthaltene Luft pro qm Querschnitt bei 0^0 und 760 mm Barometerstand 30 . 1,293 kg; bei 273^0 ist dagegen unter gleichem Druck das Gewicht der Luftsäule nur halb so groß, also gleich dem einer Luftsäule von 15 m Höhe; es entsteht also innerhalb des Kamins ein Auftrieb von 15000 mm Luftsäule, entsprechend 19,4 mm Wassersäule. In der Praxis ist der Auftrieb etwas geringer, weil nicht erwärmte Luft, sondern ein erwärmtes Gemisch von Kohlensäure, Kohlenoxyd und Stickstoff, welches schwerer ist als Luft, den Kamin anfüllt, und weil außerdem Reibungsverluste an den Kaminwänden zu überwinden sind.

Der Querschnitt des Schornsteins richtet sich nach den in der Zeiteinheit herauszuschaffenden Gasmengen; dagegen ist für seine Höhe der gewünschte Zug maßgebend; der erreichbare Zug läßt sich durch den obigen ähnliche Berechnungen ermitteln; indessen ist es unter allen Umständen empfehlenswert, die Kaminhöhe nicht zu gering zu bemessen, da zu starker Zug sich leicht durch Einschaltung eines Drosselschiebers verringern läßt, während zu schwacher Zug immer zu Unzuträglichkeiten, wie ungenügender Leistung der Feuerung, unvollkommener Verbrennung, Anlaß gibt. Man wird in der Regel mit Schornsteintemperaturen von 3—400^0 rechnen müssen; je höher die Temperatur, desto höher ist auch die Wirkung des Kamins; allerdings ist anderseits eine hohe Temperatur der Abgase mit Rücksicht auf die dadurch der Feuerung entzogene Wärmemenge nicht erwünscht.

Von den künstlichen Vorrichtungen zur Herbeiführung des Zuges sind die Dampfstrahlgebläse ziemlich weit verbreitet. Bei diesen tritt ein Dampfstrahl durch eine Düse mit sehr großer Geschwindigkeit in einen freien Raum und saugt dadurch rundum größere Mengen Luft an. Das Dampfstrahlgebläse kann vor oder hinter die Feuerung geschaltet werden, also entweder als Druck- oder Saugevorrichtung dienen, ersteres allerdings nur dann, wenn die Art der Feuerung das Hinzutreten der unvermeidlichen Dampfmenge nicht verbietet. Vielfach haben sich die Dampfstrahlgebläse auch nur deshalb eingebürgert, weil der Zug des entsprechenden Schornsteins zu gering war, so daß sie also lediglich zur Unterstützung des Kaminzugs dienen.

Da, wo höhere Winddrucke erforderlich sind — und diese Notwendigkeit hat sich mit zunehmender Vergrößerung der metallurgischen Apparate mehr und mehr ergeben — muß man zu maschinellen Lufttransportvorrichtungen übergehen. Der Maschinenbau hat für diese Aufgabe je nach den verschiedenen Verwendungszwecken und den verschieden hohen Drucken eine Menge Lösungen geliefert; man kann hiernach zwischen Umlauf-Gebläsen und Kolben-Gebläsen unterscheiden, unter den Umlaufgebläsen wieder zwischen Schleudergebläsen (Zentrifugalventilatoren) und Kapselgebläsen. In den Schleudergebläsen wird die in der Mitte eintretende Luft durch verschiedenartig geformte Schaufelräder an die Umfangswand geschleudert und dort durch Rohrleitungen aufgefangen; bei den Kapselgebläsen dagegen, von denen die von Root und von Jaeger wohl die verbreitesten sind, wird die Luft durch zwei gegeneinander rotierende Formstücke, die sich gegenseitig aufeinander abwickeln, gleichsam in die Rohrleitungen hineingeschöpft. Während die Schleudergebläse einen Druck bis zu etwa 400 mm Wassersäule erzeugen, gestatten die Kapselgebläse die Erreichung von Drucken bis zu 6 m.

Für ganz hohe Drucke endlich, etwa von $\frac{1}{2}$ atm Überdruck aufwärts bis zu etwa 4 atm, sind nur die Kolbengebläsemaschinen verwendbar, welche in das Arbeitsgebiet des Großmaschinenbaues fallen.

Auf die Konstruktionen dieser Spezialmaschinen wird im II. Band bei Besprechung derjenigen metallurgischen Apparate, zu deren Betrieb sie dienen, näher eingegangen werden.

IV. Die metallurgischen Apparate zur Durchführung des Verbrennungsprozesses: Öfen und Feuerungen.

Zweiundzwanzigstes Kapitel.

Allgemeines. Öfen mit direkter Wärmeausnutzung.

Die Apparate, in denen der Verbrennungsprozeß durchgeführt und für metallurgische Zwecke ausgenutzt wird, sind je nach dem Zweck, der erreicht werden soll, und der Art des zur Verfügung stehenden Brennstoffs grundverschieden.

Die Ausführungen über den Verbrennungsprozeß und das Wesen der Brennstoffe haben zur Genüge gezeigt, daß bei der Durchführung des Verbrennungsprozesses als Verbrennungsprodukt, gleichgültig, ob der Brennstoff fest, flüssig oder gasförmig war, immer ein Gasgemisch entsteht, welches den Verbrennungsraum mit der darin herrschenden Temperatur verläßt. Mit diesem Gasgemisch wird natürlich eine große Wärmemenge aus dem Verbrennungsraum entführt, und es ist Aufgabe eines wirtschaftlichen Betriebs, diese Wärmemenge auszunützen. Diese Aufgabe kann nur erfüllt werden, wenn man die entweichenden Verbrennungsgase an der Erwärmung des zu erwärmenden Körpers teilnehmen läßt. Wir haben also bei jedem technischen Wärmeentwickelungsapparat zwei Möglichkeiten der Wärmeausnutzung, die eine im Verbrennungsherd selbst, die andere durch die heißen Verbrennungsgase. Der Unterschied zwischen diesen beiden Wärmeausnutzungsmöglichkeiten tritt indessen nur bei festen Brennstoffen ausgeprägt in Erscheinung, bei denen die festen Reste des Brennstoffs im Verbrennungsherd zurückbleiben und dort einen Erwärmungsmittelpunkt bilden, während bei gasförmigen Brennstoffen — die flüssigen Brennstoffe, deren Verhalten zwischen demjenigen der festen und gasförmigen steht, spielen in der Wärmetechnik eine verhältnismäßig geringe Rolle — das Gas sich mit der Luft vermischt und von dem Punkt an, wo die Verbrennungstemperatur erreicht ist, allmählich verbrennt, so daß ein scharfer Unterschied zwischen verbranntem und noch unverbranntem Gas nicht festzustellen ist.

Der Umfang, in welchem nun die eine oder andere Weise der Wärmeübertragung oder beide zugleich ausgenutzt werden, bedingt einen Hauptunterschied der Verbrennungsapparate. Die Wärmeausnutzung im Verbrennungsherd selbst pflegt man als direkte, die Erwärmung durch die heißen Verbrennungsgase als indirekte Wärmeübertragung zu bezeichnen. Die direkte Wärmeübertragung allein kommt, weil sie äußerst unwirtschaftlich ist, nur verhältnismäßig selten vor; ihr Typus ist das offene Feuer, bei dem der Brennstoff, durch ein Gebläse angefacht, bei der Verbrennung bis zur Weißglut erhitzt und der zu erwärmende Körper mitten in den glühenden Brennstoff hineingebracht wird. Auf die Ausnutzung der latenten Wärme der Verbrennungsgase wird hierbei verzichtet.

Wird nun aber das offene Feuer allseitig von Mauerwerk umfaßt, der Brennstoff und die Beschickung von oben aufgegeben und das Erzeugnis unten aus dem Ofen entfernt, so müssen die im Verbrennungsherd entstehenden Gase auf ihrem Weg nach oben das heruntersinkende Beschickungsgut umspülen, wobei sie ihre Wärme an dieses abgeben und es allmählich bis zu der im Verbrennungsherd herrschenden Temperatur vorwärmen. Ein solcher Apparat heißt Schachtofen; in ihm ist es möglich, die Verbrennungswärme denkbar weitestgehend auszunützen; dies hängt lediglich von der Höhe der Beschickungssäule ab, welche so hoch gewählt werden kann, daß die Gase den Ofen nur mehr mit ganz geringer Temperatur verlassen.

Die indirekte Wärmeübertragung ist gebräuchlich und weit verbreitet in dem anderen Haupttypus der Verbrennungsapparate, dem Flammofen, bei dem, wie schon der Name besagt, die Wärmeübertragung in erster Linie durch die Flamme, also den brennenden bzw. hoch erhitzten Gasstrom erfolgt. Die Verbrennung selbst findet in einem dem Ofen vorgeschalteten Apparat, der Feuerung, statt; die im Verbrennungsraum entwickelte Wärme geht, soweit sie nicht von den Verbrennungsgasen fortgetragen wird, zum größten Teil durch Strahlung verloren.

Hier begegnet uns zum ersten Male die Feuerung, und zwar als Teil eines metallurgischen Ofens; daneben kommt sie als selbständiger

Apparat vor, um für andere Zwecke Wärme oder noch richtiger heiße
Verbrennungsgase zu liefern; z. B. ist für die Hüttenindustrie von
großer Bedeutung die Dampfkesselfeuerung zur Erzeugung von Dampf.

Eine Feuerung kann also am ·einfachsten definiert
werden als ein Apparat zur Erzeugung von heißen Verbrennungsgasen für irgendwelche wärmetechnische Zwecke;
zum Unterschied davon muß man einen metallurgischen
Ofen bezeichnen als einen Apparat, in welchem Wärme
erzeugt und zur Durchführung irgendeines metallurgischen
Prozesses verwendet wird.

Der vorgenannten Unterscheidung zwischen Schachtofen und
Flammofen entsprechend, werden im nachstehenden zunächst die
Schachtöfen behandelt werden und danach mit den Flammöfen gleichzeitig die Feuerungen. — Eine andere Unterteilung, die den Schacht-
und Flammöfen gemeinsam ist, ist diejenige in einräumige und
zweiräumige Öfen. Einräumige Öfen sind solche, in denen der erhitzte Brennstoff oder die heißen Verbrennungsgase unmittelbar auf
das zu erwärmende Gut einwirken; in zweiräumigen Öfen dagegen
ist das zu erwärmende Material in besondere Gefäße eingeschlossen,
welche von außen von dem glühenden Brennstoff oder den Gasen
umgeben werden, und durch deren Vermittelung die Erwärmung erfolgt. Ein offenes Schmiedefeuer z. B., in welches ein Eisenstab zum
Erwärmen hineingelegt wird, ist als einräumiger Ofen anzusehen;
wird dagegen in das Feuer ein Tiegel hineingesetzt, dessen Inhalt in
der Wärme geschmolzen werden soll, so haben wir damit das einfachste
Bild eines zweiräumigen Ofens. Hinsichtlich des Wärmeeffektes steht
natürlich der zweiräumige Ofen dem einräumigen immer nach, weil
bei ihm das Gefäß auch noch mit erhitzt werden muß; besondere Gründe
machen aber häufig die Trennung des zu erwärmenden Guts vom
Brennstoff erforderlich, z. B. wenn es vom Brennstoff verunreinigt
werden würde, oder wenn, wie bei den Koksöfen, sich Entgasungsprodukte mit den Verbrennungsgasen mischen würden, und in ähnlichen Fällen.

In den nachfolgenden Ausführungen sollen zunächst nur das
Wesen und die Grundsätze für die Bauart der einzelnen Ofentypen
besprochen werden, während eine eingehendere Besprechung erst im
zweiten und dritten Band des Werks bei Gelegenheit der Besprechung
der metallurgischen Vorgänge, welche in ihnen durchgeführt werden,
erfolgt.

Der älteste und einfachste Wärmeerzeugungsapparat, bei dem die
Übertragung der Wärme auf das Werkstück direkt bewirkt wird, ist
das offene Feuer oder Schmiedefeuer. In primitivster Form
bildete es die älteste Wärmequelle und ist es noch heute bei allen
Naturvölkern gebräuchlich: Ein Häufchen entzündeten Brennstoffs,
der durch irgendeine Gebläsevorrichtung zu heller Glut angefacht
wird. In moderner Form besteht es aus einem massiven Unterbau

aus Mauerwerk oder aus Eisenblechen, in den die Rohre für die Zuführung der Gebläseluft eingelegt sind. Die Schmiedekohlen werden in einer geringfügigen Vertiefung entzündet.

Beim Schmiedefeuer kommt, wie schon erwähnt, lediglich die Wärme des erhitzten Brennstoffs zur Geltung; die heißen Verbrennungsgase entweichen vollkommen unausgenützt ins Freie, so daß der Wärmeeffekt außerordentlich gering ist; er beträgt höchstens 3—4 Proz. der Wärmecntwickelung. Trotzdem ist das Schmiedefeuer sehr weit verbreitet, in erster Linie zur Erwärmung von kleineren Werkstücken, welche in der Hitze bearbeitet werden sollen. Diese Verbreitung verdankt es hauptsächlich seinen geringen Anlagekosten und seiner Einfachheit, welche nicht nur seine Aufstellung an jedem beliebigen Ort, sondern auch sogar seinen Transport gestattet. Das Schmiedefeuer ist demnach der ständige Wärmeerzeugungsapparat der Kleineisenindustrie, der Reparaturwerkstätten, Härtereien usw.; ferner sind bei allen Bauarbeiten im Freien, bei denen die Erwärmung von kleinen Konstruktionsteilen, z. B. Nieten, erforderlich ist, sog. Feldschmieden gebräuchlich, bestehend aus einem Schmiedefeuer mit dem zugehörigen Gebläse, welche auf einem tragbaren oder fahrbaren Gestell aufmontiert sind.

Obwohl das Schmiedefeuer vom rein wärmetechnischen Standpunkt aus keine besonderen Ansprüche an die Qualität der Brennstoffe stellt, und gasreiche wie gasarme Brennstoffe darin gleich gut verbrannt werden können, wählt man doch dafür durchweg eine kurzflammige Backkohle, welche daher auch kurz als Schmiedekohle bezeichnet wird. Der Grund für ihre Verwendung ist darin zu suchen, daß die auf das Feuer neu aufgegebene Kohle sofort verkokt und über dem Feuer zu einem festen Gewölbe zusammenbackt, das die im Innern herrschende Glut umgibt und vor Ausstrahlungsverlusten schützt. Das zu erwärmende Werkstück wird durch diese Decke hindurchgestoßen; ebenso muß, ehe neuer Brennstoff aufgegeben wird, das Gewölbe zusammengeschlagen werden, so daß die verkokten Rückstände nunmehr im Innern vollständig verbrannt werden; aus dem neu aufgegebenen Brennstoff bildet sich dann schnell wieder ein neues Gewölbe.

Dem Schmiedefeuer steht an ungünstiger Wärmeausnutzung nicht nach der Typus des zweiräumigen Ofens mit Kontakterhitzung, der Tiegelofen älterer Konstruktion mit Koksfeuerung, gewöhnlich als Tiegelschachtofen bezeichnet, obwohl er mit einem Schachtofen nichts gemein hat. Er besteht aus einem zylinderförmigen Hohlraum, der unten durch einen Rost, seitlich durch feuerfestes Mauerwerk abgeschlossen ist. In der Höhlung wird Koks durch ein Gebläse zu Weißglut erhitzt; in den glühenden Koks wird ein Tiegel hineingesetzt, dessen Inhalt durch die Wärme, welche durch die Tiegelwandung übertragen wird, zum Schmelzen gebracht wird. Auch hier entweichen die Verbrennungsgase unausgenutzt ins Freie. Der Kokstiegelofen ist infolge seiner ungünstigen Wärmeausnutzung heute wohl meist durch die rationelleren Gastiegelöfen, auf welche wir weiter unten zu sprechen kommen, verdrängt worden; eine Abart findet sich dagegen in den kippbaren Tiegelöfen mit Vorwärmung des Schmelzguts (z. B. System Piat-Baumann), bei denen einerseits die Möglichkeit einer, wenn auch geringen, Ausnutzung der Wärme der Abgase zur Vorwärmung des Schmelzguts eine rationellere Ausnutzung des Brennstoffs gestattet, und andererseits die mechanische Ausgestaltung für kleine Schmelzanlagen große Vorteile bietet.

Während nun die bisher beschriebenen Öfen mit direkter Wärmeübertragung mit Bezug auf die rationelle Wärmeausnutzung auf der untersten Stufe aller metallurgischen Öfen stehen, ist das Gegenteil bei der anderen Art der Öfen mit direkter Wärmeübertragung, den Schachtöfen, der Fall: Sie sind diejenigen Öfen, welche die denkbar weitestgehende thermische Ausnutzung der Brennstoffe gestatten.

Diese Überlegenheit verdanken sie dem Umstand, daß bei ihnen sowohl die Wärme im Verbrennungsherd wie diejenige der abziehenden Gase voll ausgenutzt werden kann. Das zu erwärmende Gut wird am oberen Ende des Schachtes, der sog. Gicht, aufgegeben und sinkt allmählich den hinaufsteigenden Verbrennungsgasen entgegen, welche dadurch gezwungen werden, die ihnen innewohnende Wärme an die Beschickung abzugeben; dadurch wird die Beschickung schon nahezu bis auf die im Verbrennungsraum herrschende Temperatur vorgewärmt. Diese Art und Weise der Erhitzung, bei der das Beschickungsgut am kältesten Teile des Ofens aufgegeben und allmählich wärmeren Zonen entgegengeführt wird, während die Verbrennungsgase auf dem umgekehrten Wege den Ofen verlassen, und welche bereits bei der Besprechung der Winderhitzer erwähnt wurde, wird als Gegenstromerhitzung bezeichnet. Sie bietet unter allen Umständen bei der Beheizung eines Körpers durch einen heißen Gasstrom den Vorzug, daß die Gase überall auf ihrem Wege durch den Ofen kältere Beschickung antreffen, auf die sie ihre Wärme übertragen können, während bei der Eintragung von kaltem Beschickungsgut in die heißesten Teile des Ofens die Gase nur zu Anfang des Prozesses ihren größten Wärmeanteil übertragen können, und die Wärmeübertragungsmöglichkeit mit der steigenden Erwärmung der Beschickung abnimmt.

Durch geeignete Bemessung der Höhe der Beschickungssäule und ihres Verhältnisses zum Querschnitt des Ofens, ferner durch die Zugabe nur der äußerst notwendigen Brennstoffmengen läßt sich der Erwärmungsvorgang im Schachtofen so genau regulieren, daß die Gase mit der denkbar geringsten Temperatur abziehen, und somit eine möglichst weitgehende wärmetechnische Ausnutzung des Brennstoffs gewährleistet wird. Die Wärmeverluste beschränken sich dann fast ausschließlich auf die nur noch geringe latente Wärme der abziehenden Gase und ferner auf die Ausstrahlungsverluste, welche aber auch sehr gering sind, da das Verhältnis des Ofeninhalts zu seiner ausstrahlenden Oberfläche sehr günstig gewählt werden kann.

Schachtöfen sind uns bisher bereits begegnet in den Röstöfen für Eisenerze; ferner sind ihnen in der Konstruktion sehr ähnlich

die im 20. Kapitel beschriebenen Schachtgeneratoren, welche aber nicht
unter die Öfen zu rechnen sind, weil bei ihnen der Zweck der Öfen,
die Wärmeentwickelung für die Durchführung eines metallurgischen
Prozesses, fehlt. Anderseits geben aber infolge der konstruktiven Ähn-
lichkeit der Schachtöfen mit den Schachtgeneratoren diese ein klares
Bild über den Aufbau der Schachtöfen. Der Längsschnitt der Schachtöfen ist in seiner ursprünglichen Form zylindrisch; es treten jedoch
je nach dem Zweck der in dem Ofen durchzuführenden Reaktionen
Erweiterungen und Verengerungen auf; eine sehr gebräuchliche Form
von Schachtöfen ist diejenige von zwei mit ihrem größten Durchmesser
aufeinander gestellten Kegelstümpfen (vgl. z. B. Abb. 49 und 50).
Der Querschnitt der Schachtöfen kann gleichfalls verschieden sein,
quadratisch, vieleckig, oval oder rund; am besten ist unter allen Umständen der runde Querschnitt, welcher im Verhältnis zum Inhalt
immer die geringste Ausstrahlungsoberfläche hat.

Als Brennstoff dient für den Schachtofen in den wenigsten Fällen
Gas; dieses muß dann von unten in den Schachtofen eingeblasen werden.
Für den Schachtofen am meisten geeignet ist der feste Brennstoff,
der mit dem zu erwärmenden Gut durch die Gicht aufgegeben wird.
Gewöhnlich wird der Brennstoff in abwechselnden Schichten mit dem
zu erwärmenden Gut aufgegeben. Aus Gründen, welche bei der Besprechung der Brennstoffe bereits erörtert wurden, können für Schachtöfen nur gasarme, nicht backende Brennstoffe verwendet werden,
wenigstens in solchen Fällen, wo erhebliche Brennstoffmengen verbraucht werden. (Für die Röstöfen z. B., welche nur einen Brennstoff-
aufwand von 30—35 kg für die Tonne Erz haben, spielt die Qualität
des Brennstoffs keine große Rolle.) Backende Kohlen würden beim
Vorrücken der Beschickung verkoken, und es würde sich dann innerhalb des Schachtofens leicht ein festes Gewölbe von verkokter Kohle
bilden, welches einerseits dem Durchgang der Verbrennungsgase Widerstand entgegensetzen, anderseits aber auch das weitere Herabsinken
der Beschickung verhindern würde. Aber auch abgesehen von der
Möglichkeit des Festbackens würde die Entgasung gashaltiger Brennstoffe in dem Schachtofen zu Unzuträglichkeiten führen, indem durch
den dazu notwendigen Wärmeaufwand dem Ofen Wärme für seinen
eigentlichen Zweck entzogen werden würde, während anderseits die
Entgasungsprodukte zu Störungen in dem ruhigen Verlauf des Auf-
einanderwirkens der Reagenzien führen könnten. Der gewöhnliche
Brennstoff für Schachtöfen ist daher Koks und in verhältnismäßig
seltenen Fällen auch Anthrazitkohle.

Das Aufgeben des festen Brennstoffs durch die Gicht führt nun
allerdings auch zu einer Erscheinung, der man im Interesse der thermischen Ausnutzung des Brennstoffs Rechnung tragen muß, nämlich
zu dem Aufeinanderwirken von Brennstoff und bereits verbrannten
Gasen. Sobald der aufgegebene Kohlenstoff in diejenigen Temperatur-
zonen kommt, in denen eine Umsetzung vor sich gehen kann, erfolgt
die Reduktion von Kohlensäure der Verbrennungsgase zu Kohlenoxyd.

Es ist somit in einem Schachtofen nicht möglich, den Kohlenstoff vollständig zu Kohlensäure zu verbrennen, und es entweichen aus ihm immer noch brennbare Gase. Will man den Brennwert der Kohle ganz ausnutzen, so muß man diese Gase auffangen und verwerten. Diese Ausnutzung der Schachtofengase ist bei dem vornehmsten Schachtofen, dem Hochofen, heute sehr weit ausgebildet (vgl. S. 187).

Die Verbrennungsluft wird dem Schachtofen naturgemäß immer von unten zugeführt; da, wo keine besonders hohen Temperaturen erreicht werden müssen, kann man auf die Zuführung durch ein Gebläse verzichten, z. B. bei Röstöfen, wo die Schornsteinwirkung des Schachtes selbst genügt, um die nötige Luftmenge anzusaugen. Bei Schachtschmelzöfen, die hohe Temperaturen erreichen müssen, und bei denen zudem die Höhe der Beschickungssäule zu ganz erheblichen Größen ansteigt, muß der Wind durch ein kräftiges Gebläse eingeblasen werden; hierfür sind bei Roheisenschmelzöfen (Kupolöfen) meist Kapselgebläse und bei den Hochöfen, die Höhen bis zu 30 m und darüber erreichen, Zylindergebläse in Anwendung.

Dreiundzwanzigstes Kapitel.

Flammöfen mit gewöhnlicher Feuerung.

Die Flammöfen sind Öfen mit vorwiegend horizontaler Achse, in denen in erster Linie die Wärme der Verbrennungsgase, also die Flamme, zur Erwärmung des Einsatzes ausgenutzt wird. Abb. 52—53 stellt die Prinzipskizze eines Flammofens dar. Er besteht aus zwei Hauptteilen, der Feuerung und dem Herd, welche durch die Feuerbrücke von einander getrennt sind. In der durch den Rost angedeuteten Feuerung wird der Brennstoff verbrannt; die sich dabei entwickelnde Flamme schlägt über die Feuerbrücke auf den Herd, auf den die zu erwärmende Beschickung durch eine oder mehrere seitliche Türen eingesetzt wird, und entfaltet sich hier zu voller Wirkung; dann zieht sie durch den sich verengenden hinteren Teil des Herdes, den sog. Fuchs, in den Kamin ab.

Die Beschickung des Flammofens wird auf den Herd eingesetzt, nach dem der Ofen auch Herdofen genannt wird. Der Herd ist je nach dem Zweck, den der Ofen erfüllen soll, verschieden geformt. Dient der Ofen zur Aufnahme eines Metalls, welches geschmolzen und in flüssigem Zustande behandelt werden soll, so wird der Herd zweckmäßig muldenförmig ausgestaltet; soll dagegen der Einsatz nur auf Schmiedehitze erwärmt werden, so erhält der Herd am besten eine flache Form, damit die eingesetzten Werkstücke bequem darin bewegt werden können. Dient der Ofen zur Erwärmung von Werkstücken von besonderer, aber immer wiederkehrender Form, so kann

der Herd vorteilhaft dieser Form angepaßt werden. (Beispiel: Wärmöfen für Scheibenräder in Walzwerken.)

Auch beim Flammofen sucht man möglichst die Gegenstrom-
erwärmung durchzuführen; wenn das auch nicht in gleichem Maße
möglich ist wie im Schachtofen, so wird dadurch doch immer ein besserer
thermischer Nutzeffekt des Ofens herbeigeführt, als wenn die Beschickung ohne Rücksicht darauf eingesetzt wird. Von den Flammöfen zur Schmelzung von Metall sind daher die sog. englischen Öfen,
bei denen die Mulde so angeordnet ist, daß sich das geschmolzene
Metall unmittelbar hinter der Feuerbrücke ansammelt, vorteilhafter
konstruiert als die sog. deutschen Öfen, bei denen der Herd nach
dem Kamin hin Gefälle hat,
und das flüssige Metall erst
am Fuchs abgestochen wird.
(Abb. 52—53 stellt z. B. einen
solchen Ofen dar.)

Soll das Werkstück im
Flammofen nur angewärmt
werden, so wird es vorteilhaft
sein, es an der kältesten
Stelle des Ofens, also am
Fuchs, einzusetzen und allmählich nach der Feuerbrücke
hin vorwärts zu bewegen.
Das ist natürlich nicht
immer möglich; z. B. bei der
Erwärmung von schweren
Schmiedestücken, welche sich
nur unter Aufwendung von
mechanischen Hilfsmitteln bewegen lassen, wird man auf

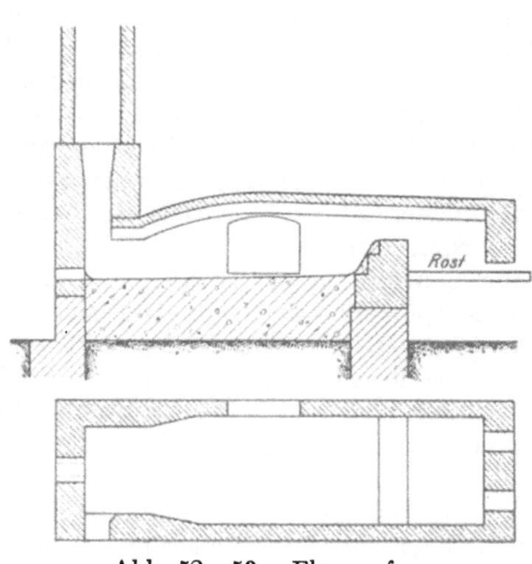

Abb. 52—53. Flammofen.

die Bewegung innerhalb des Ofens verzichten und sich mit
der Erreichung der notwendigen Temperatur ganz ohne Rücksicht
auf den thermischen Nutzeffekt des Ofens begnügen müssen. Sind
dagegen Massengüter zu erwärmen, z. B. Walzblöcke, Knüppel, vor-
geschmiedete Radreifen und Scheibenräder, so steht deren Vorwärts-
bewegung vom Fuchs zur Feuerbrücke nichts im Wege. Diese Arbeit
wird zum Teil auf nach der Feuerbrücke etwas geneigtem Herd mit
Stangen von Hand ausgeführt; neuerdings bürgern sich aber für diesen
Zweck mehr und mehr mechanische Blockdrückapparate ein, bei
denen die am hinteren Ende des Ofens eingesetzten Blöcke durch
hydraulisch oder elektrisch angetriebene Stempel kontinuierlich mit
einer so geringen Geschwindigkeit vorwärts gedrückt werden, daß
sie auf dem Wege vom Fuchs bis zur Feuerbrücke auf die notwendige
Temperatur erwärmt werden. An der Feuerbrücke werden sie dann entweder von Hand gezogen, oder sie fallen selbsttätig auf die zu den Verarbeitungswerkstätten (Walzwerken) führenden Transportvorrichtungen.

Der Herd des Flammofens ist mit einem Gewölbe aus feuerfestem Mauerwerk überdeckt. Über die Ausführung dieses Gewölbes haben sich die Ansichten in der Industrie erheblich geändert. Früher glaubte man allgemein, eine bessere Erwärmung der Beschickung dadurch erzielen zu können, daß man die Gewölbe sehr niedrig ausführte und dadurch die Flamme auf den Herd herunterdrückte; heute finden sich noch viele Ofenanlagen, die nach diesen Grundsätzen ausgeführt sind. Eine derartige Bauart ist aber unter allen Umständen unvorteilhaft; vielmehr sollen die Gewölbe derartig hoch gezogen werden, daß sich die Flamme im eigentlichen Ofen frei entfalten kann; geschieht das nicht, so werden die halb verbrannten Gase durch die engen Querschnitte mit großer Geschwindigkeit aus dem Ofen herausgepreßt und verbrennen zum großen Teil erst unwirksam im Essenkanal. Dieses Prinzip der freien Flammentfaltung ist zuerst von Siemens für seinen im nächsten Kapitel zu besprechenden Gasflammofen aufgestellt worden und ist für dessen Konstruktion heute in der Industrie allgemein anerkannt; merkwürdigerweise sträubt man sich aber trotzdem noch vielfach dagegen, ihm auch für die gewöhnlichen Flammöfen Geltung zu verschaffen.

Nicht zu verwechseln hiermit sind dagegen die Bestrebungen, eine gleichmäßigere Erwärmung dadurch herbeizuführen, daß man die Gewölbe über den Öfen etwas schief legt, so daß dadurch die Flamme etwas gegen die Türen abgelenkt wird, damit das Eindringen von kalter Luft in den Ofen und damit die Abkühlung der einen Seite möglichst vermieden wird. Derartige Anordnungen erfüllen ihren Zweck und tun dem thermischen Nutzeffekt des Ofens keinen Abbruch.

Die Wärme für den Flammofen oder vielmehr die heißen Feuergase liefert nun die Feuerung, welche schon auf S. 198 als Apparat zur Erzeugung heißer Feuergase definiert wurde. Es ist nun schon aus den früheren Erörterungen bekannt, daß an eine Feuerung ganz verschiedenartige Ansprüche gestellt werden müssen, je nach dem Zweck, den sie erfüllen soll, und zwar sind diese verschiedenen Anforderungen rein thermischer Art. In der Eisenindustrie kommt es entweder darauf an, das Eisen auf Schmiedehitze (Weißglut) zu erwärmen, und dafür genügt eine Temperatur im Ofen von etwa 1200—1300°, oder das Eisen muß auch geschmolzen werden, und da der Schmelzpunkt weichen Flußeisens bei etwa 1500° liegt, so sind dafür Ofentemperaturen von mindestens 1600—1700° erforderlich.

Obwohl nun die letztgenannten Temperaturen theoretisch, wie sich aus der Zahlentafel 5 auf S. 104 ergibt, durch Verbrennung von Kohlenstoff zu Kohlensäure erreicht werden könnten, ist es doch in der Praxis ausgeschlossen, mit einer gewöhnlichen Kohlenfeuerung ohne besondere Vorkehrungen zur Erhöhung der Wärmewirkung Temperaturen von mehr als etwa 1400° zu erreichen, so daß es also wohl möglich ist, den erstgenannten Zweck mit einer gewöhnlichen Feuerung zu erfüllen, während die Erreichung der Schmelztemperatur des Eisens nur möglich ist mit besonders konstruierten Feuerungen zur Erreichung besonders hoher Temperaturen, die man daher als Intensitätsfeuerungen bezeichnen kann.

Für beide Arten von Feuerungen ist die möglichst rationelle Ausnutzung des Heizwertes des Brennstoffs eine Grundbedingung.

Von den gewöhnlichen Feuerungen ist die Planrostfeuerung die älteste und einfachste, aber auch die unrationellste. Der Rost wird gebildet aus einer Anzahl Roststäbe, welche dergestalt neben einander gelegt sind, daß zwischen ihnen je ein schmaler Spalt bleibt, durch den einerseits die Verbrennungsluft eintritt, und anderseits die Reste des verbrannten Brennstoffs, die Asche, durchfallen. Die älteren Roststäbe sind einfache quadratische oder rechteckige Eisenstäbe; auch heute behilft man sich noch vielfach damit; modernere Roststäbe sind dagegen der Feuerung mehr entsprechend eingerichtet; sie haben fischbauchförmige Gestalt und trapezförmigen Querschnitt, sind an den Enden und zuweilen auch in der Mitte mit Verdickungen versehen, welche die Breite der Rostspalte regeln, und erhalten an den Enden Aussparungen zum bequemen Auflegen auf die Roststabträger; nach dieser Richtung hin ist die Möglichkeit zu weitgehender konstruktiver Ausgestaltung der Stäbe gegeben, ohne daß dadurch allerdings die thermische Wirkung der Rostfeuerung irgendwie beeinflußt wird.

Dagegen ist der Wirkungsgrad der Feuerung in erster Linie abhängig von der Art und Weise, wie die Beschickung des Rostes mit dem Brennstoff erfolgt. Zum Verständnis dessen müssen die Vorgänge auf dem Rost eingehend gewürdigt werden.

Das, was man in der Rostfeuerung erreichen will, ist genau das Gegenteil von dem, was im Gasgenerator gewollt ist. Während man in diesem die Bildung von Kohlensäure möglichst vermeiden will, sucht man auf dem Rost die möglichst vollständige Verbrennung zu Kohlensäure herbeizuführen, weil jedes kg Kohlenoxyd in den aus der Feuerung abziehenden Gasen eine geringere Ausnutzung der in den Brennstoffen vorhandenen Energie darstellt. Es muß daher auch auf dem Rost dahin gewirkt werden, daß die umgekehrten Bedingungen vorliegen wie im Generator. Da eine hohe Beschickungssäule die Bildung von Kohlenoxyd befördert, so muß auf dem Rost die Brennstoffschicht möglichst dünn aufgetragen werden. Es ist also schon aus diesem Grunde verkehrt, einen Rost auf einmal mit größeren Mengen Brennstoff zu beschicken; sondern man muß den Brennstoff kontinuierlich in möglichst gleichmäßigen Schichten auftragen.

Wir wissen ferner, daß die Neigung zur Kohlenoxydbildung mit der in der Feuerung herrschenden Temperatur steigt. Da nun gerade die Erzeugung hoher Temperaturen der Zweck der Feuerung ist, so läßt sich dieser Übelstand nicht ganz vermeiden; will man ihn möglichst umgehen, so muß man mit einem erheblichen Luftüberschuß arbeiten, wodurch der Neigung zur Kohlenoxydbildung entgegengearbeitet wird. Werden dann beim Durchgang durch den Flammofen die Feuergase abgekühlt, so kann eine weitere Verbrennung mit der überschüssigen Luft ohne Schwierigkeit erfolgen. — Aber noch andere Verhältnisse tragen dazu bei, die Vorgänge auf dem Rost noch verwickelter zu gestalten. Bei der Verbrennung von natürlichem, noch nicht verkoktem Brennstoff auf dem Rost haben wir es nicht nur mit einfachen Oxydationsvorgängen zu tun; sondern der gashaltige Brennstoff muß auch entgast werden, und zwar beginnt die Entgasung unmittelbar, nachdem der Brennstoff auf den Rost aufgegeben worden ist. Diese Entgasung erfordert einen Wärmeaufwand, wodurch die Temperatur in der Feuerung herabgedrückt wird. Die Entgasungsprodukte mischen sich mit den bereits verbrannten Gasen und verbrennen ihrerseits, sobald sie auf ihre Verbrennungstemperatur angewärmt sind. — Wird nun neuer Brennstoff in großen Mengen aufgegeben, so findet bald eine plötzliche Entwicklung von großen Mengen Kohlenwasserstoffe statt. Bei der gewöhnlichen Rostfeuerung kann die Beschickung des Rostes nur dadurch vorgenommen werden, daß die Feuertüren, welche für gewöhnlich die Feuerung nach vorne abschließen, geöffnet werden, und hierbei tritt soviel kalte Luft in die Feuerung ein, daß diese ganz erheblich abgekühlt wird; im Verein mit der durch die Zersetzung der Kohle bewirkten Abkühlung kann die Temperatur dabei so weit erniedrigt werden, daß die Entzündungstemperatur der Kohlenwasserstoffe unterschritten wird, und diese unverbrannt durch die Feuerung hindurchgehen. Treten sie nun plötzlich im Ofen selbst an die glühenden Ofenwände heran, so erfolgt der schon mehrfach besprochene Zerfall von schweren Kohlenwasserstoffen in leichte, unter Freiwerden von Kohlenstoff. Dieser fein verteilte Kohlenstoff wird durch den vermehrten Luftzug durch den Schornstein hindurch gewirbelt und tritt als der bekannte schwarze Rauch ins Freie, der nicht nur einen Brennstoffverlust darstellt, sondern auch für die Nachbarschaft außerordentlich lästig ist und unter allen Umständen vermieden werden sollte. Seine Vermeidung ist aber nur dann möglich, wenn die Beschickung nicht stoßweise in großen Mengen bei gleichzeitiger Öffnung der Türen vorgenommen wird.

Der gleichzeitige Luftzutritt zur Feuerung wird durch die Rostspalte gewährleistet; natürlich muß für genügenden Zug durch einen kräftigen Kamin Sorge getragen werden; gewöhnlich sind 18—25 mm Wassersäule ausreichend. Auch die Art des Brennstoffs ist wichtig für den Effekt der Feuerung. An zu großstückigen Brennstoff kann die Luft nicht genügend herantreten; daher ist er zu vermeiden; anderseits ist auch zu feines Material unbrauchbar, weil es dem Luftdurchtritt Widerstand entgegensetzt. Der richtige Brennstoff ist eine Kohle von Nußgröße (Nußkohle). Die Backfähigkeit der Kohle ist hierbei von geringerer Bedeutung, da bei der dünnen Brennstoffschicht durch das Zusammenbacken der Kohlen keine großen Unzuträglichkeiten entstehen können; anderseits ist aber mit Rücksicht auf die Länge des zu beheizenden Flammofens oder Kessels eine langflammige Kohle durchaus erwünscht, die man dann kurzweg als Kesselkohle bezeichnet.

Bei der Rostfeuerung kann nun ein ungünstiger thermischer Nutzeffekt entstehen:

1. durch Brennstoffverlust,
2. durch zu große Luftzufuhr.

Der erstgenannte Fehler kann hervorgerufen werden durch Rostdurchfall noch unverbrannter Kohle, der sich bei der an sich unvollkommenen Konstruktion der Rostfeuerung niemals ganz vermeiden lassen wird; man hat sich vielmehr auch auf großen Hütten daran gewöhnt, aus der Asche der Feuerung die noch brennbaren Teile der Kohle (Singeln, Cindern) herauszusuchen.

Hauptsächlich sind aber die Brennstoffverluste bedingt durch unvollkommene Verbrennung, welche entsteht durch nicht genügende Luftzufuhr. Es wurde bereits darauf hingewiesen, daß es nicht möglich ist, bei einer gewöhnlichen Feuerung für festen Brennstoff ohne einen Luftüberschuß auszukommen; anderseits wird aber durch diesen die erreichbare Temperatur und zum Teil auch der thermische Nutzeffekt wieder verringert, weil die überschüssige Luft auf die Ofentemperatur erhitzt werden muß und die latente Wärmemenge, die die Luft beim Verlassen des Ofens mit sich führt, verloren geht. Man schwebt also bei einer Feuerung immer zwischen zwei Extremen, die für den thermischen Effekt der Feuerung gleich schädlich sind, der zu geringen und der zu großen Luftzufuhr.

Bei vernünftiger Betrachtung dieser Verhältnisse wird man aber erkennen, daß für gewöhnliche Feuerungen, bei denen es nicht auf die Erreichung abnorm hoher Temperaturen ankommt, das Arbeiten mit Luftüberschuß immer der zu geringen Luftzufuhr vorzuziehen ist; denn bei ungenügender Luftzufuhr geht immer ein Teil des Brennstoffs unverbrannt durch den Ofen, und es entstehen direkte Wärmeverluste, während bei übermäßiger Luftzufuhr die volle Wärme des Brennstoffs entwickelt und nur die Temperatur heruntergedrückt wird. Wärmeverluste können in diesem Falle nur dadurch entstehen, daß die Abgase und mit ihnen die überschüssige Luft mit zu hoher Temperatur den Ofen verlassen. Durch geeignete Vorrichtungen läßt sich aber die latente Wärmemenge der abziehenden Gase immer zum größten Teil für den Ofen ausnutzen, wenn nicht anders, dann wenigstens durch Hinterschaltung eines Dampfkessels hinter den Flammofen. Und sollte selbst die Temperatur des Flammofens durch den Luftüberschuß etwas unter die notwendige Grenze erniedrigt werden, so bietet sich immer noch die Möglichkeit, durch Vorwärmung der Verbrennungsluft den Wärmefehlbetrag zu ersetzen, wobei die Luft durch die Abgase vorgewärmt werden kann.

H er zeigt sich also schon der große Vorzug der Luftvorwärmung, indem dadurch nicht nur die Temperatur des Ofens erhöht werden kann, sondern auch der wirkliche Wärmeeffekt, da man bei sachgemäßer Konstruktion der Feuerung in der Lage ist, durch nicht allzu ängstlich knappe Luftzufuhr immer eine vollständige Verbrennung der Kohle herbeizuführen. Die Vorwärmung der Luft wird bei dem Flammofen mit Rostfeuerung gewöhnlich in der Weise durchgeführt, daß die Luft in der Nähe des Fuchses unter den Ofen tritt und von da aus durch Kanäle unter dem Herd bis zur Feuerung geführt wird, wo sie dann durch Öffnungen im beiderseitigen Stützmauerwerk unter den Rost tritt. Für die Überwindung der Reibungswiderstände an den Kanalwänden ist natürlich ein etwas kräftigerer Kaminzug erforderlich.

Um nun die unvollkommene Rostfeuerung zu verbessern, sind in der Praxis sehr viele verschiedenartige Vorschläge gemacht und auch praktisch durchgeführt worden. Sie erstrecken sich einerseits auf die Konstruktion des Rostes selbst und die Art und Weise seiner Beschickung mit Brennstoff und anderseits auf die Art und Weise der Luftzuführung zur Feuerung.

Die bisherigen Ausführungen zeigen den Weg, auf dem durch konstruktive Änderungen der Rostfeuerung Verbesserungen zu erzielen sind. Man muß versuchen:

1. das stoßweise Aufwerfen des Brennstoffs auf den Rost durch eine fortlaufende Beschickung unter Vermeidung der jedesmaligen Öffnung der Feuertüren zu ersetzen;
2. das Auftragen des Brennstoffs in gleichmäßig dicker Schicht in vollkommener Weise durchzuführen, als es bei der Handbeschickung möglich ist;
3. durch geeignete Vorrichtungen die Entgasung des unverkokten Brennstoffs vorzunehmen, ehe er auf die glühende Brennstoffschicht gelangt.

Für diese Aufgabe sind in der Praxis eine große Anzahl verschiedener Lösungen gegeben worden; naturgemäß können im nachstehenden nur einige typische Konstruktionen behandelt werden.

Sehr gut hat sich immer bewährt die in Abb. 54 schematisch dargestellte Treppenrostfeuerung, welche in ihrer Konstruktion dem ältesten Siemens-Generator ähnelt. Sie hat eine dreieckige Grundform; an der vorderen schrägen Seite befindet sich zunächst eine Platte A aus Gußeisen oder feuerfestem Material, auf welche die Beschickung aufgebracht wird, und von wo sie auf den eigentlichen Rost herunterrutscht, nachdem sie bereits zum größten Teil entgast worden ist. Zunächst gelangt sie auf die treppenförmig übereinander angeordneten Rostplatten B, wo die eigentliche Verbrennung eingeleitet wird, wobei die Luft in der Pfeilrichtung eintritt. Diese Treppenrostplatten sind von außen bequem zugänglich, und der Brennstoff kann durch Stocheisen weiter nach unten gestoßen werden; er gelangt dann erst auf den Planrost C, auf dem der noch brennbare Rest verbrannt wird. Die Treppenrostfeuerung bietet den Vorzug, daß das Zurückbleiben unverbrannter Kohlenreste in der Asche erschwert wird; ferner gestattet sie mit Leichtigkeit die gleichmäßige Regelung der Brennstoffhöhe und damit die Erzielung eines konstanten Verhältnisses

zwischen Brennstoff und Luft. Endlich ist die Möglichkeit einer rauch-
freien Verbrennung dadurch geboten, daß der neu aufgegebene Brennstoff nicht plötzlich auf einmal auf den Rost gelangt, sondern nach
und nach kontinuierlich heruntersinkt und schon vor Beginn der Verbrennung vorgewärmt und entgast wird. Bei der Treppenrostfeuerung
werden also die obigen drei Bedingungen für eine gute Feuerung voll
und ganz erfüllt.

Von den mechanischen Vorrichtungen für Rostfeuerungen sind
zunächst zu erwähnen die automatischen Beschickungsvorrichtungen, bei denen der Brenn-
stoff ständig durch Rohre oder
Transportbänder an die Feuerung
herangeführt wird und entweder
auf die Roste herunterfällt oder
sogar durch rotierende Verteilungs-
apparate gleichmäßig auf den Rost
geschleudert wird. Es wird also
bei ihnen eine gleichmäßige und
fortlaufende Beschickung erzielt;
dagegen findet die Entgasung erst
gleichzeitig mit der Verbrennung
statt. Ferner haben sich in jüngerer
Zeit, allerdings wohl nur für Dampf-
kessel - Feuerungen, eingebürgert
mechanische Rostvorrichtungen, bei

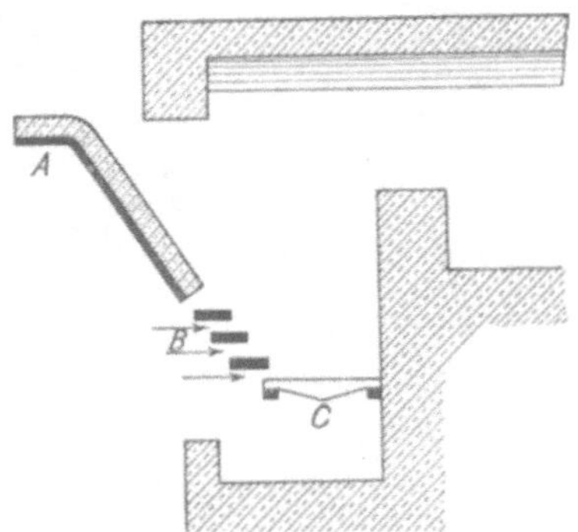

Abb. 54. Treppenrost-Feuerung.

denen nicht die Kohle, sondern der Rost wandert, die Wanderrost-
feuerungen, von denen Abb. 55—57 eine Ausführungsform der
Maschinenfabrik von Petry-Dereux in Düren darstellen. Der Rost
besteht anstatt aus einzelnen Stäben aus einer Anzahl von ketten-
förmig aneinander gereihten kleinen Wagen, die in Abb. 56 im Detail
gezeichnet sind. Der aus einer Anzahl solcher nebeneinander liegender
endloser Ketten zusammengesetzte Wanderrost wird nun über zwei
sich drehende Achsen langsam zur Verbrennungsstelle hinbewegt,
so daß die Kohlen, welche aus dem in der Abbildung erkennbaren Beschickungstrichter ständig und gleichmäßig auf den Rost herunter-
fallen, allmählich durch den ganzen Feuerungsraum hindurchgeführt
werden. Am andern Ende des Wanderrostes befindet sich ein durch
Hebel von außen verstellbarer Aschenabstreifer. Die Wanderrostfeuerung hat vor allem den Vorteil, daß das Brennmaterial in einer
immer gleichbleibenden dünnen Schicht auf den Rost gelangt, und
daß der Brennstoff bereits vor dem Eintritt in die Verbrennungsstelle
entgast wird. Durch Einstellen des Durchfallschlitzes in der Be-
schickungsvorrichtung und durch entsprechende Wahl der Umlauf-
geschwindigkeit des Rostes läßt sich die als für die Feuerung geeignet
erkannte Dicke der Beschickungsschicht genau einhalten.

Es bleiben nun noch diejenigen Einrichtungen zu besprechen,
bei denen eine bessere thermische Ausnutzung des Heizwerts der

Brennstoffe erreicht worden ist durch eine besondere Art der Luftzuführung. Daß der thermische Nutzeffekt vergrößert wird durch Vorwärmung der Luft, wurde in früheren Ausführungen wiederholt eingehend dargetan, und es wurde auch bereits gezeigt, in welcher Weise am besten die Luftführung durch den Ofen erfolgt, damit die Luft mit einer höheren latenten Wärmemenge in die Feuerung tritt. Es ist nun aber nicht gleichgültig, wo und wie die Luft in die Feuerung eintritt.

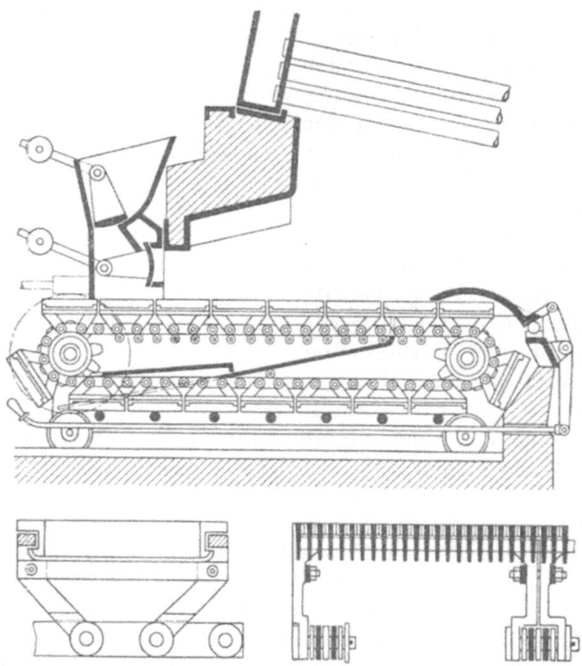

Abb. 55—57. Wanderrostfeuerung.

Wir haben bisher nur den Luftzutritt unter den Rost besprochen und dabei gesehen, daß es Schwierigkeiten bietet, der Feuerung genau die passende Luftmenge zuzuführen, und daß sowohl Luftmangel wie Luftüberschuß schädlich sind. Verteilt man dagegen die Luft so, daß unter den Rost nur eine ganz knappe Luftmenge tritt, der Rest der Luft dagegen in der Nähe der Feuerbrücke zu den bereits zum Teil verbrannten Gasen, so ergeben sich daraus Vorzüge für die Feuerung. Bei knappem Luftzutritt zum Rost wird erst recht nur ein Teil des Brennstoffs vollständig verbrennen, und es werden große Mengen Kohlenoxyd die Feuerung verlassen, gleichzeitig mit den noch unverbrannten Kohlenwasserstoffen. Zu diesem Gas tritt nun vor Eintritt in den Ofen die sekundäre verhältnismäßig hoch erhitzte

Verbrennungsluft hinzu, und es erfolgt jetzt die vollständige Verbrennung auch ohne einen weiteren Luftüberschuß, da sich die Luft mit dem Gas sehr leicht mischt. Man hat vielfach zu Anfang die Sekundärluft durch in die Feuerbrücke selbst verlegte Kanäle zutreten lassen, hat diese Konstruktion aber wohl durchweg als unvorteilhaft aufgegeben, weil diese Kanäle durch Hineinfallen von Flugstaub, unter Umständen auch Hinübertreten von Schlacken aus dem Herd leicht verstopft werden können, so daß heute die Sekundärluft meist durch Kanäle oberhalb der Feuerbrücke im Gewölbe zutritt.

Einen Schritt weiter in der gleichen Richtung der Luftverteilung bildet die Halbgasfeuerung, welche in Abb. 58 schematisch dargestellt ist. Man verzichtet von vornherein überhaupt auf die vollständige Verbrennung des Brennstoffs durch die Primärluft; sondern man beschränkt sich darauf, ihn zu vergasen und das entstandene

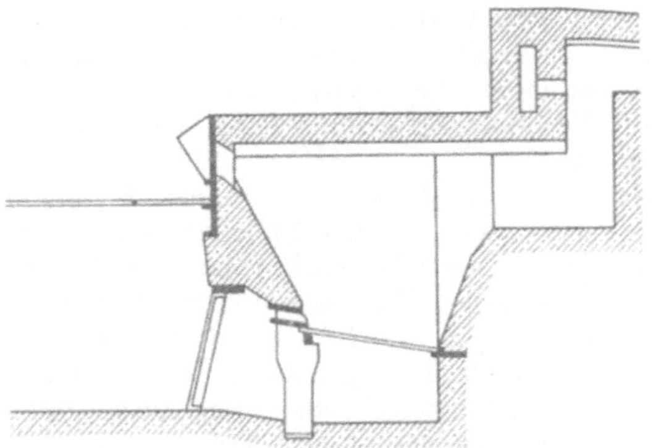

Abb. 58. Halbgasfeuerung.

Gas mit der Sekundärluft zu verbrennen. Die Feuerung kommt daher im Prinzip einem Gasgenerator immer näher; sie hat die Vorzüge der Gasfeuerung, aber auch gleichzeitig diejenigen einer Rostfeuerung. Beim Gasgenerator kommt es darauf an, die Kohle möglichst vollständig in Kohlenoxyd unter Vermeidung der Bildung von Kohlensäure zu verwandeln; bei der Rostfeuerung sucht man umgekehrt die Bildung von Kohlenoxyd zu vermeiden und möglichst alle Kohle zu Kohlensäure zu verbrennen; die Besprechungen beider Apparate haben gezeigt, wie schwer es ist, diese Bedingungen zu erfüllen, und daß, mag auch der Apparat noch so gut für die Bildung von reinem Kohlenoxyd und reiner Kohlensäure konstruiert sein, in beiden Fällen ein Gemisch aus beiden Gasen resultiert. Bei der Halbgasfeuerung kommt es weder darauf an, reines Kohlenoxyd noch reine Kohlensäure zu erzielen, weil sowohl der thermische Effekt der primären wie auch der sekundären Verbrennung nur dem Ofen zugute kommt. Die einzige Bedingung, welche erfüllt sein muß, ist, daß bei der sekundären Verbrennung das noch vorhandene Kohlenoxyd vollständig und ohne großen Luftüberschuß zu Kohlensäure verbrannt wird, und diese Bedingung ist wie bei jeder Gasfeuerung leicht zu erfüllen.

Von dem Gesichtspunkt der thermischen Ausnutzung des Brennstoffs ist also die Halbgasfeuerung eine geradezu ideale Feuerung.

Äußerlich entspricht die Halbgasfeuerung, wie schon erwähnt, einem Siemens-Generator älterer Konstruktion mit ungefähr dreieckigem Längsschnitt; auch erinnert die Konstruktion sehr stark an die Treppenrostfeuerung. Der Brennstoff wird durch den einfachen Beschickungstrichter an der Vorderseite aufgegeben und fällt auf die schräge Vorderwand; den unteren Abschluß bildet ein Planrost, unter den die Primärluft eintritt; die Sekundärluft tritt in der dargestellten Konstruktion, nachdem sie durch eine Folge von Kanälen im Herd und in den Seitenwänden des Ofens vorgewärmt worden ist, durch Öffnungen in einer der Feuerbrücke gegenüberliegenden Vertikalwand, welche mit der Feuerbrücke selbst einen senkrechten Kanal bildet, in diesen Kanal ein, so daß die Verbrennung schon erfolgt, bevor die Gase die Feuerbrücke überschreiten.

Die flüssigen und gasförmigen Brennstoffe finden verhältnismäßig wenig Verwendung in gewöhnlichen Feuerungen. Da, wo natürliche flüssige Brennstoffe vorkommen, z. B. in Südrußland, werden sie zur Speisung von Feuerungen benutzt, und zwar ist die sog. Forsunken- oder Streudüsenfeuerung am meisten gebräuchlich, bei der der Brennstoff durch eingeblasene Druckluft in zahllose feine Fäden zerstreut und in den Verbrennungsraum geschleudert wird, wo er mit langer Flamme verbrennt. Das Gas ist der natürlichste Brennstoff für die im nächsten Kapitel beschriebenen Intensitätsfeuerungen, bei denen sein Heizwert in ganz anderer Weise ausgenutzt werden kann wie in gewöhnlichen Feuerungen. Trotzdem findet natürliches Gas sowie überschüssiges Hochofen- oder Koksofengas, für die man sonst keine Verwendung hat, vielfach noch Verwendung zur Dampferzeugung, also zur Beheizung von Apparaten, die nur ganz geringe Temperaturen erfordern. Die Feuerungen sind in diesem Falle außerordentlich einfach; man braucht nur das Gas direkt vor dem zu heizenden Ofen in geeigneten Kanälen mit Luft zu mischen und zu verbrennen; besondere Feuerungseinrichtungen sind nicht erforderlich. Manchmal begegnet man auch Gasflammöfen, bei denen das Gas, durch besondere Düsen verteilt, in den Ofen hineingedrückt wird; derartige Düsenfeuerungen sind uns bei der Beheizung der Koksöfen bereits begegnet.

Vierundzwanzigstes Kapitel.
Flammöfen mit Intensitätsfeuerung.

Als Intensitätsfeuerungen wurden im vorigen Kapitel solche Feuerungen bezeichnet, welche die Erreichung von Temperaturen gestatten, die ohne besondere Vorkehrungen durch Verbrennung der in der Industrie verwendeten Brennstoffe nicht erreicht werden können. Die Intensitätsfeuerungen haben für die Eisenindustrie eine ganz besondere Bedeutung gewonnen, da die Schmelztemperatur von Schmiedeeisen und Stahl weit oberhalb der Temperaturgrenze liegt, die man mit gewöhnlichen Feuerungen nicht überschreiten kann; und die Erzeugung von Flußeisen im Herdofen ist überhaupt erst dann möglich geworden, nachdem die Intensitätsfeuerungen in die Industrie eingeführt worden waren.

Aus den früheren allgemeinen Ausführungen über die Entwicklung und Ausnutzung der Wärme geht hervor, daß die notwendigen hohen Temperaturen sich durch zwei verschiedene Mittel erreichen lassen, und zwar erstens dadurch, daß man aus dem Verbrennungsprozeß diejenigen Wärmeverbraucher entfernt, welche keine aktive Rolle darin spielen, daß man also anstatt gewöhnlicher Luft stickstoffarmen oder -freien Sauerstoff verwendet, und zweitens dadurch, daß man den beim Verbrennungsprozeß aufeinander einwirkenden Reagenzien, dem Brennstoff und der Luft, einen latenten Wärmevorrat erteilt und dadurch die beim Verbrennungsprozeß wirklich zur Geltung kommende Wärmemenge vermehrt. In der Praxis ist nur das letztgenannte Mittel gebräuchlich; wie schon erwähnt, hat überhaupt das Lindesche Verfahren zur Anreicherung des Sauerstoffgehalts in der Eisenindustrie noch keinen festen Fuß gefaßt.

Auch die Vorwärmung der Luft allein reicht für Intensitätsfeuerungen nicht aus, wie durch die vielen in der Praxis gebräuchlichen Feuerungen mit Luftvorwärmung bewiesen wird. Daher kommt auch als Brennstoff für Intensitätsfeuerungen nur Gas in Betracht, weil den andern Brennstoffen ein praktisch bedeutsamer latenter Wärmewert nicht mitgeteilt werden kann.

Es muß auch von vornherein klar erscheinen, daß für diesen Fall nur die rationelle Luft- und Gasvorwärmung, also die im 21. Kapitel beschriebene Rekuperation und Regeneration in Frage kommen können, da nur auf diese Weise Temperaturen von der Höhe erzielt werden können, welche notwendig erscheint. In der Praxis hat auch die Rekuperativfeuerung für Intensitätsfeuerungen fast gar keine Bedeutung gewonnen, und der einzige Ofen, welcher für diesen Zweck Verwendung findet, ist der in Abb. 59 dargestellte Siemenssche Regenerativofen. Das Prinzip des Regenerativofens besteht, wie aus den früheren Erörterungen über diesen Punkt bekannt ist, darin, daß die noch mit einem hohen latenten Wärmewert versehenen Abgase des Ofens durch Regene-

rativkammern geführt werden und in deren feuerfestes Gittermauerwerk den größten Teil ihrer Wärme ablagern. Diese wird dann nach
dem Umschalten der Zugrichtung den durch die Kammern geführten
Verbrennungsreagenzien, Gas und Luft, wieder mitgeteilt, welche
auf diese Weise die überschüssige noch nicht verbrauchte Wärme
wieder zum Ofen zurückführen. Das Prinzip des Ofens verlangt also
Regeneratoren zu beiden Seiten des Ofens, und zwar beiderseits je eine
Kammer für die Luft- und für die Gasvorwärmung. Wie schon bei der
Besprechung der Koksöfen mit Regenerativfeuerung erwähnt wurde,
ist es bei dieser Anordnung möglich, die Luft und natürlich auch das
Gas auf über 1000⁰ zu erwärmen und demgemäß im Ofen selbst mit

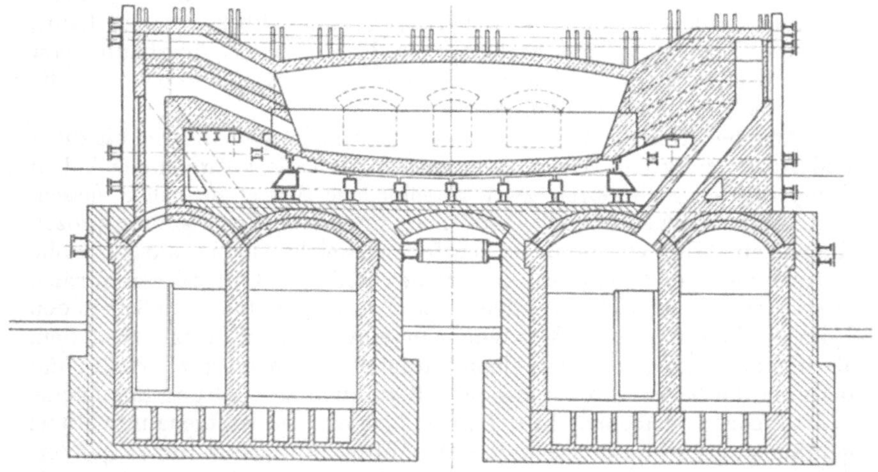

Abb. 59.   Siemens-Regenerativofen.

Leichtigkeit diejenigen Temperaturen zu erzielen, welche notwendig
sind, um flüssiges Schmiedeeisen zu überhitzen. In der Praxis sind schon
Temperaturen von über 1800⁰ gemessen worden.

Ein Regenerativofen besteht also aus vier Hauptteilen, dem Herd,
den Regenerativkammern, den Gas- und Luftkanälen zwischen Herd
und Kammern und den Umschaltvorrichtungen. Diese einzelnen
Teile sind in ihren Detailkonstruktionen sowohl wie in ihrer Anordnung
zueinander vielfachen Änderungen unterworfen gewesen, und es finden
sich in der Praxis mannigfache Variationen. Der in der Abb. 59 dargestellte Ofen ist ein Siemens-Martin-Ofen zur Schmelzung von Flußeisen, hat daher einen muldenförmigen Herd. Das Gewölbe des Herdes
ist, dem Prinzip der freien Flammentfaltung entsprechend, hoch über
den Herd gezogen, und die erwünschte Richtung von Gas und Luft
gegen den Herd, welche früher durch das herabgedrückte Gewölbe
herbeigeführt wurde, wird durch die Neigung der Kanäle nach dem
Herd bewirkt.

Die Regenerativkammern liegen unterhalb des Ofenherdes und der Züge; jedoch vermeidet man es, den Herd auf das Mauerwerk des Unterbaues aufzulegen. Die Grundsätze für die Bemessung der Kammern wurden bereits im 21. Kapitel angegeben. Obwohl Gas- und Luftmengen unter normalen Verhältnissen ungefähr einander gleich sind, werden doch die Luftkammern im allgemeinen um etwa ein Drittel größer gewählt als die Gaskammern; hauptsächlich deshalb, weil die Luft kalt in die Kammern eintritt, während das Gas vom Generator her noch immer einige hundert Grad hat, auch wenn die Generatoren von den Öfen entfernt liegen. Die Kammern für die Luft sind bei dem durch die Zeichnung dargestellten Ofen in der Mitte angeordnet.

Aus jeder Kammer führen ein bis zwei Gas- bzw. Luftkanäle nach oben in den Herd; die Mündungen dieser Kanäle können ganz verschieden zueinander angeordnet sein; jedenfalls aber sucht man eine vollständige Mischung von Gas und Luft gleich nach dem Austritt aus den Kanälen zu erzielen; meist wird daher (wie auch in Abb. 59) die Luft oberhalb des Gases eingeführt, da sie schwerer ist als dieses und demnach das Bestreben hat, nach unten zu sinken. Bei der späteren detaillierten Besprechung im zweiten Band des Werks wird Gelegenheit sein, eine Anzahl Ausführungsbeispiele dieser Art zu besprechen.

Auf die Umschaltvorrichtungen wird weiter unten zurückgekommen werden.

Der Ausdruck „Regenerativofen" ist nun, worauf bereits hingewiesen wurde, durchaus nicht glücklich gewählt; denn in dem Ofen wird nichts regeneriert. Die Regeneratoren sind nur Wärmespeicher, in denen die überschüssige Wärme eine Zeitlang aufbewahrt wird, um danach wieder zum Verbrennungsherd zurückgeführt zu werden. Dagegen ist eine neuere Siemenssche Ofenkonstruktion, der in Abb. 60 bis 61 dargestellte sog. Neue Siemensofen ein Regenerativofen im vollsten Sinne des Wortes. Er ist der einzige in der Praxis gebräuchliche Ofen, bei welchem das im 20. Kapitel unter Punkt 2 auf S. 165—166 besprochene Prinzip der Regeneration von Kohlenoxyd aus der Kohlensäure der verbrannten Gase angewendet wird. Es wird hierbei auf die Vorwärmung der Gase in Wärmespeichern verzichtet, und der Ofen hat daher nur zwei Wärmespeicher zur Vorwärmung der Luft; dafür sind im Ofen selbst zwei Generatoren angeordnet, aus denen die Gase unmittelbar mit ihrer natürlichen Wärme in den Verbrennungsraum hineintreten. Diejenigen Abgase aber, welche gegenüber dem gewöhnlichen Siemens-Ofen dadurch noch überschüssig sind, daß keine Abgase zur Vorwärmung des Gases benutzt werden müssen, treten statt dessen in den Generator, und die in ihnen enthaltene Kohlensäure wird nach der Formel

$$CO_2 + C = 2\,CO$$

zersetzt. Durch die Ausführungen auf S. 166 wurde zur Genüge bewiesen, daß dieser Vorgang an und für sich keinen rein thermischen Vorteil bietet, weil die gleiche Wärmemenge, welche im Ofen durch die Verbrennung des bei dem Vorgang gebildeten Kohlenoxyds gewonnen wird, im Generator zur Zersetzung der Kohlensäure aufgewendet werden muß, und daß der Vorteil, den diese Reaktion bietet, unter gewöhnlichen Verhältnissen nur darin liegt, daß der aus der Kohlensäure

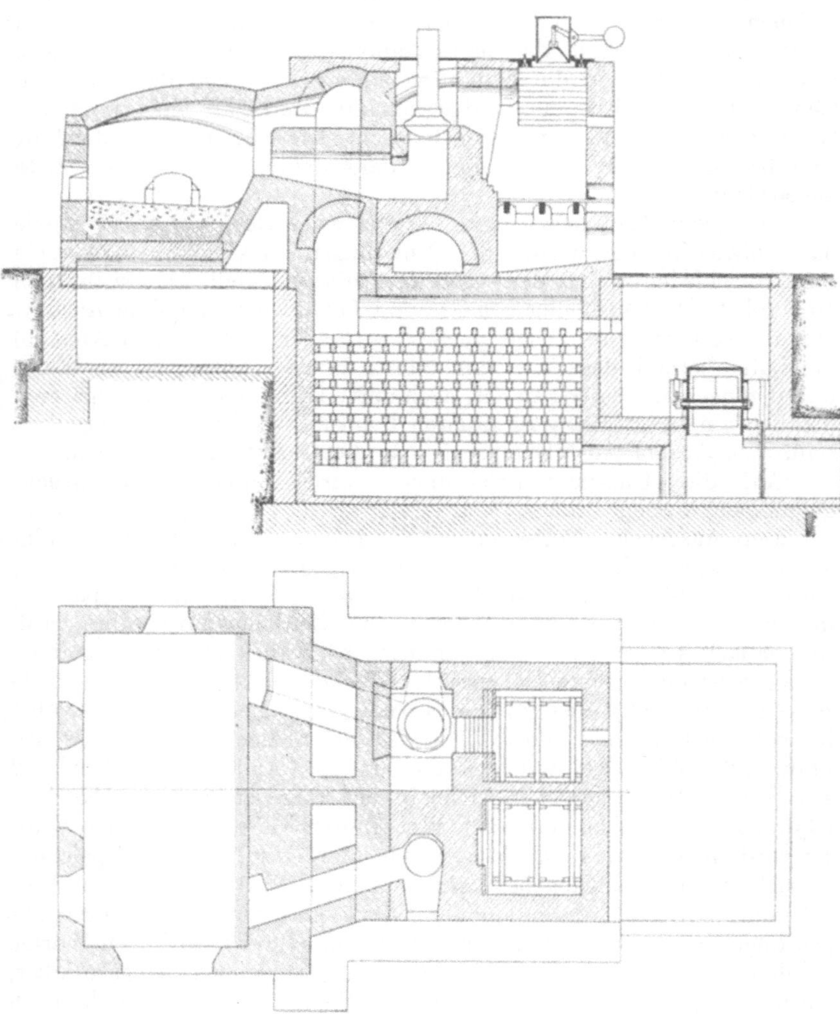

Abb. 60—61. Neuer Siemens-Ofen.

gewonnene Sauerstoff nicht wie der Luftsauerstoff durch Stickstoff verunreinigt ist. Im vorliegenden Falle tritt aber der Vorteil hinzu, daß der hohe latente Wärmewert der mit etwa 1200—1400^0 in den Generator tretenden Abgase zur Zersetzung der Kohlensäure dient,

und daß also der Zersetzungsprozeß nicht auf Kosten des wärme-
spendenden Vorgangs der Verbrennung von Kohle zu Kohlenoxyd
erfolgen muß. Da bei Vergasung von Kohle durch Kohlensäure immer
die doppelte Kohlenoxydmenge pro Einheit vergaster Kohle erzeugt
wird wie bei Vergasung mit Luft, so ergibt sich ohne weiteres der
Vorteil der Anordnung in Gestalt einer erheblichen Brennstoffersparnis.
Da der Generator unmittelbar am Ofen liegt, so treten die Gase auch
ohne Abkühlung in den Verbrennungsherd, und es ergeben sich hieraus
die gleichen thermischen Vorteile wie bei der Halbgasfeuerung.

Der neue Siemensofen eignet sich daher ganz besonders für kleine
Anlagen, also für einzelne Öfen, bei denen auf eine Zentralisierung
der Gaserzeugung ohnehin verzichtet werden muß, und hat daher
z. B. mannigfache Anwendung gefunden in kleinen Stahlgießereien
zur Schmelzung von Stahl.

Die Ofenkonstruktion ist an Hand der Zeichnung leicht verständlich. Je nach Stellung der Wechselklappe tritt die vom Kamin
angesaugte Luft durch den einen oder den anderen Wärmespeicher
zum Herd und trifft unmittelbar vor ihrem Eintritt in den Verbrennungsraum das aus dem entsprechenden Generator kommende Gas; die
verbrannten Gase verlassen den Ofen in der anderen Hälfte und verteilen sich auf den zweiten Wärmespeicher und den darüber liegenden
Generator. Die beiden Generatoren müssen natürlich durch einen Kanal
miteinander verbunden sein, damit der Kreislauf des Gases stattfinden kann. Die für die Vergasung überdies notwendige Verbrennungsluft tritt wie bei anderen Generatoren unter den Rost.

In wenigen Fällen werden auch, wo natürliche flüssige Brennstoffe zur Verfügung stehen, diese zur Heizung der Regenerativöfen
benutzt. Die Brennstoffe werden dann durch Leitungen in die Regenerativkammern gebracht, in denen sie unter Einwirkung der hohen
Temperatur sofort verdampfen und dann genau in derselben Weise
wirken wie die gasförmigen Brennstoffe.

Es ist nun noch notwendig, auf die Umschaltvorrichtungen für
Gas und Luft bei den Regenerativöfen näher einzugehen. Siemens
selbst hat für diesen Zweck einen einfachen Apparat konstruiert, die
in Abb. 62 dargestellte Siemenssche Wechselklappe. Das Ventil
besteht aus einer einfachen Klappe, welche wie ein gewöhnlicher Hahn
in einer Rohrleitung um 90^0 gedreht wird und dadurch dem Gas bzw.
der Luft und dem Abgas gleichzeitig verschiedene Wege öffnet. In
der Zeichnung sind rechts und links von dem Ventil die Verbindungskanäle zu den Kammern sichtbar; unterhalb der Klappe liegt der Kanal,
der zum Kamin führt, und oberhalb der Klappe der Luft- bzw. Gaseintritt, der noch durch ein besonderes Ventil überhaupt abgesperrt
werden kann. In der in der Zeichnung dargestellten Stellung hat die
rechts liegende Kammer direkte Verbindung mit dem Essenkanal,
die links liegende Kammer dagegen mit dem Gaszutritt; d. h. bei dieser
Stellung steigt die Luft bzw. das Gas durch die links liegende Kammer,
wo sie erwärmt werden, zum Herd, und die verbrannten Gase ziehen

durch die rechts liegende Kammer ab und gelangen, nachdem sie diese Kammer angewärmt haben, in den Kaminkanal. Durch einfaches Umlegen der Klappe, was durch das in der Zeichnung erkennbare Hebelwerk von der Ofenbühne aus geschieht, wird die Gasrichtung gewechselt. Während des Umschaltens muß der Gas- bzw. Luftzutritt überhaupt abgesperrt werden, da sonst eine Mischung von Gas und Abgas entstehen würde, welche leicht zu frühzeitigen Entzündungen und zu Explosionen führen könnte, auf alle Fälle aber durch direktes Entweichen von frischem Gas in den Schornstein Gasverluste ver-

Abb. 62.   Siemenssche Wechselklappe.

ursacht. Auch diese Absperrbewegung kann von der Ofenbühne aus durch ein Hebelwerk vorgenommen werden. Die Hauptbedingung für das gute Funktionieren der Siemensschen Wechselklappe, wie eines jeden Reversierventils, ist ihr dichter Abschluß, da durch das Hinübertreten von Gas in die Abgaskanäle große Unzuträglichkeiten entstehen können. Insbesondere beim Gasventil muß auf die Dichtigkeit des Abschlusses Wert gelegt werden; denn das Hinübertreten des Gases in die Abgasleitung hat Verluste von Gas im Gefolge, da dieses unausgenutzt in den Kamin entweicht, während der dichte Abschluß beim Luftventil weniger wichtig ist, da in diesem Falle bei Undichtigkeiten lediglich etwas Luft direkt in den Kamin mit angesaugt werden kann.

Das Dichthalten der Verschlüsse ist nun aber gerade die schwächste
Seite der Siemensschen Wechselklappe; denn wenn auch die Ränder
der Klappe im kalten Zustande sehr genau auf die Auflageflächen
des Ventilgehäuses aufgepaßt sind, so verzieht sich die Klappe bei
der unvermeidlichen Erwärmung durch die heißen Abgase sehr leicht

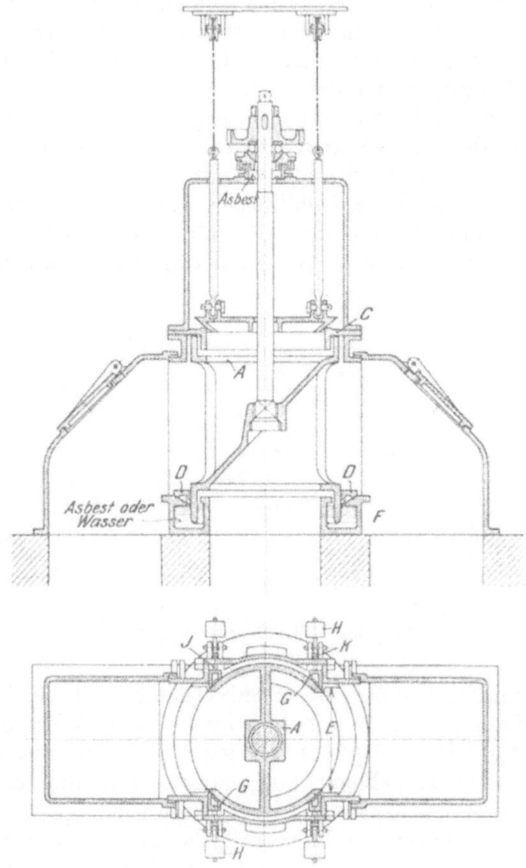

Abb. 63—64.   Fischer-Ventil.

und wird dann undicht. Infolgedessen hat man sich bemüht, bei neueren
Anlagen die Siemenssche Wechselklappe wenigstens als Gasventil
zu vermeiden, während sie für die Luftumschaltventile wegen ihrer
Einfachheit nach wie vor mit Vorliebe verwendet wird.

Von den vielen neueren Umschaltventilen, welche aus diesem
Grunde konstruiert worden sind, sollen nachstehend nur zwei besprochen
werden, die in der Praxis eine weite Verbreitung gefunden haben.

Das in Abb. 63—64 dargestellte Fischer-Ventil von Fischer &
Demmler in Mülheim a. d. Ruhr hat im Prinzip die gleiche Konstruktion wie die Siemenssche Wechselklappe; wie bei dieser erfolgt
die Zugumschaltung durch Drehung einer schrägen Scheidewand;
die Anordnung der einzelnen Kanäle, welche nach Bedarf miteinander
verbunden werden müssen, ist genau die gleiche wie bei der Siemens-
klappe; nur erfolgt die Drehung des Ventils nicht wie bei dieser um
eine horizontale, sondern um eine vertikale Achse. Diese Anordnung
gewährt den Vorzug, daß nunmehr die Scheidewand fest mit einem
zylindrischen Körper verbunden sein kann, der nur zu beiden Seiten
der Scheidewand Öffnungen zum Durchgang der Gase hat, der aber
als Ganzes mit der Scheidewand gedreht wird und oben und unten
durch Wasser oder Asbestabschluß gut abgedichtet werden kann.
Unten hat der zylindrische Hohlkörper A eine Verlängerung, welche
in Wasser hineintaucht; um den Abschluß noch dichter zu machen,
ist um den untern Teil noch ein Dichtungsring D angeordnet. Bei

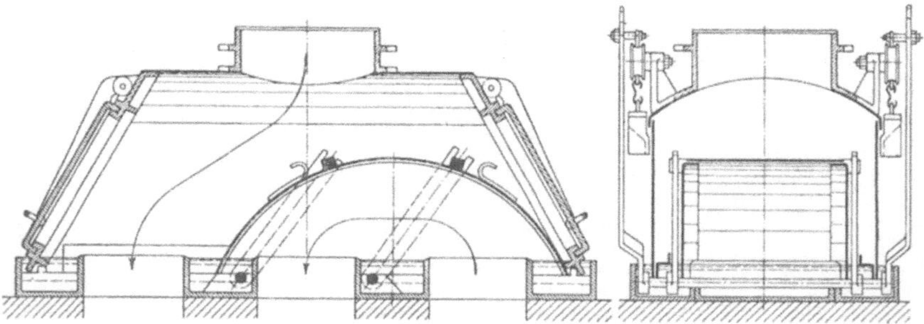

Abb. 65—66.   Forter-Ventil.

neueren Anordnungen trägt der Hohlzylinder auch noch am oberen
Ende einen Kragen, der in einen Wasser- oder Asbestabschluß eintaucht. Der ganze Hohlkörper ist an der Stange, um die er sich dreht,
pendelnd in einem Kugellager aufgehängt; um ihn gegen etwaige
Schwankungen sicher einzustellen, sind rundum Knaggen G angeordnet,
gegen welche Gegengewichte H vermittelst Bolzen J drücken. Beim
Fischer-Ventil muß natürlich, damit die Klappe in die entgegengesetzte Lage kommt, eine Drehung um 180° vorgenommen werden,
weil die Drehachse vertikal angeordnet ist.

Das Forter-Ventil (Abb. 65—66) beruht auf einem etwas andern
Prinzip als die beiden vorgenannten. Die Kanalanordnung ist auch hier
wieder dieselbe; dagegen hat das Ventil selbst eine haubenförmige
Gestalt, und zwar besteht es aus einer äußern und einer innern Haube.
Die äußere Haube aus Gußeisen überdeckt die sämtlichen Kanäle
und trägt in sich den Durchgangskanal für das frische Gas. Die innere
Haube aus Stahlblech überdeckt dagegen nur zwei von den drei Kanälen,
also den mittlern Kaminkanal und einen der beiden Kanäle zu den

Wärmespeichern, so daß also das Abgas aus dem von der innern Haube überdeckten Kanal von der Regeneratorkammer zum Kamin treten kann, während das Frischgas zwischen äußerer und innerer Haube zu dem andern Kammerkanal übertritt. Der Verlauf der Gas- und Abgaswege ist in der Zeichnung durch Pfeile angedeutet. Bei der gezeichneten Anordnung tritt links Frischgas in den Regenerator, rechts Abgas vom Regenerator in den Kamin. Soll eine Umschaltung vorgenommen werden, so wird die innere Haube durch das in der Zeichnung sichtbare Hebelwerk gehoben und über die beiden Kanäle am weitesten links gelegt. In der Ruhestellung liegen beide Hauben in Wasserrinnen, wodurch ein dichter Wasserabschluß bewirkt wird, der jedenfalls vollständig unabhängig ist von etwaigem Verziehen infolge ungleichmäßiger Erwärmung.

Die sämtlichen dargestellten Umschaltventile tragen zu beiden Seiten ins Freie führende Klappen, die während des Betriebs dicht mit Lehm verschmiert werden. Während der Betriebspausen dienen sie als Reinigungsklappen; außerdem haben sie die Aufgabe, bei etwaigen Explosionen als sich selbsttätig öffnende Sicherheitsventile zu dienen weshalb sie gewöhnlich als Explosionsklappen bezeichnet werden

C. Wärmeerzeugung durch Oxydation nicht brennstoffartiger Metalle und Metalloide.

Fünfundzwanzigstes Kapitel.

Intermolekulare Verbrennung. Aluminothermie.

In der Eisenindustrie hat nun auch in vielen Fällen diejenige Wärme eine Bedeutung, welche durch Verbrennung anderer Körper als der eigentlichen Brennstoffe hervorgerufen wird. Es ist bekannt, daß jeder Oxydationsprozeß mit einer Wärmeentwicklung verbunden ist, und es könnte vom rein theoretischen Standpunkt aus jedes Element als Brennstoff dienen. Daß das nicht der Fall ist, liegt an verschiedenen Gründen, zum Teil an technischen Schwierigkeiten, zum Teil auch an zu hohen Kosten der betr. Elemente. Unter besonderen Umständen spielt aber auch die Oxydation dieser andern nicht brennstoffartigen Körper eine wärmetechnische Rolle, sei es, daß solche Elemente aus ihrer Legierung mit dem Eisen entfernt werden müssen, was nur durch ihre Oxydation möglich ist — intermolekulare Verbrennung der Nebenbestandteile des Eisens — sei es, daß durch die Verbrennung eines Metalls, des Aluminiums, besondere wärmetechnische Effekte hervorgerufen werden sollen — Aluminothermie.

1. Intermolekulare Verbrennung.

Um aus Roheisen, welches ein hauptsächlich durch Kohlenstoff, Silizium, Mangan und Phosphor verunreinigtes Eisen ist, Schmiedeeisen oder Stahl darzustellen, müssen diese Nebenbestandteile durch Oxydation entfernt werden. Die bei dieser Oxydation entwickelten Wärmemengen sind durchaus nicht unbedeutend und fallen für die Wärmetechnik dieser Oxydation um so mehr ins Gewicht, als die Verbrennungsprodukte mit Ausnahme derjenigen des Kohlenstoffs feste Körper sind, so daß also die erzeugte Wärmemenge dem Prozeß erhalten bleibt und nicht durch Verbrennungsgase entführt wird.

1 kg Silizium entwickelt bei der Verbrennung zu SiO_2 — 7830 Cal.
1 kg Phosphor entwickelt durch Verbrennung ,, P_2O_5 — 5965 Cal.
1 kg Mangan   ,,   ,,   ,,   ,, MnO — 1730 Cal.
(vgl. S. 83).

Die erzeugten Wärmemengen sind also namentlich bei der Verbrennung von Silizium und Phosphor ganz erheblich; ihr Effekt in bezug auf die Temperaturerhöhung des Metalls zeigt sich aber noch wesentlich höher, wenn man die geringe Wärmekapazität der entstehenden Verbrennungsprodukte würdigt.

Eine einfache thermische Berechnung ergibt folgende Temperaturerhöhungen durch die intermolekulare Verbrennung der einzelnen Elemente.

Es soll ein Roheisen angenommen werden mit 4 Proz. C und 1 Proz. Si und mit einer Anfangstemperatur von 1200^0, in dem das Silizium verbrennen soll.

Vor der Verbrennung sind vorhanden:

95 kg Eisen mit einer latenten Wärme von
$$95 \cdot 1200 \cdot 0{,}1667 = 19\,000 \text{ Cal.}$$

4 ,,	Kohlenstoff mit	$4 \cdot 1200 \cdot 0{,}203$	=	974 ,,
1 ,,	Silizium . ,,	$1200 \cdot 0{,}136$	=	163 ,,

100 ,, mit einer latenten Wärmemenge von   20 137 Cal.

Durch Verbrennung von 1 kg Silizium werden
   erzeugt . . . .   7 830 ,,

Die zur Verfügung stehende Wärmemenge
   ist also . . . . 27 967 Cal.

Nach der Verbrennung sind vorhanden:

95	kg Eisen	(spez. W.	=	0,1667)
4	kg Kohlenstoff	(,,	,, =	0,203)
2,14	kg Kieselsäure	(,,	,, =	0,195)
3,72	kg Stickstoff	(,,	,, =	0,29)

Es ergibt sich also die Temperatur nach der Verbrennung zu
$$T = \frac{27\,967}{95 \cdot 0{,}1667 + 4 \cdot 0{,}203 + 2{,}14 \cdot 0{,}195 + 3{,}72 \cdot 0{,}29}$$
$$T = 1545^0$$

oder die Temperaturerhöhung $t = 345^0$.

Durch analoge Berechnungen ergibt sich, daß unter übrigens gleichen Verhältnissen die durch Verbrennung von 1 Proz. Mn hervorgerufene Temperaturerhöhung 73^0, die durch Verbrennung von 1 Proz. P hervorgerufene Temperaturerhöhung 212^0 beträgt, während die Temperaturerhöhung, die durch Verbrennung von 1 Proz. C herbeigeführt wird, nur 25^0 beträgt, praktisch also fast bedeutungslos ist.

Die Temperaturerhöhung ist umso geringer, je höher die Anfangstemperatur schon war; bei der Verbrennung von Kohlenstoff wird schließlich eine Temperatur erreicht, bei der durch weitere Verbrennung überhaupt keine Temperaturerhöhung mehr erfolgt.

Auch durch Verbrennung von Eisen wird Wärme erzeugt; jedoch sucht man diese naturgemäß möglichst zu vermeiden. Die durch die intermolekulare Verbrennung erzeugten Wärmemengen sind für die älteren Stahldarstellungsprozesse gegenüber den durch Verbrennung der Brennstoffe erzeugten Wärmemengen bedeutungslos gewesen; bei den moderneren Hüttenprozessen spielen sie eine bedeutsame Nebenrolle bei den Erzfrischverfahren im Herdofen, bei denen sie zur Reduktion von zugeschlagenen Eisenerzen verwendet werden. Für die Windfrischprozesse endlich dient die durch intermolekulare Verbrennung erzeugte Wärmemenge als einzige Wärmequelle zur Durchführung des Prozesses, da in ihnen außer der latenten Wärmemenge des flüssig eingesetzten Roheisens keine weitere Wärmequelle zur Verfügung steht.

2. Aluminothermie.

Vor etwa 15 Jahren ist es Dr. Hans Goldschmidt in Essen gelungen, metallisches Aluminium als Brennstoff zur Erzeugung besonders hoher Temperaturen zu verwenden. Die technische Durchführbarkeit des Verfahrens beruht auf der hohen Verbrennungswärme des Aluminiums und der verhältnismäßig geringen Wärmekapazität des bei der Verbrennung entstehenden Produkts, der Tonerde; seine Wirtschaftlichkeit und praktische Brauchbarkeit hat sich durch die seit der Erfindung außerordentlich gesunkenen Herstellungskosten des Aluminiums ergeben. Da das Aluminium heute durch elektrothermische Erhitzung aus seiner erwähnten in der Natur vorkommenden Sauerstoffverbindung, der Tonerde, reduziert wird, so kann man die Aluminothermie gewissermaßen als indirekte elektrische Erhitzung bezeichnen, bei welcher in dem elektrischen Reduktionsprozeß eine große Energiemenge in dem Aluminium aufgespeichert wird, die durch die Verbrennung des Aluminiums wieder ausgelöst wird.

Die praktische Lösung der Frage der Verbrennung des Aluminiums bot zwei Schwierigkeiten, und zwar die der Beschaffung des zur Verbrennung nötigen Sauerstoffs und die der Entzündung des Aluminiums. Es ist bekannt, daß Aluminium nicht an der freien Luft verbrennt. Dr. Goldschmidt hat dagegen gefunden, daß, wenn man fein gepulvertes Aluminium mit einem Metalloxyd in demjenigen Verhältnis mischt, daß der Sauerstoffgehalt des Metalloxyds genügt, um das

Aluminium in Tonerde zu verwandeln, und dieses Gemisch zur Entzündung bringt, das Aluminium unter gleichzeitiger Reduktion des Metalloxydes unter Entwicklung einer großen Wärmemenge, die eine Temperatur von ungefähr 3000^0 herbeiführt, verbrennt. Für die Entzündung eines solchen Gemisches, das als Thermit bezeichnet wird, fand Goldschmidt gleichfalls einen Weg, und zwar bietet ein Gemisch von Bariumsuperoxyd mit Aluminium, welches mit einem gewöhnlichen Streichholz entzündet werden kann und während des Oxydationsprozesses so hohe Temperaturen entwickelt, daß sich Thermit dabei entzündet, hierzu die Möglichkeit. In der Eisenindustrie kann der Thermit auch durch ein flüssiges Stahlbad, in das er hineingetaucht wird, zur Entzündung gebracht werden; dagegen genügt hierzu nicht die Temperatur flüssigen Gußeisens.

Je nach der Art des dem Aluminium beigemischten Metalloxyds sind verschiedene Arten von Thermit zu unterscheiden; bisher sind fast alle wichtigen Metalle Bestandteile eines entsprechenden Thermits geworden. Wie ohne weiteres erklärlich ist, kann das aluminothermische Verfahren verwendet werden zur Reduktion der teureren Metalle aus ihren Erzen, wobei es den Vorteil bietet, daß die Metalle dabei kohlenstofffrei erschmolzen werden können, was bei ihrer gewöhnlichen Herstellung mit außerordentlichen Schwierigkeiten verbunden ist. In der Eisenindustrie hat sich der Thermit in Gestalt einer Mischung von Aluminium mit Eisenocker gleichfalls eingebürgert, zwar nicht zur Reduktion von Eisenoxyden, wohl aber zur Erreichung hoher Temperaturen für verschiedene Zwecke, z. B. zum Zusammenschweißen von Eisen und Stahl.

Das bei der Verbrennung des Aluminiums entstehende Aluminiumoxyd ist ein wertvolles Nebenprodukt des Thermitverfahrens. Bekanntlich ist die reine Tonerde, der Korund, ein Edelstein von einer Härte, die nur durch diejenige des Diamanten übertroffen wird; in seiner roheren Modifikation „Schmirgel" dient er als Schleifmittel. Das bei der Verbrennung des Aluminiums entstehende Aluminiumoxyd ist ein Produkt von gleicher Härte wie der Korund; es wird von der Allgemeinen Thermitgesellschaft in Essen unter dem Namen Korubin als künstlicher Schmirgel in den Handel gebracht, der den natürlichen Schmirgel an Härte meist noch übertrifft.

D. Elektrothermie.

Sechsundzwanzigstes Kapitel.

Die Erzeugung von Wärme aus elektrischer Energie.

Es ist seit langer Zeit bekannt, daß die elektrische Energie wie jede andere Energieform in Wärme umgewandelt werden kann, und im besondern, daß bei der Umsetzung elektrischer Energie in Wärme

Temperaturen erzielt werden, die durch keine andere Wärmequelle auch nur im entferntesten erreicht werden können. Die Erzeugung von Wärme aus elektrischer Energie hat aber erst in den letzten Jahren praktische Bedeutung erlangt, nachdem die elektrische Industrie durch Ausbau von Wasserkräften, durch die Ausnutzung der Hochofengase, durch Bau großer Überlandzentralen und andere Mittel die Schaffung ausreichend billigen elektrischen Stromes ermöglicht hat. Wird ein Leiter von einem elektrischen Strom durchflossen, so entwickelt sich immer eine gewisse Wärmemenge, die je nach Art des Leiters und nach Spannung und Stärke des Stroms verschieden ist. Nach dem Jouleschen Gesetz beträgt diese Erwärmung pro Sekunde n g/cal

$$K = 0{,}24 \cdot i \cdot e,$$

worin i die Stromstärke und e die Spannung des elektrischen Stroms bedeutet. Setzt man in diese Formel nach dem Ohmschen Gesetz den Wert für die Spannung e = i . w, worin w den Widerstand des Leiters bedeutet, ein, so ist die Erwärmung

$$K = 0{,}24 \cdot i^2 \cdot w.$$

Hieraus ergibt sich zweierlei:

1. die Erwärmung ist proportional dem Widerstand des betreffenden Leiters, und
2. sie ist proportional dem Quadrat der Stromstärke.

Will man also auf elektrothermischem Wege Wärme erzeugen, so muß man mit möglichst großen Stromstärken arbeiten, oder da das Produkt aus Spannung und Stromstärke gleich der Kraft ist, so ergibt sich, daß man bei einer bestimmten zur Verfügung stehenden Kraft mit möglichst geringer Spannung arbeiten muß. Wird z. B. durch einen Eisenstab von 1 m Länge und 1 qmm Querschnitt ein Strom geleitet, der von einer Kraftquelle von 100 Watt herrührt, so entsteht, wenn der Strom eine Spannung von 10 Volt, also eine Stärke von 10 Amp. hat, bei einem spezifischen Widerstand des Eisens von 0,12 eine sekundliche Erwärmung von

$$K = 0{,}24 \cdot 10^2 \cdot 0{,}12 = 2{,}88 \text{ g/cal};$$

hat dagegen der Strom nur eine Spannung von 1 Volt, also 100 Amp., so ergibt sich eine Erwärmung von

$$K = 0{,}24 \cdot 100^2 \cdot 0{,}12 = 288 \text{ g/cal},$$

also der hundertfache Wärmewert bei der gleichen Kraftzufuhr.

Aus der Formel geht nun auch schon einer der großen Vorzüge hervor, den die elektrische Erhitzung vor allen andern Arten der Wärmeerzeugung hat. Die außerordentlich leichte und bequeme Regulierbarkeit. Man braucht nur die Stromstärke bzw. bei gleichbleibender Spannung die Kraftzufuhr zu ändern, um die Erwärmung in beliebigen Grenzen zu regulieren. Diese leichte Regulierbarkeit der Wärmezufuhr ist für die Durchführung mancher hüttenmännischer Prozesse, wie wir im 2. Teil sehen werden, äußerst vorteilhaft. Der andere Hauptvorzug der elektrischen Erhitzung ist der, daß jedes Wärmeübertragungsmittel fehlt, und daß der elektrische Strom unmittelbar in Wärme verwandelt wird, die in dem zu erwärmenden Körper selbst erzeugt wird. Dieses Fehlen eines Wärmeübertragungsmittels bietet nun nach zwei Richtungen hin Vorteile, die sich bei einem Vergleich mit der gewöhnlichen Wärmeerzeugung sofort ergeben. Einerseits wird dadurch die Möglichkeit gegeben, hohe Temperaturen zu erzielen. Wir haben bei der Besprechung des Verbrennungsprozesses gesehen, wie sehr die Erreichbarkeit hoher Temperaturen durch die Gegenwart der Heizgase als Wärmeübertragungsmittel beeinträchtigt wird, einmal dadurch, daß diese selbst und mit ihnen ein manchmal recht erheblicher Luftüberschuß mit bis auf die Verbrennungstemperatur erhitzt werden müssen und dem Verbrennungsherd große Wärmemengen entführen, zweitens aber und hauptsächlich dadurch, daß infolge der Dissoziation der Verbrennungsprodukte die Temperatur sich nicht über eine gewisse Grenze hinaus erheben kann, auch wenn die Wärmemenge im Vergleich zu der Wärmekapazität der zu erwärmenden Körper die Erreichung höherer Temperaturen gestatten würde. Bei der elektrischen Beheizung wird demgegenüber die Erreichung derjenigen Temperatur in keiner Weise beeinträchtigt, die sich ergibt, wenn man die entwickelte Anzahl Kalorien durch die Wärmekapazität der zu erwärmenden Körper bzw. des Leiters dividiert. Es entstehen keine andern Wärmeverluste als diejenigen durch Leitung und Strahlung.

Zweitens bietet das Fehlen eines Wärmeübertragungsmittels den Vorzug, daß diejenigen Beeinträchtigungen der Qualität vermieden werden, die beim Verbrennungsprozeß durch die Einwirkung der Abgase auf den zu erwärmenden Körper entstehen. Wir wissen, daß die in den Verbrennungsprodukten enthaltenen Gase, vor allem Sauerstoff, Stickstoff und Wasserstoff, auf Eisen, das erwärmt oder geschmolzen werden soll, chemisch und physikalisch einwirken, indem sie sich entweder mit dem Eisen legieren oder sich sonst chemisch verbinden, oder indem sie sich in dem flüssigen Metallbad auflösen und Anlaß zu Gasblasenbildung geben. Bei der elektrischen Erhitzung kann man den zu erhitzenden Körper bis auf die höchsten denkbaren Temperaturen bringen, ohne daß die atmosphärische Luft oder irgendein Gas während der Erhitzung darauf einwirken.

Die elektrische Erhitzung wird nun in der Praxis in verschiedener Weise durchgeführt. Wenn auch zuweilen die sog. Widerstandserhitzung in Gegensatz zu andern Arten der Erhitzung gestellt wird, so muß doch besonders darauf aufmerksam gemacht werden, daß jede Art elektrischer Erhitzung eine Widerstandserhitzung ist, da nach dem Jouleschen Gesetz die Erwärmung proportional ist dem Widerstand des Stromleiters. Eine besondere Stellung nimmt in der Widerstandserhitzung die Lichtbogenerhitzung ein. Ein Lichtbogen entsteht dann, wenn der elektrische Strom auf seinem Wege gezwungen wird, eine Luft- oder Gasschicht zu durchdringen; dies geschieht dann in Gestalt einer Reihe von elektrischen Funken, die man als Lichtbogen bezeichnet. Der Widerstand einer Gas- und Luftschicht ist im Verhältnis zu demjenigen fester Körper verhältnismäßig groß, und daher ist auch die in einem Lichtbogen konzentrierte Wärmemenge und seine Temperatur außerordentlich hoch; die Lichtbogentemperatur wird zu etwa 3500—4000° angenommen. Die Lichtbogenlänge richtet sich nach der Entfernung der beiden Elektrodenpole voneinander; die Spannung muß aber dementsprechend so groß gewählt werden, daß der Strom die Gasschicht zu durchdringen vermag. Die normalen Spannungen von Strömen, welche zur Lichtbogenerhitzung dienen, bewegen sich daher zwischen etwa 40 und 80 Volt.

Die bei der Lichtbogenerhitzung erzeugte Wärmemenge läßt sich, da es schwer ist, den Widerstand der Gasschicht zu bestimmen, am einfachsten nach dem Jouleschen Gesetz als den 0,24 fachen Betrag des Produkts von Spannung und Stromstärke berechnen.

Bei der Lichtbogenerhitzung, die zweifellos die weitaus wichtigste jeder elektrischen Erhitzungsart ist, kann nun die Erwärmung in verschiedener Weise vorgenommen werden, entweder indem der Lichtbogen sich zwischen zwei oder mehreren freien Kohlenelektroden bildet und lediglich durch seine Strahlung das zu erwärmende Gut erhitzt, oder indem er sich zwischen einer Kohlenelektrode und dem zu erwärmenden Gut oder endlich zwischen zwei beieinander liegenden Stücken des zu erhitzenden Guts bildet, welches dann unmittelbar in der heißen Wirkungszone des Lichtbogens liegt und direkt erhitzt wird. In diesem Falle ist der thermische Nutzeffekt der Energieumsetzung am günstigsten. Insbesondere die letztgenannte Art der Lichtbogenerhitzung zwischen zwei Stücken des zu erwärmenden Guts kommt viel häufiger vor, als man annimmt; z. B. dann, wenn kleinstückiges Material in einen Ofen chargiert und der elektrische Strom hindurchgeleitet wird. Wenn man auch im allgemeinen geneigt ist, die Erwärmung in diesem Falle dem Widerstand des beheizten Körpers zuzuschreiben, so muß darauf hingewiesen werden, daß in Wirklichkeit die kleinen Lichtbogen, die sich zwischen je zwei benachbarten Materialstückchen bilden, die Hauptträger der Erhitzung sind.

Außer der Lichtbogenerhitzung kommt die reine Widerstandserhitzung erst in zweiter Linie in Betracht. Auch hierbei ergeben sich verschiedene Möglichkeiten der Erhitzung. Entweder dient der zu erwärmende Körper selbst als Leiter, wird also selbst direkt erwärmt, oder er wird in eine Widerstandsmasse eingebettet, welche durch das Durchleiten des elektrischen Stroms erhitzt wird und ihre Wärme auf den zu heizenden Körper überträgt. Naturgemäß kann hierbei der zu erwärmende Körper entweder unmittelbar in der Widerstandsmasse liegen oder in einem Gefäß eingeschlossen sein, durch dessen Wände hindurch er geheizt wird.

Bei der reinen Widerstandserhitzung kann nun der Strom dem Leiter durch Pole zugeführt werden, oder er kann erst in dem Leiter selbst erzeugt werden; dieser letztgenannte Fall wird gewöhnlich als Induktionserhitzung bezeichnet, weil die Erzeugung des zur Erwärmung

15*

dienenden Stroms durch Induktion erfolgt. Diese Erhitzungsart ist allerdings nur möglich bei guten Leitern, also Metallen, in denen durch Induktion ein Sekundärstrom erzeugt werden kann. Ein Induktionsofen besteht aus einer in sich geschlossenen Rinne, in welche das zu erwärmende Metall eingetragen wird. In ihre unmittelbare Nähe wird eine Induktionsspule mit vielen Windungen gebracht, durch welche hochgespannter Wechselstrom hindurchgeschickt wird. Dadurch wird in der Rinne durch Induktion ein Strom von ganz geringer Spannung und entsprechend hoher Stromstärke erzeugt, durch den das in der Rinne befindliche Metall erhitzt wird. Die Erhitzung ist auch hier eine reine Widerstandserhitzung, obwohl der Name Induktionserhitzung auf andere wärmetechnische Vorgänge schließen läßt.

In die Praxis haben sich schon eine ganze Anzahl verschiedener Elektroöfen eingebürgert, bei denen die eine wie die andere Art der Erhitzung, zuweilen auch Kombinationen von mehreren, Anwendung finden. Im zweiten und dritten Band dieses Werkes wird sich Gelegenheit bieten, bei den einzelnen metallurgischen Prozessen auf die verschiedenen Verwendungsgebiete hinzuweisen, für welche sie bereits Bedeutung erlangt haben.

E. Ofenbau.

Siebenundzwanzigstes Kapitel.

Der Aufbau der Öfen und die feuerfesten Materialien.

I. Der Aufbau der Öfen.

Durch die Ausführungen in den vorhergehenden Abschnitten sind die in der Eisenindustrie gebräuchlichen Öfen nur in ihrer inneren Form, soweit sie von den im Ofen vorzunehmenden metallurgischen Vorgängen beeinflußt wird, bestimmt worden. Der praktische Aufbau der Öfen stellt sich nun als eine verhältnismäßig schwierige Aufgabe dar, weil ganz verschiedenartige Verhältnisse darauf einwirken.

Zunächst richtet sich der Aufbau nach den allgemeinen Regeln der Baukonstruktion; aber der Umstand, daß die Öfen im allgemeinen im Betrieb sehr großen Temperaturschwankungen und ihren Folgen, Ausdehnungen bei der Erhitzung und Wiederzusammenziehung beim Erkalten, ausgesetzt sind, so daß das Ofenmauerwerk ganz erheblich höhere Beanspruchungen auszuhalten hat als irgendein anderes Mauerwerk, erfordert in mancher Beziehung größere Sorgfalt im Aufbau der Öfen. Es ist daher vor allem notwendig, das Mauerwerk durch Eisenkonstruktionen zu verstärken. Die metallurgischen Öfen bestehen also zumeist aus gewöhnlichem Mauerwerk (Rauhgemäuer) mit einem dem im Ofen durchzuführenden metallurgischen Prozeß entsprechenden Futter, welches gegen die chemischen und thermischen Beanspruchungen durch den metallurgischen Prozeß widerstandsfähig ist, und einem der Form des Ofens und seinen mechanischen Beanspruchungen entsprechenden mehr oder weniger in sich geschlossenen eisernen Mantel.

Bei vielen Öfen, welche nicht feststehen, sondern gedreht oder gekippt werden müssen, z. B. Konvertern, Mischern und ähnlichen Konstruktionen, muß auf eine allen mechanischen Beanspruchungen gerecht werdende Eisenkonstruktion, die demnach eine vornehme Aufgabe mechanischer Werkstätten ist, der Hauptwert gelegt werden; in diesen Fällen ist die Eisenkonstruktion nur mit einem möglichst einfachen feuerfesten Futter ausgekleidet.

Bei den Schachtöfen ist gleichfalls heute das Rauhgemäuer, welches früher das feuerfeste Futter umschloß, verschwunden; dieses ist vielmehr gewöhnlich in einen Blechmantel eingeschlossen, der, namentlich wenn der Ofenquerschnitt rund ist, die denkbar einfachste Konstruktion darstellt. Dieser Blechmantel ist z. B. bei fast allen zylindrischen Generatoren [1]) aus den Abbildungen ersichtlich.

Bei den Hochöfen, deren Abmessungen diejenigen aller anderen Öfen ganz erheblich überschreiten, erscheint es notwendig, von diesem Blechmantel, der ganz ungeheure Form erhalten müßte, abzusehen, und man beschränkt sich daher darauf, das feuerfeste Mauerwerk mit einer Anzahl schmiedeeiserner Bänder zu umlegen, welche mit Schrauben oder anderen Bindegliedern, aber trotzdem beweglich, verbunden sind. Diese Anordnung erfüllt konstruktiv den gleichen Zweck wie ein vollständig eiserner Mantel; sie hat vor diesem den Vorteil, daß das darunterliegende Mauerwerk den Ausdehnungen durch die Wärme mehr folgen kann als in einem in sich geschlossenen Eisenmantel.

Die Flammöfen werden in ihrem äußeren Mauerwerk meist so aufgeführt, daß rechteckige Mauerblocks herauskommen, welche man besser mit guß- oder schmiedeeisernen Platten armieren kann, als es sonst der Fall wäre. Diese Platten werden, wie z. B. in Abb. 59 ersichtlich ist, durch eine Verankerung aus Schienen oder Trägern mit Zugstangen fest verbunden; vielfach läßt man auch noch die Zugstangen auf Federn angreifen, so daß diese bei der Ausdehnung des Mauerwerks angespannt werden, und bei seiner Abkühlung selbsttätig die Ofenmauern wieder zusammendrücken.

Die Ofengewölbe werden meist nach den allgemeinen Regeln der Baukonstruktion über den Seitenwänden aufgewölbt, wobei man Rücksicht auf die der Erhitzung entsprechende Ausdehnung nehmen muß; um dieser entgegen zu wirken, werden die Gewölbe oft auch in einzelnen Steinlagen fertiggemacht und diese dann mit eisernen Bügeln zusammengehalten, so daß auch hier die Eisenkonstruktion den Ausschlag gibt für die Haltbarkeit des Gewölbes gegenüber den mechanischen Beanspruchungen. Spezielle Gewölbekonstruktionen

---

[1]) Obgleich diese nicht zu den Öfen zu zählen sind, sind sie jedoch bezüglich des Aufbaues von ihnen in nichts verschieden.

in Gestalt von in eiserne Rahmen gefaßten Deckeln haben die elektrischen
Öfen gezeitigt, bei denen die Beanspruchung der Ofengewölbe infolge
der höheren Temperatur erheblich größer ist, und bei denen
daher die Möglichkeit vorliegen muß, sie möglichst einfach und schnell
auszuwechseln.

In jedem Falle muß auch Wert darauf gelegt werden, daß die
Eisenkonstruktion der Öfen immer den bequemen Zugang zu allen
Teilen des feuerfesten Mauerwerks gestattet, besonders aber zu denjenigen Teilen, welche der Zerstörung am meisten ausgesetzt sind,
damit leicht Reparaturen am Ofen vorgenommen werden können, und
nicht etwa der ganze Ofen wegen der Notwendigkeit verhältnismäßig
geringfügiger Reparaturen außer Betrieb gesetzt werden muß.

II. Die feuerfesten Ofenbaumaterialien.

Weitaus der wichtigste Ofenteil ist das feuerfeste Futter, welches
unmittelbar der Flammenwirkung ausgesetzt ist bzw. die zu erwärmenden oder zu schmelzenden Metalle in sich aufzunehmen hat. Die Praxis
kennt eine ganze Menge verschiedenartiger natürlicher oder künstlicher feuerfester Stoffe, d. h. Stoffe von so hohem Schmelzpunkt,
daß sie die im Ofen herrschenden Temperaturen, ohne zu schmelzen
oder auch nur ihre Form zu verändern, überdauern können. Je nach der
Art des Ofens sind die an sein feuerfestes Futter zu stellenden Anforderungen außerordentlich verschieden.   Es ist ohne weiteres klar,
daß eine Intensitätsfeuerung ein erheblich feuerbeständigeres Mauerwerk verlangt, als eine gewöhnliche Feuerung.   Aber die Feuerbeständigkeit allein genügt nicht; vielmehr muß das feuerfeste
Material, um nicht schnell zerstört zu werden, vor allem eine große
Widerstandsfähigkeit gegen die chemischen Einwirkungen
der zu erwärmenden Stoffe haben.   Dazu ist zunächst notwendig, daß
das feuerfeste Futter mit dem Metall selbst nicht in chemische Reaktionen eintritt.   Kohlenstoff ist z. B. ein hochfeuerfestes Material, welches
namentlich in seiner Allotropie Graphit für manche Zwecke als feuerfester Stoff Verwendung finden kann; selbstverständlich kann er aber
nicht als Futter für Stahlschmelzöfen dienen, da ihn der Stahl
bei seiner außerordentlich großen Verwandtschaft zu Kohlenstoff in
kürzester Zeit auflösen würde.   Sodann ist für gute feuerfeste Stoffe
in der Eisenindustrie notwendig die Widerstandsfähigkeit gegen die
Oxydationsprodukte von Roheisen und Stahl.   Schon beim einfachen
Erwärmen von Stahl oder Flußeisen im Herdofen findet unter dem
Einfluß der durch den Ofen ziehenden Luft oder der oxydierenden
Verbrennungsgase eine Oxydation des Einsatzes statt, von der in
erster Linie die Nebenbestandteile des Eisens, also Kohle, Mangan,
Silizium betroffen werden.   Diese Oxydationsprodukte bilden mit
Teilen des feuerfesten Materials leicht schmelzbare Schlacken; zum
mindesten sind aber solche Stoffe geeignet, in die feuerfesten Bestand-

teile einzutreten und dadurch ihren Schmelzpunkt, d. h. ihre Feuerbeständigkeit erheblich zu verringern.

Die gleiche Wirkung tritt, naturgemäß mit der Höhe der Temperatur und der Intensität der Oxydationswirkung steigend, in erheblich stärkerem Maße zutage bei den Frischprozessen, bei denen aus Roheisen durch Oxydation der Nebenbestandteile Stahl hergestellt wird. In ihnen bilden sich aus den Oxydationsprodukten und den Zuschlägen große Schlackenmengen, die sehr energisch mit den Bestandteilen des feuerfesten Futters reagieren können, so daß man bei der Ofenzustellung hierauf besonders Rücksicht nehmen muß. Die Schlacken haben entweder sauren oder basischen Charakter; wird in der Hauptsache Silizium oxydiert, so bildet sich Kieselsäure, welche als freie Säure bestehen kann und der Schlacke einen vorwiegend sauren Charakter erteilt; wird dagegen Phosphor oxydiert, so entsteht Phosphorsäure, die im Gegensatz zu Kieselsäure nicht frei bestehen kann und daher die Gegenwart einer hochbasischen Schlacke verlangt, so daß sich phosphorsaurer Kalk bilden kann. Naturgemäß muß das Ofenfutter der Zusammensetzung der Schlacke angemessen sein; d. h. saure Schlacke verlangt ein saures, basische Schlacke basisches Futter, da im andern Falle eine außerordentlich schnelle Zerstörung des Futters erfolgen würde. — Die große technische Bedeutung der Art der Ofenzustellung erhellt daraus, daß erst durch die Einführung eines geeigneten basischen Herdfutters in den Betrieb die Möglichkeit gegeben wurde, Flußeisenprozesse mit basischer Schlacke durchzuführen, also phosphorhaltiges Roheisen zu entphosphoren und dadurch überhaupt für die Stahlerzeugung brauchbar zu machen.

Aus vorstehenden Ausführungen ergibt sich von selbst die Einteilung der feuerfesten Baumaterialien in saure, basische und neutrale, unter welch letzteren die tonigen Stoffe die wichtigsten sind. Bei allen diesen Sorten sind natürliche und künstliche Baustoffe zu unterscheiden, von denen die letzteren hauptsächlich in Formen gebrachte, gebrannte natürliche Baustoffe sind; zum Teil bestehen sie auch aus entsprechend hergestellten Gemischen mehrerer natürlicher feuerfester Körper.

Allen feuerfesten Bestandteilen gemeinsam ist die Eigenschaft, daß ihre Feuerbeständigkeit am größten ist, je reiner sie sind, da bekanntlich der Schmelzpunkt von Legierungen oder chemischen Verbindungen mehrerer Körper immer niedriger ist als derjenige der einzelnen Bestandteile. Die in der Natur vorkommenden Rohmaterialien feuerfester Stoffe, mögen sie nun toniger, kieseliger oder kalkiger Art sein, sind aber meistens durch Eisenoxyd, Manganoxydul, durch Alkalien oder durch Bestandteile eines anderen heterogenen feuerfesten Materials (z. B. Tone durch Kieselsäure) verunreinigt, wodurch ihr Schmelzpunkt manchmal ganz erheblich heruntergedrückt wird, so daß Stoffe, die ihrer Natur nach hochfeuerfest sind, durch ihre Verunreinigungen den Charakter als feuerfeste Materialien völlig verlieren können.

Bei der Herstellung künstlicher Baustoffe hat man es zum Teil in der Hand, durch eine entsprechende Aufbereitung der Rohmaterialien die Feuerfestigkeit der hergestellten Ziegel zu erhöhen; anderseits ist man aber auch in manchen Fällen gezwungen, dem feuerfesten Material als Bindemittel geringe Mengen solcher Stoffe beizumischen, welche die Feuerbeständigkeit etwas herunterdrücken. Die Feuerbeständigkeit der feuerfesten Materialien wird in der Praxis zumeist nach Segerkegeln (vgl. S. 96) angegeben, bei denen ihre Schmelzung eintritt; als geringster Grad der Feuerfestigkeit wird im allgemeinen S.-K. Nr. 26 entsprechend einer Schmelztemperatur von etwa 1650^0 angenommen.

Bei der Erhitzung der feuerfesten Steine sind nun noch andere für den Ofenbau unangenehme Erscheinungen zu befürchten, gegen die man sich bei der Fabrikation sichern muß. Manche Tone fangen schon bei verhältnismäßig geringen Temperaturen an weich zu werden, obwohl sie hohe Schmelzpunkte haben; solche Materialien dürfen natürlich für die Fabrikation feuerfester Produkte nicht verwendet werden. Sodann ist das Wachsen und das Schwinden der Steine für die Ofenhaltbarkeit gefährlich; hierunter ist nicht zu verstehen die Ausdehnung beim Erwärmen und die Zusammenziehung beim Erkalten, sondern eine regelrechte, bleibende Formveränderung bei der Erhitzung. Die Steine nehmen nach dem erstmaligen Brennen im Brennofen vielfach noch nicht ihre endgültige Form an; sondern sie verändern diese nach wiederholtem Erhitzen noch mehrmals. Quarzhaltige Stoffe neigen sehr zum Wachsen, tonhaltige dagegen zum Schwinden. Man sucht diesen Nachteil bei der Fabrikation möglichst dadurch zu umgehen, daß man sie sehr scharf brennt, ohne dadurch aber eine völlige Formbeständigkeit erreichen zu können; für solche Steine, bei denen es ganz besonders auf große Formbeständigkeit ankommt, z. B. für Gewölbesteine, hilft man sich in der Praxis damit, daß man quarzige und tonige Grundbestandteile in einem solchen Verhältnis mischt, daß das Ausdehnungs- und Schwindungsbestreben sich gegenseitig ausgleichen.

Endlich ist für feuerfestesMaterial erforderlich eine mehr mechanische Widerstandsfähigkeit gegen plötzlichen Temperaturwechsel. Wenn auch im Betrieb Wert darauf gelegt werden muß, daß die Öfen immer allmählich angewärmt und abgekühlt werden, so läßt es sich doch nicht immer vermeiden, daß die Steine auch einem schroffen Temperaturwechsel ausgesetzt werden. Besonders die Ausfütterungssteine für Stahlpfannen und ähnliche Futtersteine für die Gießeinrichtungen der Stahlwerke erleiden starke Beanspruchungen durch den Temperaturwechsel, wenn der flüssige Stahl in sie hineingegossen wird, während man sie allerhöchstens auf schwache Dunkelrotglut vorwärmen kann. Die Folgen des Temperaturwechsels sind Sprünge in den Steinen, so daß leicht Stücke davon absplittern können. Hierzu sind ganz besonders Quarzsteine geneigt, während Schamottesteine eine größere Widerstandsfähigkeit dagegen haben. Die Aufgabe, die feuerfesten Steine gegen diese Beanspruchungen zu sichern, macht technisch um so mehr Schwierigkeiten, als die Anforderungen, welche in dieser Beziehung an die Steine gestellt werden, in diametralem Gegensatz zu den Bedingungen stehen, welche die mechanischen Beanspruchungen bezüglich der Dichtigkeit der Steine erfordern. Steine größerer Dichte neigen im allgemeinen wesentlich mehr zum Springen als solche geringerer Dichte.

In mechanischer Beziehung ist dagegen eine große Dichte der Steine unbedingt notwendig; poröse Steine unterliegen deshalb sehr leicht der Zerstörung, weil die Schlacken oder die Gase und Dämpfe der im Ofen erhitzten Materialien in die Poren eindringen, wo sich ihnen verhältnismäßig große Angriffsflächen darbieten.

Die erwünschte Dichtigkeit läßt sich dadurch erreichen, daß man die zur Herstellung der Steine dienenden Rohmaterialien fein zermahlt, in geeigneter Weise mischt und dann unter entsprechend hohem Druck preßt, worauf sie gebrannt werden. Mit der Dichte Hand in Hand geht auch die mechanische Festigkeit; bei den feuerfesten Steinen kommt es natürlich in erster Linie auf die Druckfestigkeit an. Je größer die Dichtigkeit, desto höher ist auch die Festigkeit; jedoch schwankt diese innerhalb sehr weiter Grenzen. Im allgemeinen wird eine Festigkeit von etwa 50 kg/qcm als untere Grenze der Festigkeit angegeben, welche man von einem feuerfesten Stein verlangen muß; jedoch ist es außerordentlich schwer, in dieser Beziehung bestimmte Zahlen zu verlangen, insbesondere mit Rücksicht darauf, daß manche feuerfesten Stoffe, besonders Tone, ihre Festigkeit im Betrieb in ziemlich weiten Grenzen ändern, und zwar steigt sie in einzelnen Fällen, während sie in anderen fällt. — Bei vielerlei Materialien kommt es auch auf eine gewisse Widerstandsfähigkeit gegen Abrieb an, z. B. bei den zum Aufbau der Hochöfen dienenden Steinen, welche durch die herabsinkenden scharfen Koks- und Erzstücke mechanisch sehr stark angegriffen werden. Die Ansprüche an die Feuerfestigkeit sinken in diesem Falle mehr und mehr, da die Temperatur in den oberen Schichten der Hochöfen erheblich abnimmt. Der feuerfeste Stein kann also in diesem Falle eine mittlere Qualität zwischen gutem ff. Material und gewöhnlichen Ziegeln haben.

Es ist natürlich nicht leicht, allen diesen zum Teil entgegengesetzten Anforderungen gleichzeitig zu genügen, und die Bedingungen für die Erzeugung guter Steine für jeden Verwendungszweck lassen sich daher auch nicht im allgemeinen theoretisch feststellen; vielmehr gibt in den meisten Fällen die praktische Erfahrung den Ausschlag. Die Herstellung feuerfester Produkte ist heute ein bedeutender Industriezweig für sich geworden, und die nachfolgenden Ausführungen über das Wesen der einzelnen Gattungen feuerfester Steine können nur in kurzer Übersicht dasjenige bringen, was für den Hüttenmann im Interesse der richtigen Verwendung und Behandlung der feuerfesten Stoffe zu wissen notwendig ist.

1. Neutrale feuerfeste Ofenbaustoffe.

Im Gegensatz zu den weiter unten zu besprechenden sauren und basischen Ofenfutterstoffen, bei denen immer in erheblichem Umfange eine Reaktion zwischen dem Futter und der Schlacke und zuweilen auch zwischen Metall und Ofenfutter stattfindet und auch bei der Stahlerzeugung (bei der man danach sogar zwischen saurem und basischem Stahl unterscheidet) erwünscht ist, entfällt bei dem neutralen Ofenfutter jedwede Einwirkung zwischen Ofenfutter und Ofeninhalt. Während daher neutrales Ofenfutter als Auskleidung des Metallbehälters bei den metallurgischen Oxydationsprozessen mit kräftiger Frischwirkung nur wenig oder gar keine Verwendung findet, ist es der eigentliche Baustoff für gewöhnliche Feuerungen und reine Wärmöfen, ferner für Schachtöfen, für die Koksöfen und Gaserzeuger. Unter den neutralen feuerfesten Baustoffen sind die tonerdehaltigen die wichtigsten.

a) Tonerdehaltige Stoffe.

Der Schmelzpunkt der reinen Tonerde Al_2O_3, liegt ungefähr bei Segerkegel 42, das ist bei über 2000°; die reine Tonerde kommt aber in der Praxis kaum vor; Bedeutung als feuerfester Baustoff hat dagegen ein meist durch Kieselsäure und Eisenoxyd verunreinigtes Tonerdehydrat,

der Bauxit.

Der natürliche Bauxit findet sich hauptsächlich in Frankreich (erster Fundort Les Baux; daher der Name) sowie in Deutschland im Westerwald und in Hessen, in Niederösterreich, Steiermark und Krain, in Bosnien, in Italien (Kalabrien), in Irland, in den Vereinigten Staaten und in Neu-Süd-Wales. Seine chemische Zusammensetzung schwankt etwa zwischen 50—60 Proz. Tonerde, 25—30 Proz. Hydratwasser, 9—12 Proz. Kieselsäure und wechselnden Mengen Eisenoxyd. Die Analyse ist jedoch je nach dem Fundort sehr verschieden. (Gebrannter Bauxit enthält bis zu 85—90 Proz. Al_2O_3.)

Aus dem Rohbauxit werden Ziegel hergestellt, indem man ihn durch Brennen von seinem Wassergehalt befreit, ihn mahlt, mit feuerfestem Ton oder einem andern Bindemittel unter Zusatz von Wasser versetzt, Steine daraus formt und wieder bei etwa S.-K. 12 (1370°) brennt. Die Bauxitziegel sind ein gutes Material mit hoher Festigkeit (etwa 700 kg Druckfestigkeit) und von sehr großer Feuerbeständigkeit (S.-K. 37—38), die namentlich dann, wenn der Stein rein von Kieselsäure ist, derjenigen von Magnesitsteinen ungefähr gleich ist; die große Feuerfestigkeit und namentlich auch die Widerstandsfähigkeit gegen mechanische Beanspruchungen werden dem Umstand zugeschrieben, daß der Bauxit sich alsbald im Ofen mit einer Glasur von Schmirgel überzieht, die den Stein gegen alle äußeren Beeinflussungen schützt. Der einzige Übelstand, den die Verwendung des Bauxitziegels mit sich bringt, ist sein schnelles Schwinden, das

ihn für manche Zwecke, z. B. für Herstellung von Ofengewölben, untauglich macht und in jedem Falle eine sehr sorgfältige Behandlung bei der Fabrikation der Ziegel erfordert. Es ist notwendig,
daß der rohe Bauxit bereits scharf gebrannt wird, damit er schon
hiernach möglichst wenig zum Schwinden neigt, und daß er hierauf
fein gemahlen wird; andernfalls könnten die gröberen durch den Bindeton
verbundenen Körner durch das nachherige Schwinden den Zusammenhang verlieren, wodurch der Stein porös würde. Wird dann auch
der fertig geformte Stein wieder scharf gebrannt, so wird das spätere
Schwinden jedenfalls auf ein erträgliches Maß zurückgeführt.

Außer zur Herstellung von Bauxitziegeln findet der Bauxit auch
Verwendung zur Herstellung von Schamottesteinen. Aus manchen
Arten von Bauxit mit verhältnismäßig hohem Kieselsäuregehalt läßt
sich schon ohne irgendwelche Zusätze durch entsprechende Behandlung
ein dem feuerfesten Ton entsprechendes Material herstellen. Die Zusammensetzung der hochkieselsäurehaltigen Bauxite entspricht nahezu
derjenigen der feuerfesten Tone, allerdings mit dem Unterschied, daß
die Tone chemische Verbindungen von Tonerde mit Kieselsäure,
Tonerdesilikate sind, während es sich bei diesen Bauxiten nur um
Gemenge der beiden Stoffe handelt. Durch eine der oben beschriebenen
ähnliche Behandlung können aber daraus mit Leichtigkeit hochfeuerfeste Schamottesteine hergestellt werden, indem durch das wieder-
holte Brennen aus den Grundstoffen ein Tonerdesilikat erzeugt wird.
Endlich dient der Bauxit in vielen Fällen als Zusatzmittel zu Tonen
zur Herstellung von Schamottesteinen. Allerdings ist namentlich in
früheren Jahren dieser Zusatz in vielen Fällen unsachgemäß durchgeführt worden, so daß viele schlechte Resultate erzielt wurden, welche
man dann schlechtweg auf den Zusatz von Bauxit zurückführte, so
daß der Bauxit dadurch als feuerfestes Material etwas in Verruf gekommen ist. Wird aber der Zusatz unter sachgemäßer Berücksichtigung
der oben geschilderten Vorschriften zur Minderung des Schwindens
durchgeführt, so werden gute feuerfeste, dichte und nicht schwindende
Steine erzeugt.

Die feuerfesten Tone und Schamottesteine.

Die feuerfesten Tone bzw. die aus ihnen hergestellten Schamottesteine sind die weitestverbreiteten und darum auch wichtigsten feuerfesten Materialien. Der reine Ton ist ein Tonerdesilikat von der Formel
$Al_2O_3 . 2 SiO_2 . 2 H_2O$ mit einem theoretischen Gehalt von 39,54 Proz.
Al_2O_3, 46,51 Proz. SiO_2 und 13,95 Proz. Hydratwasser; sein reinstes
Vorkommen ist der Kaolin; im allgemeinen sind die Tone etwas
durch Eisenoxyd und Alkalien verunreinigt; jedoch sind diese Beimengungen auch in geringen Mengen sehr unerwünscht, da sie nur
als Flußmittel dienen und die Schmelztemperatur des Tons herunter-
setzen. Gebrannter Ton oder Schamotte hat eine theoretische Zusammensetzung von rund 46 Proz. Tonerde und 54 Proz. Kieselsäure;
der Schmelzpunkt dieses reinen Tonerdesilikats liegt ungefähr bei

S.-K. 38. Je mehr der Ton sich dieser Zusammensetzung nähert, um so größer ist seine Feuerbeständigkeit.

Der Ton hat, wenn er mit Wasser angefeuchtet wird, eine Eigenschaft, welche ihn vor allen andern feuerfesten Rohmaterialien auszeichnet, das ist seine große Bildsamkeit oder Plastizität, welche die Herstellung von Steinen aller Formate daraus sehr erleichtert. Gut plastischer Ton wird als fetter Ton bezeichnet, weniger plastischer Ton als magerer Ton. Beim Brennen verliert der Ton natürlich die Bildsamkeit und schrumpft ganz erheblich zusammen, wobei er Risse bekommt.

Die Herstellung der Schamottesteine geschieht nun in der Weise, daß die gebrannte Schamotte gemahlen wird, je nach der erwünschten Qualität in gröberes oder feineres Pulver; die entstehenden Schamottekörner werden nunmehr mittels eines Rohtons als Bindemittel zu einer Masse vereinigt, in Formen gepreßt und wieder gebrannt. Hierdurch wird die Möglichkeit weiteren Schwindens ausgeschlossen. Je nach der Güte und Bindefähigkeit des Bindetons kann mehr oder weniger Schamotte zugesetzt werden; man ist daher im allgemeinen bestrebt, einen recht kräftig bindenden Ton hierzu zu verwenden. An Stelle frisch gebrannter Schamotte kann man auch Abfälle von bereits gebrauchten Schamottesteinen oder auch Tontiegelscherben verwenden; das gegenseitige Verhältnis der Rohmaterialien bestimmt die Güte, aber auch die Kosten der Schamottesteinherstellung, auf Grund deren die Rohmaterialien für die Steine für höhere und geringere Qualitäten ausgewählt werden.

Die beste Qualität bzw. die höchste Feuerbeständigkeit erfordern die Schamottesteine für den Aufbau der Hochöfen, insbesondere die Boden- und Gestellsteine, welche den höchsten Temperaturen ausgesetzt sind; für diese Zwecke ist daher nur ein Schamottestein mit höchstem Tonerdegehalt, etwa 43—46 Proz., verwendbar, dessen Schmelzpunkt nicht unter S.-K. 35 liegen soll. Im Tonerdegehalt sinkend und mit dementsprechend geringerem Schmelzpunkt folgen etwa Schamottesteine für Gestell und Rast der Hochöfen (das sind die untern nächst dem Bodenstein am meisten beanspruchten Teile des Hochofenmauerwerks), für Cowper-Apparate, (welche im übrigen hohen Druck aushalten müssen), für das Gittermauerwerk in Regeneratoren, für Generatoren, Kupolöfen und für geringere Zwecke; natürlich kann diese Reihenfolge nur ungefähr als Anhaltspunkt dienen.

Ton ist, wie gesagt, sehr weit verbreitet und findet sich fast allenthalben; indessen ist seine Qualität außerordentlich verschieden. In Deutschland finden sich vorzügliche Tone in der Rheinpfalz und im Westerwald; der Pfälzer Ton von Eisenberg-Hettenleidelheim ist wohl der beste und aluminiumreichste von allen bekannten Tonen; er zeichnet sich durch eine außerordentlich hohe Bindefähigkeit aus. Ihm kommt an Qualität fast gleich der Westerwälder Ton; ferner hat Deutschland sehr gute Tonvorkommen in Klingenberg am Main, in Groß-Almerode bei Kassel, in Saarau in Schlesien u. a. a. O. Im übrigen verfügen wohl sämtliche Eisenindustriereviere der Welt über nahe liegende gute Tonlagerstätten; einige berühmte Vorkommen außerhalb Deutschlands sind z. B. Rakonitz in Böhmen, Andenne in Belgien, Glenboig und Stourbridge in England, Ifö in Schweden, St. Louis in Nordamerika.

b) Kohlenstoffhaltige Stoffe.

Der Kohlenstoff ist bekanntlich fast unschmelzbar; er ist daher ein Körper von hoher Feuerbeständigkeit, wenn er nicht direkt oxydierenden Gasen ausgesetzt ist; ferner darf er nicht mit flüssigem Eisen und eisenoxydhaltigen Schlacken zusammen kommen; im ersteren Falle würde er vom Eisen aufgelöst, im letzteren Falle durch den Sauerstoff unter gleichzeitiger Reduktion des Eisens aufgezehrt werden. Wo dieses ausgeschlossen ist, haben sich Kohlenstoffsteine vielfach recht gut bewährt. Diese werden dadurch hergestellt, daß Koks oder auch Graphit fein gemahlen, mit etwa einem Zehntel Teer als Bindemittel gemischt und in Formen gepreßt wird; die Ziegel werden nach langsamem Trocknen unter Luftabschluß geglüht.

Ferner dient Kohlenstoff in der Form von Graphit in der Eisenindustrie als feuerfestes Material zur Herstellung von Graphittiegeln. In diesem Falle wird der Graphit mit feuerfestem Ton in verschiedenen Verhältnissen gemischt; aus dieser Masse werden Tiegel hergestellt und gebrannt. Obwohl die Grundbestandteile dieser Tiegel durchaus neutrale Substanzen sind, erhält der Tiegelstahlprozeß unter Verwendung dieser Graphittiegel doch einen ausgesprochen sauren Charakter dadurch, daß bei Gegenwart von flüssigem Eisen der Kohlenstoff in den Tiegelwänden die Kieselsäure des Tons zu Silizium reduziert, welches sich mit dem Stahl legiert. Dieses naszierende Silizium übt auf die Beschaffenheit des Stahls einen außerordentlich wohltätigen Einfluß aus, und es ist eine der Ursachen der hervorragenden Güte des Tiegelstahls. In diesem Falle hat also das feuerfeste Material noch eine viel weitergehende Bedeutung als in anderen Prozessen, welche im zweiten Band bei der Besprechung des Tiegelstahlprozesses eingehender gewürdigt werden wird.

Außer dem reinen Kohlenstoff finden in jüngster Zeit nun noch einige Verbindungen von Kohlenstoff mit Silizium Verwendung als feuerfeste Materialien, und zwar das Siliziumkarbid, Si C, Karborundum, und ein Siliziumoxykarbid, das Siloxikon, etwa von der Formel Si_7C_7O. Beide Verbindungen werden auf elektrischem Wege hergestellt und haben eine sehr hohe Schmelztemperatur. Das Karborundum wird zumeist nach einem von den Arloffer Tonwerken ausgeführten patentierten Verfahren von Engels nur als Überzug über andere feuerfeste Materialien verwendet; es wird vor deren Brennen mit aufgepreßt und aufgebrannt. Diese Steine haben eine außerordentlich große Widerstandsfähigkeit gegen die Einflüsse der Hitze sowie gegen chemische Einwirkungen bei den hohen Temperaturen; auch bildet das Karborundum einen gasundurchlässigen Überzug; daher eignen sich die Steine ganz besonders gut für Koksöfen, bei denen dadurch der Durchgang der Gase durch die Wände verhindert werden kann. — Das Siloxikon wird hauptsächlich als Material für Tiegel als Ersatz für Graphittiegel empfohlen.

c) Chromitsteine.

Der Chromeisenstein oder Chromit, eine Verbindung von Chromoxyd und Eisenoxydul, oft durch Eisenoxyd, Tonerde und Magnesia verunreinigt, ist, besonderes wenn er hoch im Gehalt an Chromoxyd ist, ein hochfeuerfestes Material. Obwohl er seiner Zusammensetzung nach basischen Charakter hat, muß er vom Standpunkt der feuerfesten Steine aus als neutrales Material angesehen werden, weil er ebensosehr der Einwirkung basischer wie auch saurer Schlacken widersteht. Er findet daher sowohl in basischen wie in sauren Martinöfen vielfach Verwendung speziell zur Auskleidung in der Schlackenschicht, welche im allgemeinen am meisten angegriffen wird. Bei basischen Öfen, welche aus weiter unten zu erläuternden Gründen ein Gewölbe aus sauren Steinen erhalten, wird, damit die direkte Berührung von sauren und basischen Steinen vermieden wird, vielfach eine Trennungsschicht aus Chromit eingelegt. Der Chromit kann als Roherz verwendet werden, oder es werden daraus besondere Ziegel angefertigt. Hierzu wird das Erz gemahlen, mit einem Bindemittel (Bauxit, Ton oder Kalk) versetzt und dann gebrannt.

Die Hauptfundstätten des Chromits sind Neu-Kaledonien, Kleinasien, Kanada, Kalifornien, der Ural, Griechenland und Bosnien; geringe Mengen werden auch in Deutschland in Schlesien und Bayern, in Österreich in Steiermark gefördert. Von diesen Chromerzen findet natürlich nur der geringere Teil Verwendung als feuerfestes Material, während der größte Teil auf Chrom verarbeitet wird.

2. Saure feuerfeste Baustoffe.

Der nächst dem Ton und der Tonerde in der Natur am weitesten verbreitete hochfeuerfeste Grundstoff ist die Kieselsäure. Die reine Kieselsäure schmilzt bei den in unseren Öfen erreichbaren Temperaturen überhaupt nicht; dagegen wird sie von Metalloxyden, von Kalk und Alkalien sehr stark angegriffen. Wo daher das feuerfeste Mauerwerk nicht direkt der Einwirkung des Metalls und seiner Schlacken, sondern lediglich der reinen Flammenwirkung ausgesetzt ist (so z. B. für die Gewölbe der Siemens-Martin- und ähnlicher Öfen), ist die Kieselsäure ein geeigneter Grundbestandteil des Mauerwerks.

Als Material für die Zustellung der Flußeisendarstellungsprozesse ist die Kieselsäure zuerst verwendet worden. Von den Oxydationsprodukten der Nebenbestandteile des Roheisens wirkt das Manganoxydul sehr stark auf das kieselsaure Futter ein, mit dem es eine leichtflüssige Schlacke bildet; enthält jedoch das Roheisen größere Mengen Silizium, so werden diese gleich zu Anfang des Frischprozesses zu Kieselsäure oxydiert, welche sich sofort mit dem entstehenden Manganoxydul verbindet und dieses unschädlich macht. Phosphor kann auf saurem Futter nicht oxydiert werden, weil die bei der Oxydation entstehende Phosphorsäure nicht frei bestehen kann und eine Base zur Bindung verlangt, welche aber bei Gegenwart erheblicher Mengen Kieselsäure sofort von dieser gebunden werden würde. Der in dem Roheisen vorhandene Kohlenstoff wirkt auf das saure Futter in ähnlicher Weise ein wie der Graphit der Tiegelwandungen auf die darin enthaltene Kieselsäure im Tiegelstahlprozeß; jedoch ist diese Wirkung nicht so energisch wie dort; immerhin läßt sich aber auf saurem Futter stets eine günstige Beeinflussung des Gefügeaufbaus des Stahls durch das naszierende Silizium erkennen.

Die Kieselsäure findet sich in der Natur immer in verhältnismäßig großer Reinheit im Quarz oder Quarzit, der gewöhnlich 97—98 Proz. SiO_2 enthält; andere natürlich vorkommende Rohmaterialien ungefähr gleicher Reinheit für die Fabrikation saurer Steine sind Kohlensandstein, Feuerstein, Puddingstein und Quarzschiefer; ferner sind gute kieselige Rohmaterialien, jedoch mit etwas Eisenoxyd und mehr oder weniger Ton vermengt, Quadersandstein, Ganister und Granit. Zum Teil werden diese Körper als natürliche feuerfeste Brennstoffe verwendet, so vor allem in England Ganister und Puddingstein. Der Quarzschiefer ist gleichfalls ein vorzügliches natürliches feuerfestes Material, das auch in Deutschland viel verwendet wird. Deutschland verfügt über ein ausgezeichnetes Quarzschiefer-Vorkommen in Crummendorf in Schlesien. Der Crummendorfer Quarzschiefer enthält etwa 91 bis 92 Proz. SiO_2, 5—6 Proz. Al_2O_3 und geringe Mengen Verunreinigungen aus Kalk, Eisenoxyd und Alkalien. Er zeichnet sich vor allem dadurch aus, daß er selbst bei höchsten Temperaturen nicht wächst, womit man, wie bereits erwähnt, bei den sauren Steinen immer rechnen muß. Auch neigt er nicht so sehr wie andere saure Steine zum Springen bei plötzlichem Temperaturwechsel. Der Quarzschiefer kommt in der Natur in großen Felsblöcken vor, von denen größere Stücke abgesprengt werden; aus diesen werden dann durch Beschneiden oder Behauen die feuerfesten Steine jeder gewünschten Form hergestellt.

Endlich findet auch der Quarzit im natürlichen Zustande weite Verwendung zur Herstellung des Futters für Martinöfen und Konverter, wozu er sich deshalb gut eignet, weil er bei der Erwärmung auf Rotglut zu einer festen Masse zusammensintert. Für die Herstellung des muldenförmigen Herdes in Martinöfen, der zur Aufnahme des flüssigen Stahls dienen soll, sowie für die Ausmauerung der Konverterhauben sind Formsteine wohl kaum zu verwenden; man hilft sich daher damit, rohe kieselige Substanz nach Schablonen zu der Herdform aufzustampfen und festzubrennen. In England ist der Ganister hierzu sehr viel gebräuchlich; bei uns nimmt man für diesen Zweck gewöhnlich den grobkörnigen Quarzsand, der ohne Verwendung eines Bindemittels zu der erwünschten Masse zusammensintert.

Die künstlichen sauren Ziegel, Silika - oder Dinassteine (letzterer Name rührt von einem englischen Quarzfelsen her, aus dem zuerst saure

Steine hergestellt wurden), werden aus den natürlich vorkommenden Quarzitkörnern in ähnlicher Weise hergestellt wie die Schamottesteine aus den tonigen Rohmaterialien. Der Quarz wird gemahlen, mit einem Bindemittel versehen, zu den gewünschten Formen geformt und dann scharf gebrannt. Als Bindemittel dient entweder Kalk oder Ton; den Silikastein mit Kalk als Bindemittel, der in der Qualität besser ist als der mit Ton gebundene, pflegt man als englischen, den letzteren als deutschen Dinasstein zu bezeichnen, obwohl die Bezeichnung keine innere Berechtigung hat. Der Zusatz der Bindemittels muß natürlich, damit der Schmelzpunkt des fertigen Steines nicht unnütz erniedrigt wird, möglichst gering bemessen werden; für gewöhnlich werden 1½ bis 2 Proz. Zusätze gemacht, so daß der fertige Stein etwa 96—97 Proz. Kieselsäure enthält. Geringere Sorten Silikasteine werden aus Kohlensandstein anstatt Quarzit hergestellt.

Ähnlich wie nun bei der Schamottesteinfabrikation darauf hingewirkt werden muß, daß die Steine schon nach dem ersten Brand möglichst nicht mehr schwinden, muß bei der Silikasteinfabrikation erreicht werden, daß die Steine nach dem ersten Brennen nicht mehr wachsen. Das erreicht man auch hier durch scharfes Brennen; das Schwinden der Tone und das Wachsen der Quarze sind eben reine Folgen des Brennens, und es ist Aufgabe der Fabrikation, dieses Brennen schon so weit zu treiben, daß eine nochmalige Formveränderung bei dem späteren Brennen im Betrieb nicht mehr eintritt.

Die Dinassteine werden außer für die Ausmauerung saurer Martinöfen und Konverter und für die Gewölbe auch der basischen Öfen verwendet für Schweißöfen und Puddelöfen und zum Aussetzen der Regeneratorkammern; geringere Qualitäten auch zum Auskleiden der Gießvorrichtungen der Stahlwerke, z. B. Gießpfannen.

3. Basische feuerfeste Baustoffe.

Die basischen Ofenfutterstoffe haben in der Eisenindustrie erst seit dem Jahre 1878 Verwendung gefunden, nachdem Thomas den basischen Konverterprozeß in die Praxis eingeführt hatte. In diesem Prozeß wird die Entphosphorung des Roheisens durch Oxydation unter gleichzeitiger Anwesenheit großer Mengen kalkbasischer Schlacke vorgenommen, welche den Zweck hat, die entstehende Phosphorsäure zu binden. Natürlich erfordert diese hochbasische Schlacke ein basisches feuerfestes Futter, da ein anderes ihren chemischen Angriffen nicht widerstehen würde.

Bei dem älteren Frischverfahren der Schweißeisendarstellung, dem Puddelprozeß, der bei wesentlich geringeren Temperaturen durchgeführt wird, als die Flußeisenfrischprozesse, wird die bei der Oxydation gebildete Phosphorsäure an Eisenoxydul gebunden; um nun eine Verdünnung der eisenhaltigen Schlacke durch tonige oder kieselige Substanzen zu verhüten, hat man hier das Ofenfutter mit

eisenoxydhaltigen Stoffen

ausgekleidet, welche daher auch in die Reihe der feuerfesten Ofenfutterstoffe aufgenommen worden sind. Für diesen Zweck wurden hauptsächlich Hammerschlag, Eisenerz oder auch hocheisenhaltige Schlacken verwendet. Jedenfalls können aber diese eisenoxydhaltigen Stoffe wegen ihres niedrigen Schmelzpunktes nicht als feuerfeste Materialien im rechten Sinne des Wortes angesehen werden; ihre Verwendung war ja auch nur bei den bei geringer Temperatur durchgeführten Schweißeisendarstellungsprozessen möglich.

Die eigentlichen basischen feuerfesten Baustoffe sind die

kalkbasischen Oxyde,

also Kalk und Magnesia oder ein Gemisch von beiden, welche ihrer Natur nach allein den chemischen Einwirkungen des basischen Prozesses zu widerstehen vermögen. In bezug auf die Oxydation der Nebenbestandteile des Roheisens bietet das basische Futter nach keiner Richtung ein Hindernis; gegenüber dem Metallbad selbst verhält es sich im Gegensatz zu dem sauren Futter völlig neutral.

Kalk sowohl wie Magnesia sind selbst bei den höchsten Temperaturen unschmelzbar; vom reinen Standpunkt der Feuerfestigkeit aus sind sie daher völlig gleichwertig; dagegen sind sie es nicht bezüglich ihrer anderen Eigenschaften. Kalk zieht begierig Wasser an, wenn er erkaltet, und zerfällt dann sofort zu einem Pulver von Kalkhydrat; reiner Kalk ist daher nicht als feuerfestes Ofenfutter verwendbar, und nur ein Gemisch beider Stoffe, der gebrannte Dolomit, hat praktische Bedeutung als feuerfester Stoff. Magnesia hat dagegen keine besondere Neigung, Hydratwasser aufzunehmen, und ist daher auch im erkalteten Ofen den Witterungseinflüssen gegenüber beständig. Die Magnesia ist auch gegen die Einflüsse der Schlacke weit besser widerstandsfähig als der Kalk; ihr Vereinigungsbestreben mit Kieselsäure sowohl wie mit Phosphorsäure ist bei weitem nicht so groß wie dasjenige von Kalk, und sie wird daher auch durch diese bei den Frischprozessen entstehenden Säuren fast gar nicht angegriffen. Ihre Widerstandsfähigkeit gegen Kieselsäure ist so groß, daß man ohne Bedenken Silika- und Magnesit-Steine nebeneinander vermauern kann; in Martinöfen mit Magnesitfutter braucht daher keinesfalls eine Trennungsschicht aus Chromit zwischen dem basischen Herdfutter und dem sauren Gewölbe angebracht zu werden. Jedenfalls ist also das Magnesitfutter gegenüber dem sonst verwendeten Dolomit wesentlich hochwertiger.

Kalk und Magnesia kommen in der Natur als Karbonate vor, und zwar als Kalkstein oder Kalzit und als Magnesit; ferner ist ein Gemenge von Kalk- und Magnesium-Karbonat, der Dolomit, weit verbreitet. Nach oben Gesagtem sind nur die beiden letztgenannten Stoffe für die Herstellung feuerfester Produkte verwendbar; der Dolomit, der kein Gemenge von Kalk- und Magnesiumkarbonat in bestimmtem Verhältnis ist, ist natürlich um so besser, je höher sein Magnesiagehalt ist.

Die natürlichen Gesteine müssen durch Brennen von ihrem Kohlen-

säuregehalt befreit werden, und zwar müssen sie, um als feuerfeste
Materialien verwendet werden zu können, totgebrannt werden, wodurch die Neigung zur Wiederaufnahme von Hydratwasser und Kohlensäure erheblich herabgemindert wird; hierzu ist das Brennen bei Weißglut erforderlich. Das Brennen wird praktisch durchgeführt in kupol-
ofenartigen Schachtöfen; das gebrannte Material wird dann von Hand
oder maschinell zerkleinert.

Aus dem zerkleinerten Material werden nun entweder Ziegel hergestellt, oder die Ofenwandungen werden direkt damit aufgestampft;
letzteres geschieht insbesondere bei dem Herd der Martinöfen. Die
Herstellung der Ziegel geschieht in der Weise, daß die gemahlenen Dolo-
mit- oder Magnesitkörner mit einem Bindemittel vereinigt, unter hohem
Druck gepreßt und dann scharf gebrannt werden; letzteres ist auch hier
notwendig, um ein späteres Nachschwinden zu verhindern. Als Bindemittel dient heute zumeist Teer, der beim Brennen verkokt wird,
in wenigen Fällen auch Ton.

Das Aufstampfen von Dolomit- und Magnesitherden geschieht im
Prinzip in derselben Weise wie die Herstellung der basischen Ziegel.
Dolomit sowohl wie Magnesit werden etwa mit 10 Proz. Teer vermischt
und dann mit rotglühenden Stampfern von Hand schichtweise einge-
stampft. Größere Stahlwerke erledigen die Stampfarbeit neuerdings
auch mit Preßluftstampfern. Schon beim Aufstampfen verbrennt ein
Teil des Teers; das eigentliche Durchbrennen des Herdes erfolgt dann
während des Anwärmens des Ofens. Zur Herstellung der Magnesitböden
wird außer Teer vielfach ein anderes Bindemittel genommen, z. B.
Dolomitmilch oder auch Martinofenschlacke.

Dolomit und Magnesit sintern bei Weißglut ohne jedes Bindemittel;
sie brauchen also während des Betriebes nur an solche Stellen im Ofen
hingebracht zu werden, wo eine Ausbesserung erforderlich ist, wo sie
dann sofort zusammensintern. Damit aber eine Sinterung möglich ist,
ist es notwendig, daß beide Materialien nicht zu rein sind; ganz reiner
Magnesit und Dolomit sintern nicht: sie müssen daher in geringem
Maße durch Kieselsäure oder Eisenoxyd verunreinigt sein; natürlich
darf die Verunreinigung nicht zu weit gehen, da sonst der Schmelzpunkt
zu sehr erniedrigt wird.

Die vorzüglichen Eigenschaften des Magnesitziegels werden durch
einen Übelstand beeinträchtigt, das ist seine geringe Widerstandsfähigkeit gegenüber Temperaturschwankungen; bei diesen zerspringt er leicht
und vollständig. Magnesit ist daher nicht für die Gewölbe der Martinöfen verwendbar; hierzu müssen auch im basischen Martinofen Dinassteine gebraucht werden; dieses ist aus dem Grunde sehr unangenehm,
weil der Dinasstein den Einwirkungen der Kalkdämpfe, die aus der
Schlacke emporsteigen, ausgesetzt und darum nicht so haltbar ist, wie
es seiner Natur entspräche. Der einzige Magnesit, der auch gegen
Temperaturschwankungen unempfindlich ist, ist der griechische sog.
weiße Magnesit, dessen Verwendung aber wegen seines hohen Preises in
den meisten Fällen ausgeschlossen ist.

Der Dolomit ist verhältnismäßig weit verbreitet; ganz vorzügliche Dolomitlager, welche die ganze rheinisch-westfälische Industrie versorgen, finden sich bei Letmathe in Westfalen. Der Magnesit ist dagegen viel weniger verbreitet, als im Interesse einer möglichst weitgehenden Verwendung wünschenwert wäre. Die größten Magnesitlager der Welt finden sich in Steiermark, und zwar im Sattlerkogel bei Veitsch im Mürztal, bei Trieben, Breitenau und ferner in der Nähe von Gloggnitz im Semmering-Gebirge (Nieder-Österreich); die Ausbeutung dieser Lager liegt in Händen der Veitscher Magnesitwerke A.-G. in Wien, welche die ganze Welt mit Magnesit sowie auch mit Magnesitziegeln, welche im Gegensatz zu Dolomitsteinen einen längeren Transport aushalten, versorgen. Neuerdings sind auch große Magnesitlager in Kärnten in der Nähe des Millstätter Sees aufgeschlossen worden. Der beste Magnesit der Welt ist der griechische, insbesondere derjenige von Euböa, der 99 Proz. $Mg\,CO_3$ enthält; wegen seiner Reinheit muß ihm vor der Herstellung von Ziegeln ein Bindemittel zugesetzt werden. Ferner findet sich Magnesit vorzüglicher Qualität in Norwegen, im Mittel-Ural (Ufa) und in Transvaal; geringe Mengen finden sich bei Frankenstein in Schlesien und im Komitat Gomör in Ungarn.

Obwohl ursprünglich nur als Material für basische Öfen verwendet, hat sich der Magnesit wegen seiner vorzüglichen Eigenschaften heute eine weite Verbreitung gesichert für alle Zwecke, wo hohe Temperaturen auszuhalten sind, besonders für die Ausmauerung von Roheisenmischern und von Tieföfen zur Erwärmung von Walzgut.

4. Die feuerfesten Mörtel; feuerfeste Masse.

Ähnlich wie gewöhnliches Mauerwerk muß auch das feuerfeste Mauerwerk mit einem Mörtel zusammengemauert werden, der natürlich die gleichen Beanspruchungen auszuhalten hat wie der Stein selbst. Der Mörtel muß dem Charakter der Steine selbst angepaßt sein und darf nicht etwa bei den Ofentemperaturen schmelzbare Verbindungen mit dem Steinmaterial eingehen. Die Steine des feuerfesten Mauerwerks sollen mit möglichst dünnen Fugen vermauert werden, in welche dann ein Material eingelegt wird, welches möglichst bald sintert und dadurch die Steine fest verbindet.

Für saures sowohl wie toniges Futter eignet sich als feuerfester Mörtel vorzüglich der Schweiß- oder Klebsand, der in seiner natürlichen Zusammensetzung geeignet ist, schnell zusammen zu fritten. Beste natürliche Vorkommen dieser Art sind z. B. der Eisenberger Tonsand mit 90—95 Proz. $Si\,O_2$ und 10—5 Proz. $Al_2\,O_3$ und der Altenburger Quarztonsand, 81—85 Proz. $Si\,O_2$ und 13—11 Proz. $Al_2\,O_3$ durch etwas Eisenoxyd verunreinigt. Wo solches Material nicht zur Verfügung steht, bereitet man sich Mörtel aus Dinas- bzw. Schamotteabfällen, die man mit etwas feuerfestem Ton bzw. Sand vermengt.

Basische Steine werden mit einem basischen Mörtel ähnlich der Dolomit- bzw. Magnesitstampfmasse vermauert; zuweilen werden auch

die Fugen lediglich durch Teer ausgefüllt, der bei der Erwärmung verkokt, wodurch die Steine zusammenbacken.

Erwähnt werden muß noch die sogenannte **feuerfeste Masse**,
welche im Hüttenbetrieb vielfach Anwendung zum Auskleiden von Rinnen
für flüssiges Eisen, zum Verschmieren von Öffnungen an Öfen und für
ähnliche Zwecke verwendet wird; sie wird je nach Bedarf aus verschiedenen Grundstoffen hergestellt; zumeist besteht sie aber aus einer geringeren Qualität Schamottemasse.

Namen- und Sachregister.

Universitäts-Buchdruckerei von Gustav Schade (Otto Francke)
Berlin und Fürstenwalde.

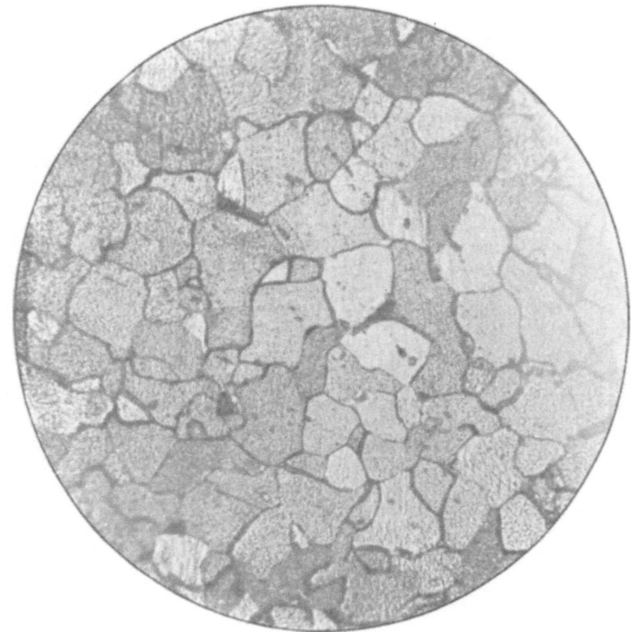

Abb. 1. Ferrit. 200:1.

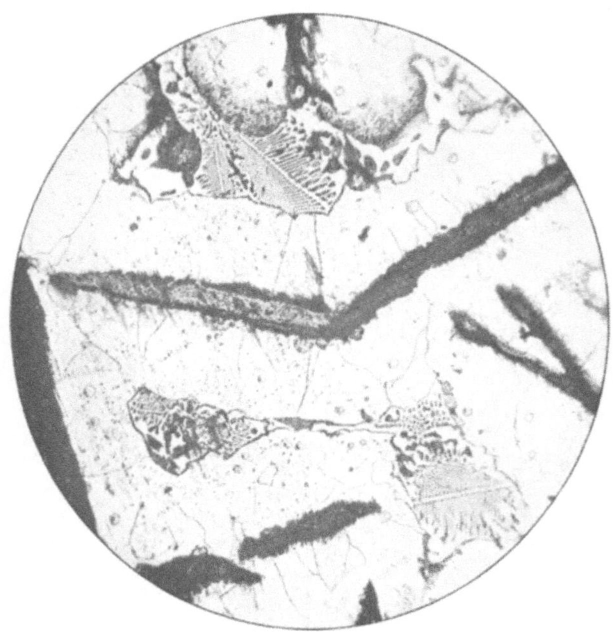

Abb. 2. Zementit + Perlit. 200:1.

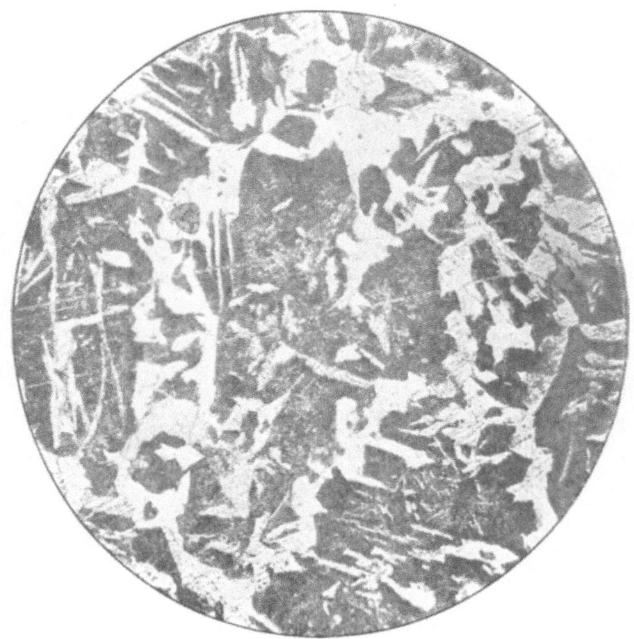

Abb. 3. Ferrit + Perlit. 200 : 1.

Abb. 4. Perlit + Ferrit + Schlacke. 200 : 1.

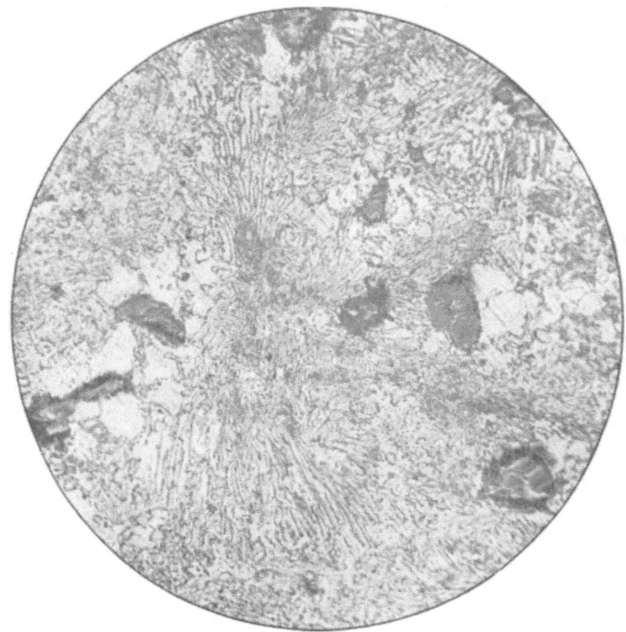

Abb. 5. Perlit, Ferrit + Temperkohle. 200 : 1.

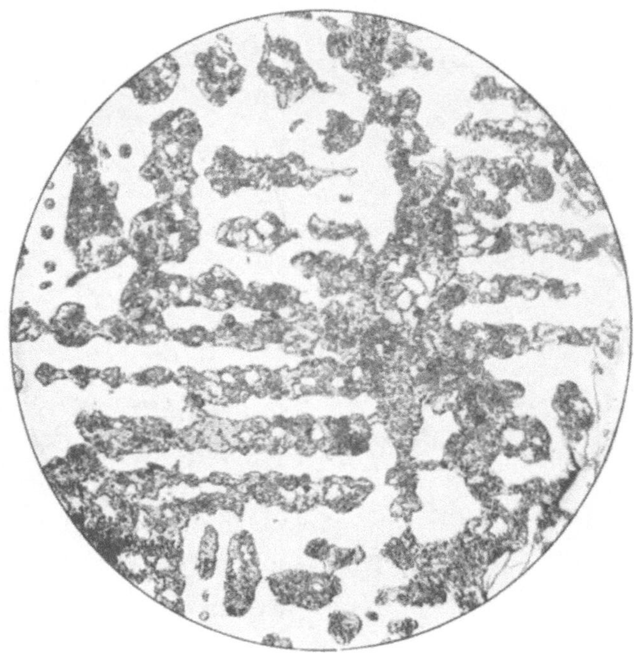

Abb. 6. Zementit + Perlit (tannenbaumförmig). 200 : 1.

Abb. 7. Martensit. 500 : 1.

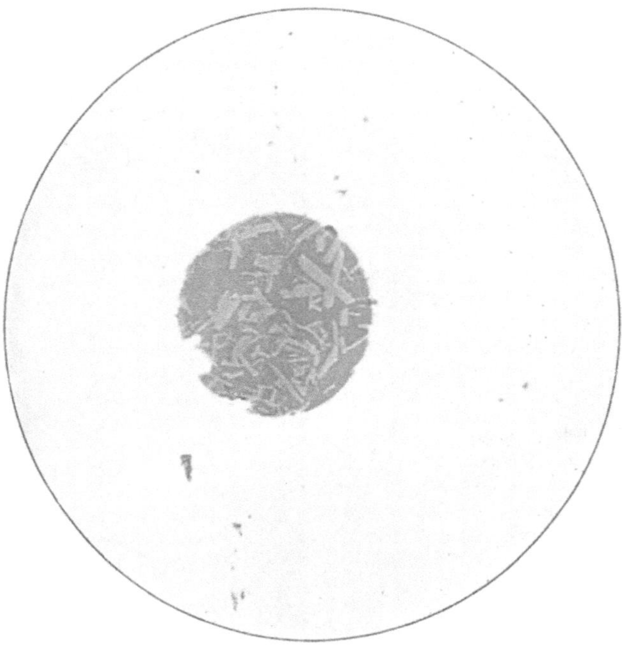

Abb. 8. Schlackeneinschluß in Flußeisen (ungeätzt). 500 : 1.

Additional material from *Grundzüge des Eisenhüttenwesens*
ISBN 978-3-642-89738-2, is available at http://extras.springer.com